ENTOMOLOGIE APPLIQUÉE.

INSECTES NUISIBLES.

(Extrait du Bulletin de la Société des Sciences historiques et naturelles de l'Yonne, 1er trimestre 1867.)

AUXERRE, TYP. DE G. PERRIQUET, RUE DE PARIS, 31.

LES

INSECTES NUISIBLES

AUX FORÊTS

ET AUX ARBRES D'AVENUES

PAR

CH. GOUREAU

Colonel du Génie en retraite, Officier de la Légion-d'Honneur,

Membre de la Société entomologique de France et de la Société des Sciences
historiques et naturelles de l'Yonne.

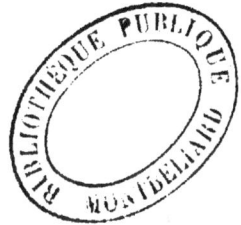

————⟨∘≪≫∘⟩————

PARIS

VICTOR MASSON ET FILS

PLACE DE L'ÉCOLE DE MÉDECINE.

—

1867.

PRÉFACE.

Les insectes qui habitent les forêts et qui vivent aux dépens des arbres qui les peuplent, sont en nombre infini
quant aux individus, en nombre très considérable quant aux
espèces ; mais tous ne sont pas également nuisibles. Le plus
grand nombre des espèces n'y produit pas un dommage sensible, mais il en est qui y exercent, dans certaines années,
des ravages extraordinaires : ce n'est pas un arbre par-ci
par-là qui meurt sous leurs coups, c'est un canton tout entier, une forêt même dont les arbres se dessèchent et meurent
des suites de leurs atteintes. Faire connaître ces insectes
dangereux, ainsi que le genre de dégât produit par chacun
d'eux, me paraît une œuvre utile qui mérite d'être répandue
dans le public. Elle s'adresse particulièrement à tous les
agents de l'administration des forêts qui sont intéressés à
connaître les causes des maladies des arbres forestiers, afin
d'y porter remède si la chose est possible ; elle intéresse les
propriétaires de bois ou simplement d'arbres répandus dans
les champs et dans les haies ; les administrations des villes
qui ont des promenades ombragées à entretenir ; les agents-
voyers, les ingénieurs et conducteurs des ponts-et-chaussées
qui ont la surveillance des arbres plantés le long des routes,
des canaux et des chemins vicinaux. Tous doivent connaître,
au moins sommairement, les insectes qui attaquent les es-

pèces d'arbres qui sont dans leurs attributions, et savoir
jusqu'à quel point ils peuvent remédier au mal qu'ils produisent.

L'entomologie forestière a fait de remarquables progrès en
Allemagne. M. le Dr Ratzburg a publié, sur ce sujet, un grand
ouvrage en plusieurs vol. in-4°, orné de belles planches et
rempli d'observations précieuses, qui a puissamment contri-
bué à ces progrès. Cet important ouvrage est écrit entièrement en allemand et n'a pas été traduit en français, ce qui
m'a empêché de le consulter autant que je l'aurais désiré. Le
même savant a fait paraître un petit livre, une sorte de manuel, intitulé les *Hylopthyres*, dans lequel il donne l'histoire
d'un petit nombre d'insectes qu'il regarde comme les plus
nuisibles aux forêts, avec l'exposition détaillée des procédés
qu'il convient d'employer pour les détruire.

Ce livre, accompagné de planches gravées avec soin, a été
traduit en français par M. le comte de Corberon et augmenté
d'un supplément par M. le Dr Boisduval ; il fait partie de la
collection des manuels Roret, comme 2me vol. du manuel du
destructeur des animaux nuisibles.

M. E. Perris a inséré, dans les annales de la Société entomologique de France, un très-beau travail sur les insectes du
pin maritime, qui a été récompensé d'une médaille d'argent
au concours des Sociétés savantes de 1864, mais il n'y a
encore que la partie des Coléoptères qui a vu le jour.

En 1866, M. de la Blanchère a produit en lumière un tout
petit livre in-18, orné de figures, avec le titre de *Ravageurs
des Forêts*, qui est excellent pour les gens du monde et
propre à répandre dans le peuple des idées justes sur les insectes nuisibles aux forêts. Il est à regretter qu'il n'ait pas
traité plus au long son sujet; les tableaux qui terminent le

livre ne peuvent remplacer ce qui y manque et sont un simple catalogue des insectes le plus nuisibles aux forêts. C'est à l'aide de ces divers ouvrages et des communications bienveillantes qu'ont bien voulu me faire les Entomologistes mes amis, que j'ai pu composer ce traité, dans lequel je me suis efforcé de donner une histoire complète de chaque espèce nuisible, avec sa description exacte, l'indication du dégât qu'elle produit, ses ennemis naturels, lorsque je les ai connus, la liste de ses parasites observés par M. Ratzburg et ceux qui ont été signalés en France, et les moyens artificiels que l'on peut employer pour se préserver des dommages qu'elle cause ou pour en diminuer l'étendue.

On remarque que certaines espèces sont exposées aux atteintes d'un grand nombre de parasites et que d'autres n'y sont pas sujettes. Tous ces parasites ne se trouvent pas en même temps et dans le même lieu pour attaquer l'espèce nuisible, mais il y en a toujours quelques-uns qui se multiplient rapidement et la font bientôt disparaître. Lorsqu'ils l'attaquent simultanément, ils l'anéantissent comme par enchantement d'une année à l'autre. Quant aux insectes nuisibles pour lesquels on ne cite aucun parasite, on doit penser, non qu'ils sont exempts de leurs blessures, mais que ces parasites n'ont pas encore été observés et signalés.

Les procédés de destruction employés ou conseillés par M. Ratzburg sont fort dispendieux et exigent l'emploi d'agents et d'ouvriers actifs et intelligents qui doivent se payer cher, et il est douteux que le résultat obtenu soit en rapport avec la dépense faite; aussi je ne conseille pas à l'administration forestière l'emploi de ces procédés dans les forêts de l'Etat; ce que l'on peut faire, c'est de tenir proprement les forêts, de n'y pas laisser de chablis couché sur le sol, mais de les

enlever sur-le-champ, d'abattre et d'enlever les arbres malades ou de les écorcer si on ne peut les transporter immédiatement hors du bois, de tenir les forêts propres et bien percées
pour la circulation de l'air et la facilité de la surveillance.

Il manque à nos connaissances un traité des maladies des
végétaux qui nous indiquerait les affections dont ils peuvent
être atteints et les remèdes à employer pour les guérir. Lorsque cette lacune dans les sciences médicales sera comblée, on
pourra peut-être trouver le moyen de préserver les arbres de
toute espèce des ravages des insectes ou au moins rendre de
la santé à quelques-uns de ceux qui seront attaqués.

Ce traité est disposé sur le même plan que celui qui a
été adopté pour les *Insectes nuisibles aux arbres fruitiers,
aux plantes potagères*, etc., il en est la suite naturelle et
tend à la formation d'une entomologie générale appliquée à
l'industrie et aux besoins de notre société ; il tend encore à
répandre dans le public les connaissances entomologiques et
à donner le goût de cette science agréable et utile.

Plusieurs espèces décrites dans le traité précité se trouvent
reproduites ici parce qu'elles sont également dangereuses
pour les forêts et pour les arbres fruitiers. On a pensé qu'il
valait mieux donner leur histoire dans toute son étendue que
de renvoyer à un ouvrage que le lecteur n'a peut-être pas
entre les mains ou qu'il ne saurait peut-être se procurer facilement. Il me semble qu'un livre doit contenir en lui-même
tout son enseignement.

GOUREAU.

Santigny, octobre 1866.

AVANT-PROPOS.

—

ACTION DES INSECTES SUR LES ARBRES.

L'action des insectes sur les arbres se montre en détail dans tout le cours de ce traité et ne peut manquer de se manifester aux yeux du lecteur; il ne semble cependant pas inutile de la présenter dans quelques généralités qui se graveront facilement dans la mémoire.

Les arbres qui peuplent nos forêts, ceux qui ombragent les promenades de nos villes, qui bordent nos routes, peuvent se diviser en deux catégories : la première renfermant les *arbres résineux*, appelés ainsi parce que leur sève produit la résine; on les nomme encore *conifères* parce que leur fruit présente une forme approchant du cône; arbres à feuilles *aciculaires* ou en *aiguilles*, parce que ces feuilles sont linéaires comme des aiguilles. Cette catégorie comprend les pins, les sapins et le mélèze, quoique ce dernier perde ses feuilles pendant la saison rigoureuse; mais il possède toutes les autres propriétés des conifères. La deuxième catégorie comprend les arbres à feuilles plates, appelés aussi arbres à *feuilles caduques*, parce que leurs feuilles tombent tous les ans vers la fin de l'automne pour repousser au printemps; on dit aussi arbres *feuillus*. Il est entendu qu'il ne s'agit ici que des arbres indigènes des deux catégories.

Les insectes qui vivent aux dépens des arbres peuvent aussi se diviser en deux catégories : la première, formée de ceux qui rongent les feuilles ; la deuxième, de ceux qui rongent l'écorce ou le bois. Ces derniers sont beaucoup plus

dangereux que les premiers, parce qu'en perforant, rongeant
et sillonnant l'écorce, ils empêchent la circulation de la sève,
introduisent l'air et la pluie entre l'écorce et le bois, arrêtent
la végétation et font promptement périr l'arbre. Les feuilles
sont très-nécessaires aux arbres puisqu'elles sont leurs pou-
mons et que c'est par elles qu'ils respirent et que le carbone
contenu dans l'acide carbonique de l'air est fixé dans le végétal pour en augmenter le volume.

Mais les feuilles sont très-nombreuses sur un arbre et, s'il
en reste quelques-unes, cet arbre ne meurt pas nécessairement, mais il vit faiblement et languit. Ainsi les insectes qui
rongent les feuilles font d'autant plus de tort qu'ils enlèvent
un plus grand nombre de ces organes. Ils font beaucoup plus
de mal aux conifères qu'aux arbres à feuilles plates, et ils
peuvent causer la mort des premiers, mais ils entraînent rarement la perte des seconds. Les feuilles plates repoussent, et
si celles du mois de mai sont rongées, celles du mois d'août
les remplacent. L'arbre a souffert pendant quelques mois et
sa croissance a été un peu ralentie; c'est tout le mal qu'il a
éprouvé. Cependant, si toutes les feuilles de mai et d'août
étaient enlevées pendant plusieurs années consécutives, l'arbre succomberait infailliblement. Les feuilles en aiguilles ne
repoussent pas et celles qui ont été enlevées laissent leurs
places à jamais vides. Il faut que les rameaux s'allongent pour
donner de nouvelles feuilles et il se passe trois ou quatre ans
avant que l'arbre en soit suffisamment pourvu et ne se res-
sente plus de la perte qu'il a faite. Ainsi les insectes qui rongent l'écorce sont plus dangereux que ceux qui mangent les
feuilles, et, parmi ces derniers, ceux qui s'adressent aux arbres résineux sont plus nuisibles que ceux qui se portent sur
les feuilles plates.

Les insectes qui rongent l'écorce, ou qui vivent entre l'é-
corce et le bois, ou qui pénétrent dans le bois même, recherchent les arbres malades, affaiblis ou languissants. Ils se
jettent sur eux en nombre prodigieux ; on en voyait très-peu
ou point l'année précédente ; cette année il y en a des myriades
et on ne sait d'où ils sont venus ; ils n'attaquent pas les arbres sains, doués d'une vigoureuse végétation, placés parmi
les arbres malades ; mais seulement ceux qui sont abattus ou
cassés par le vent, ceux qui viennent de tomber sous la hache et qui sont couchés sur le sol, enfin, ceux qui sont faibles. Si tous les arbres des forêts et ceux d'alignement étaient
toujours dans un bon état de santé et de vigueur, ils ne seraient jamais exposés aux atteintes des insectes rongeurs,
mais diverses causes concourent à leur affaiblissement mo-
mentané ou permanent, telles que des feuilles, en nombre plus
ou moins considérable, mangées par des chenilles ; des blessures faites au tronc ou aux racines ; un sol épuisé ou desséché par un été trop chaud et sans pluies. Alors les insectes
sortis des arbres qu'ils ont fait périr dans les environs attaquent avec plus ou moins de succès ceux qui commencent à
s'affaiblir ; ils augmentent le mal dont ils sont atteints et les
mettent dans l'état le plus convenable pour attirer la multitude qui doit leur porter le coup de la mort. Outre ces causes
naturelles qui portent atteinte à la santé des arbres, il en
est d'autres qui résultent du fait de l'homme. Il taille, il coupe,
il élague au rez du tronc des espèces qui ne supportent pas
cette opération sans grand dommage ; il en résulte une notable perte de sève par les plaies ; puis il pousse une multitude de brindilles autour de ces plaies qui attirent la sève,
et occasionnent une loupe en ce point et d'autres accidents
annonçant une maladie. Il plante en massif des arbres qui

veulent être isolés et libres ; il met en lignes, en les rapprochant trop les uns des autres, ceux qui demandent beaucoup plus d'espace pour respirer et vivre ; il taille en berceau, pour mieux ombrager les promenades, les espèces dont la propension est de s'étendre librement ; il les mutile et les affaiblit ; il sable les allées et a bien soin d'enlever, par motif de propreté, les feuilles qui tombent en automne, et les prive de l'aliment que la nature leur destine ; il leur nuit beaucoup plus que ne feraient les causes naturelles. Il force à la production de fruits très gros et fort beaux les arbres fruitiers dont il abrège la vie. Pour satisfaire ses goûts et ses jouissances il a inventé des perfectionnements qui contrarient la nature et qui amènent promptement la mort des sujets perfectionnés.

On en a un exemple frappant par ce qui arrive aux orangers et aux citronniers du département des Basses-Alpes, qui sont couverts de Gallinsectes (*Lecanium hesperidum*), et de taches noires produites par une végétation parasite, appelée *fumagine*, et qui ne rapportent presque pas de fruits. Ces arbres sont malades par suite des soins qu'on leur donne afin d'en obtenir plus de produit et un plus grand bénéfice. Sur un espace de terrain suffisant pour la bonne venue d'un arbre on en plante quatre ou cinq ; on les contraint à rester presque nains afin de pouvoir cueillir leurs fleurs plus facilement ; on leur prodigue des engrais qui ne leur conviennent pas. On contrarie la nature qui réagit contre les soins de l'homme ; elle rend les arbres malades et envoie des insectes pour les faire périr. On ne peut remédier à la maladie des orangers et des citronniers qu'en revenant au type primitif de ces arbres et en les gouvernant comme leur naturel l'exige on en ne s'en éloignant que dans des limites fort étroites.

Il en est de même dans le règne animal, par exemple chez le ver-à-soie. Par des soins assidus et parfaitement combinés l'homme est parvenu à obtenir de belles races, très fortes en apparence, filant des cocons volumineux d'une soie fine et blanche. Mais ces races perfectionnées aux yeux des hommes et relativement à leur intérêt, sont des races dégénérées pour la nature, composées d'êtres à l'état d'albinisme, et la nature, réagissant contre l'œuvre de l'homme, les anéantit par des maladies épidémiques contre lesquelles il n'y a pas de remède, si ce n'est de revenir à l'espèce primitive et à ne s'en écarter que dans les limites étroites que la nature veut bien tolérer.

Il en est encore de même pour les races perfectionnées des animaux destinés à la boucherie. L'Angleterre s'est signalée dans ce genre de progrès et elle a obtenu des animaux dans lesquels la viande et la graisse sont hors de proportion avec le volume des os. Cette espèce de monstruosité est le résultat d'une sorte de maladie et de dégénérescence aux yeux de la nature, qui la fait disparaître lorsqu'elle a atteint une certaine limite. Ces animaux sont parfaitement disposés pour recevoir une maladie contagieuse, qui est la réaction de la nature contre les tentatives de l'homme qui cherche à la modifier et contre laquelle il n'y a pas de remède, si ce n'est de revenir à la race primitive.

Tout ce qui précède n'a pas pour but de condamner les efforts de l'industrie humaine cherchant à perfectionner les espèces végétales et animales qui lui sont utiles, ni de la détourner des améliorations qu'elle croit pouvoir y apporter, mais de lui montrer le but fatal vers lequel elle marche si elle ne sait pas s'arrêter à temps.

Mais revenons aux arbres et aux insectes. On a dit que ces derniers respectaient les sujets vigoureux, poussant de beaux

jets, et recherchaient les sujets faibles ou malades. Il résulte
de là que les taillis sont ordinairement épargnés par les rongeurs de l'écorce, qui sont les plus dangereux, et ne sont
guère attaqués que dans leur feuillage, ce qui ne présente
pas un grand inconvénient. Les futaies sont en général plus
maltraitées que les taillis, parce que les arbres n'y ont pas
une végétation aussi vigoureuse, que les branches, n'y recevant
la sève qu'avec épargne, languissent et attirent les insectes
rongeurs qui les desséchent. Le tronc lui-même, soit à sa base,
soit plus haut, est exposé à des plaies ou à des points de carie
qui attirent une multitude d'insectes. D'ailleurs, ne présente-
rait-il aucun point malade, il suffit que la sève circule avec
lenteur, qu'elle soit d'une certaine qualité, pour attirer les
espèces dont les larves vivent sous l'écorce et qui viennent,
guidées par l'instinct, pondre leurs œufs dans les gerçures et
les fissures de ces écorces.

Ainsi, pour que les arbres jouissent d'une bonne santé et
soient épargnés par les insectes, il faut qu'il soient plantés
dans le terrain qui leur convient, chacun selon son espèce ;
qu'ils croissent librement ; qu'ils ne soient pas élagués, si leur
nature s'y refuse ; qu'ils le soient modérément et avec art, si
elle ne s'y oppose pas ; que leur tronc ne reçoive ni plaie, ni
meurtrissure ; que les feuilles qui tombent chaque année restent à leur pied pour amender le sol et lui rendre les prin-
cipes nutritifs absorbés par les racines.

On doit faire la remarque que les arbres exotiques ne sont
pas attaqués par nos insectes rongeurs et que ces arbres
conviennent très bien à l'ornementation de nos promenades
et de nos routes.

INSECTES NUISIBLES

AUX FORÊTS ET AUX ARBRES D'AVENUES.

1. — Le Bupreste de Solier.

(Chrysobothris Solieri, Lap.)

Le Bupreste de Solier se montre au commencement de juillet et la femelle cherche, pour déposer ses œufs, les pins malades ou les branches nouvellement coupées, ou les jeunes pins employés en clôtures sèches ; elle les pond dans les fissures de l'écorce ou dans les points où celle-ci est la plus tendre. Dès qu'ils sont éclos, les petites larves la percent et s'introduisent entre elle et le bois, puis elles creusent chacune une galerie et se nourrissent des fragments qu'elles en détachent, lesquels sont imprégnés de sève; elles cheminent sous l'écorce en laissant une trace sur l'aubier, et poursuivent leurs galeries qui s'élargissent à mesure qu'elles augmentent de taille, laissant derrière elles leur route remplie de vermoulure. A l'approche de l'hiver, elles entrent dans le bois et percent des canaux elliptiques dont le déblai sert à les nourrir. Arrivées au printemps, elles continuent à ronger et lorsque le moment de leur métamorphose en chrysalide approche, elles se retournent et se rapprochent de l'ouverture d'entrée jusqu'à 1 ou 2 centimètres.

Elles se changent en chrysalide en ce point sans aucune préparation et l'insecte parfait, ayant laissé raffermir ses organes, perce un trou elliptique dans l'écorce et prend son essor à la fin de juin

ou au commencement de juillet. La larve parvenue à toute sa taille
à 21 millimètres de longueur ; elle est blanche, molle, apode et
présente quelques poils fins sur les côtés ; elle est formée de treize
segments sans compter la tête qui ne paraît au dehors que par un
bord étroit, transversal, écailleux, un labre de même consistance
et deux fortes mandibules noires, cornées. Le premier segment est
très grand, circulaire, déprimé et présente à son milieu un disque
circulaire un peu moins grand que lui, coriacé, granuleux, au milieu duquel est placé un chevron en forme de Λ ; le deuxième
segment est court et moins large que le premier ; le troisième est
encore moins large que le deuxième ; les autres, moins larges que
le troisième, mais tous égaux entre eux en longueur et largeur,
sont bien séparés ; le dernier n'est, à bien dire, qu'un petit bouton.

L'insecte parfait est classé dans la famille des Serricornes ; la
tribu des Buprestides et dans le genre Chrysobothris. Son nom
entomologique est Chrysobothris Solieri et son nom vulgaire,
Bupreste de Solier.

1. Chrysobothris Soeieri, Lap. — Longueur 10 à 12 millimètres.
Il ressemble beaucoup au Chrysobothris affinis dont on parlera
dans l'article suivant. Les antennes sont courtes, bronzées, et en
scie ; la tête est bronzée-cuivreuse finement rugueuse, avec une
impression frontale ; le corselet est transverse, droit en devant,
fortement sinué en arrière, d'un bronzé-cuivreux, chagriné, marqué d'une impression au bord latéral ; les élytres sont de la largeur
du corselet à la base, près de quatre fois aussi longues, à côtés
parallèles jusqu'au deux tiers de leur longueur, graduellement rétrécies ensuite jusqu'à l'extrémité, d'un bronzé-cuivreux, marquées de quatre fossettes dorées, deux sur chaque élytre, et de
deux lignes longitudinales élevées sur chacune ; le dessous et les pattes sont d'un cuivreux assez brillant, finement chagriné ; les tarses
sont bleus.

Cet insecte a le corps relativement plus étroit que le Chrysobothris affinis ; le dessous d'un bronzé un peu plus foncé et plus

brillant et le dessous moins cuivré; les impressions dorées des élytres sont plus grandes et les lignes élevées, un peu plus prononcées.

Les galeries elliptiques creusées dans le bois par les larves sont une conséquence de la forme aplatie de leurs segments thoraciques, et les trous elliptiques percés par les insectes dans les écorces, sont la conséquence de la forme déprimée de leurs corps. Lorsque les larves sont nombreuses dans un jeune pin malade, elles en accélèrent la mort et gâtent le bois par les trous qu'elles y percent.

—

2. — Le Bupreste voisin.

(CHRYSOBOTHRIS AFFINIS, Fab.)

On a donné le nom d'AFFINIS à ce Bupreste parce qu'il ressemble beaucoup au CHRYSOBOTHRIS CHRYSOSTIGMA, qu'il en est voisin pour la forme, la couleur et les fossettes dorées des élytres, ressemblance qui a fait prendre ces deux espèces l'une pour l'autre par plusieurs entomologistes distingués. Mais si la ressemblance extérieure est très-grande, on remarque cependant des différences assez tranchées pour autoriser à en faire des espèces distinctes. Ce même AFFINIS ressemble aussi d'une manière frappante au SOLIERI décrit précédemment, mais s'il a l'extérieur à peu près le même il en diffère beaucoup par les goûts et les habitudes, car tandis que ce dernier recherche les pins pour pondre ses œufs sur leur écorce, le premier dépose les siens sur les hêtres et les chênes, et tandis que les larves du premier vivent de bois résineux, celles du second se nourrissent de bois feuillu.

Le Bupreste voisin se montre dans le mois de juin et la femelle pond ses œufs sur les écorces des hêtres et des chênes malades ou languissants ou sur ceux qui viennent d'être abattus; elle les place dans les gerçures ou dans les points où les jeunes larves auront plus

2

de facilité à percer l'écorce pour parvenir jusqu'au bois, afin de s'insinuer entre les deux pour y creuser des chemins dont le déblai sert à les nourrir ; elles détachent avec leur fortes mandibules des fragments de la face intérieure de l'écorce qui sont imprégnés de sève, les mâchent, les avalent et les rendent en vermoulure qui remplit leurs galeries derrière elles ; elles croissent pendant l'été et l'automne jusqu'à l'arrivée des froids de l'hiver, prolongeant et élargissant leurs galeries selon leur taille. Il paraît qu'elles n'entrent pas dans le bois pour hiverner, y pratiquer des galeries et achever leur croissance, puisque M. L. Dufour a trouvé ces larves au mois d'avril sous l'écorce d'un vieux chêne mort. C'est donc à l'extrémité de leurs galeries, pratiquées dans les couches internes de l'écorce, qu'elles se changent en chrysalides, vers la fin de juin. L'insecte parfait perce un trou elliptique pour se mettre en liberté et se montre à la fin de juin ou dans le mois de juillet, selon la saison.

La larve parvenue à toute sa taille a 15 millimètres de longueur ; elle est blanche, molle, apode, glabre à la vue simple, mais pourvue de quelques poils fins sur les côtés, vue à une forte loupe ; elle est formée de treize segments sans la tête qui ne paraît au dehors que par le chaperon étroit, transversal, brunâtre, le labre pâle et les mandibules cornées, courtes, grosses et noires, à pointe légèrement bifide ; les antennes sont très-courtes, de trois articles. Le premier segment est très-grand, circulaire, déprimé, couvert en dessus d'un disque coriacé, granuleux, sur lequel est imprimé un trait en chevron (Λ) ; le deuxième segment est court, plus étroit que le premier : le troisième plus étroit que le deuxième, tous les autres de mêmes longueur et largeur, plus étroits que le troisième, bien séparés les uns des autres ; le dernier est plus petit que les précédents. La chrysalide a 11 millimètres de longueur et est conformée comme les chrysalides des autres coléoptères.

L'insecte parfait est classé dans la même famille et dans le même genre que le précédent.

2. CHRYSOBOTHRIS AFFINIS, Fab. — Longueur, 16 millimètres,

largeur, 4 millimètres; il est bronzé. Les antennes sont courtes, dentées en scie, bronzé-cuivreux; la tête est pubescente, finement chagrinée, avec un enfoncement sur le front; les yeux sont grands, ovales, d'un gris jaunâtre (mort); le corselet est plus large que long, droit en devant, fortement sinué en arrière, chagriné, d'un bronzé-obscur, à nuances vertes et rouges; les élytres sont un peu plus larges que le corselet à la base, quatre fois aussi longues, à côtés parallèles jusqu'aux deux tiers de leur longueur, graduellement rétrécies ensuite, finement chagrinées, marquées chacune de deux fossettes cuivreuses, tranchant sur la couleur générale qui est un bronzé-obscur, et de deux lignes longitudinales peu saillantes; dessous et pattes d'un cuivreux vif et brillant.

Lorsque les larves sont nombreuses sous les écorces des hêtres et des chênes malades ou languissants, elles en accélèrent la mort.

---

3. — Le Bupreste de l'Orme.

(ANTHAXIA MANCA, Ech.)

L'orme, qui est exposé aux atteintes de quatre rongeurs du genre Scolyte, dont l'histoire est donnée plus loin, est encore attaqué par un rongeur d'un autre genre, qui lui porte préjudice en vivant à l'état de larve sous son écorce ainsi que les premiers, mais comme cette espèce est beaucoup moins nombreuse elle lui fait moins de mal. Elle s'adresse aux arbres malades, souffrant de quelque blessure, ayant déjà des parties d'écorce soulevées et desséchées. L'insecte parfait se montre dans le mois de juin ou de juillet et pond ses œufs isolément au fond des gerçures de l'écorce ou sur quelque blessure faite à cette écorce. La petite larve, sortie de l'un d'eux, pénètre entre l'écorce et le bois et y creuse une petite galerie qui la conduit à un emplacement convenable dont elle ne s'éloigne plus, se contentant de ronger autour d'elle pour se nourrir. Elle ne creuse pas de longues galeries serpentantes comme beaucoup de larves xylophages, mais se contente d'une cellule en ovale irrégulier, qu'elle agrandit continuellement en rongeant le pourtour. Cette cellule est imprimée dans l'aubier et plus profondément dans l'écorce. La larve grandit pendant l'été et l'automne et passe l'hiver dans son habitation en supportant sans inconvénient les intempéries de cette saison. Ranimée par le printemps elle achève sa croissance et se change en chrysalide dans le mois de mai. Lorsqu'elle doit se métamorphoser elle creuse une cellule elliptique dans l'aubier et s'y retire. L'insecte parfait perce l'écorce d'un trou en ellipse pour se mettre en liberté.

Cette larve a une forme extraordinaire, et on croirait, à la première vue, qu'elle est formée d'un corps ayant le contour d'une demie ellipse plate, terminée par une longue queue filiforme et grèle; elle est blanche et molle; la tête est très-petite et ne paraît au dehors que par le chaperon et les mandibules; le reste est enchassé dans le premier segment du corps et ne fait qu'un avec lui. Ce segment est très large et transversal; le deuxième segment est un peu moins large que le premier et est aussi transverse; le troisième est encore moins large que le deuxième. Ces trois segments thoraciques forment une demie-ellipse coupée suivant son petit axe. Les autres segments, au nombre de dix, sont égaux et moniliformes; en sorte que la larve est composée de treize segments sans compter la tête qui ne montre que le chaperon, le labre et les mandibules; elle est entièrement privée de pattes. La chrysalide est nue dans sa cellule et sa forme se rapproche beaucoup de celle de l'insecte parfait; elle s'éloigne tellement de celle de la larve qu'on a peine à concevoir comment de si grandes modifications peuvent s'opérer dans la métamorphose.

L'insecte parfait se classe dans la famille des Serricornes, la tribu des Buprestides et dans le genre ANTHAXIA. Son nom entomologique est ANTHAXIA MANCA et son nom vulgaire BUPRESTE DE L'ORME, BUPRESTE MANCHOT, BUPRESTE RUBIS.

3. Anthaxia manca, Ech. — Longueur 7 à 9 millimètres, largeur 3 et 3 1/2 millimètres. Les antennes sont courtes, légèrement dentées en scie, bronzées, à premier article doré ; la tête est chagrinée, d'un vert-doré ; le corselet est transversal, aussi large en devant qu'en arrière, chagriné, d'un vert-doré brillant, avec deux larges raies d'un noir-violet ; l'écusson est très-petit ; les élytres sont aussi larges que le corselet à la base, quatre fois aussi longues, à côtés parallèles jusqu'aux deux tiers de leur longueur, atténuées jusqu'à l'extrémité ; elles sont entières, chagrinées, d'un noir-violet ; le dessous du corps et les pattes sont d'un rouge-cuivreux très-brillant ; tout le corps est déprimé et couvert d'une fine pubescence courte, hérissée, blanchâtre.

Cet insecte n'est pas rare, mais comme on ne le trouve pas ordinairement en grand nombre sur le même orme, il ne doit pas être regardé comme très-nuisible.

On n'a pas encore signalé ses parasites.

4. — Le Bupreste morio.
(Anthaxia morio, Fab.)

L'histoire du Bupreste Morio est exposée par M. E. Perris dans son ouvrage si estimé des *Insectes du pin maritime*. Ce Bupreste attaque les pins de huit à douze ans, malades ou récemment abattus ; il aime surtout à pondre dans l'écorce des pieux qui servent de tuteurs et sur les traverses des clôtures. Il se montre au mois de mai et c'est à cette époque que la femelle fait sa ponte en dispersant ses œufs. Les jeunes larves percent l'écorce et tracent entre elle et l'aubier des sillons sinueux remplis de copeaux bruns et blancs ; à l'extrémité de ces galeries elles creusent une cavité arrondie dans laquelle elles séjournent quelque temps, puis elles s'enfoncent obliquement dans l'aubier. C'est aux approches de l'hiver et quelquefois à la fin de cette saison qu'elles s'enfoncent dans l'aubier en y creusant une cellule dans laquelle s'opèrent les dernières métamorphoses.

La larve parvenue à toute sa croissance a 15 à 16 millimètres de longueur. Elle est blanche, molle, apode, un peu velue ; le bord de la tête est droit ; les mandibules sont noires ; les antennes sont formées de trois petits articles courts. Le premier segment est très-grand, en ovale transversal, marqué en dessus de deux sillons en forme de Λ et d'un pli ou fossette longitudinale, un peu arquée èn dedans de chaque côté du chevron ; le deuxième segment est court, un peu moins large que le premier ; le troisième est encore moins large que le deuxième. Les dix autres sont à peu près égaux, moniliformes, un peu moins larges que le troisième ; le dernier ou dixième n'est qu'un bouton plus étroit que le précédent.

L'insecte parfait est classé dans la famille des Serricornes, la tribu des Buprestides et le genre ANTHAXIA. Son nom entomologique· est ANTHAXIA MORIO et son nom vulgaire BUPRESTE MORIO.

4. ANTHAXIA MORIO, Fab. — Longueur, 6 millimètres. Il est noir, peu luisant en dessus, avec des reflets bronzés ou violets presque imperceptibles sur le front et sur les bords du corselet ; d'un noir-verdâtre et brillant en dessous. Les antennes sont courtes, noires, dentées en scie ; la tête et le corselet sont réticulés, avec un petit point élevé au milieu de chaque maille. Ce dernier est deux fois aussi large que long, plus étroit antérieurement qu'à la base, le milieu porte une réticulation confuse ou plus serrée ; on y distingue un petit sillon au milieu de la base et une impression large, peu profonde aux angles postérieurs qui sont droits ; les élytres sont de la largeur du corselet à la base, quatre fois environ aussi longues, à bords latéraux parallèles, marginées, un peu convexes en dessous de l'angle huméral, un peu confusément réticulées, ayant à la base, sur leur tiers antérieur, une dépression semi-elliptique dont le milieu est, de chaque côté de la suture, relevé en bosse ; une saillie oblique à l'angle huméral et une dépression linéaire le

long du bord latéral, sur près de la moitié postérieure; les pattes sont bleuâtres.

On n'a pas encore signalé les parasites de cet insecte.

—

5. — Le Bupreste à quatre points.

(ANTHAXIA QUATRI-PUNCTATA, Esch.)

Les larves du Bupreste à quatre points vivent sous les écorces des pins, mais on ne les trouve que sous celles des branches ou sous celles des jeunes arbres. Elles y tracent, entre l'écorce et l'aubier, des galeries sinueuses remplies de copeaux bruns et blancs et elles établissent à l'extrémité de ces galeries une chambre arrondie dans laquelle elle séjournent quelque temps, puis elles s'enfoncent obliquement dans l'aubier pour subir leurs métamorphoses. Ces larves se comportent exactement comme celles du BUPRESTE MORIO et on ne peut douter qu'elles ne leur ressemblent entièrement pour la forme et la grandeur. L'insecte parfait se montre dans le mois de juin, et pour sortir de son berceau il perce dans l'écorce qui recouvre sa chambre un trou elliptique proportionné à sa taille; c'est à cette époque que la femelle pond ses œufs sur les écorces dans les endroits où les jeunes larves pourront les percer facilement pour s'introduire jusqu'à l'aubier. Elles vivent isolées les unes des autres et ne parviennent à toute leur croissance qu'à la fin de l'hiver.

L'insecte parfait est du même genre que le précédent, et son nom vulgaire est BUPRESTE A QUATRE POINTS, BUPRESTE QUADRI-PONCTUÉ.

5. ANTHAXIA QUATRI-PUNCTATA, Esch. — Longueur 6 1/2 millimètres, largeur 3 millimètres; il est ovale, déprimé et noir, faiblement bronzé en dessus et en dessous; les antennes sont noires, courtes, dentées en scie; la tête est chagrinée; les yeux sont noirs ,

le corselet est transversal, chagriné, un peu plus étroit en devant qu'en arrière, portant au milieu quatre fossettes transversales peu profondes et un court sillon dorsal à la partie postérieure ; les élytres sont de la largeur du corselet à la base, quatre fois environ aussi longues, à côtés parallèles jusqu'aux trois quarts de leur longueur, atténuées ensuite ; leur surface présente quelques faibles dépressions ; les pattes sont noires.

Je conjecture qu'il se développe aussi sous les écorces des sapins, car je l'ai trouvé fréquemment dans des localités couvertes de ces arbres.

—

6. — Le Bupreste vert.

(Agrilus viridis, Esch.)

Le petit Coléoptère appelé Bupreste vert se développe sous les écorces de certains arbres, c'est-à-dire, que sa larve vit, grandit et subit ses métamorphoses sous les écorces du hêtre, du chêne, du bouleau, et peut-être de quelques autres arbres. Il se montre en juin ou en juillet et dépose ses œufs sur l'écorce des jeunes hêtrés ou des jeunes bouleaux. Les petites larves, immédiatement après leur éclosion, s'insinuent sous l'écorce en rongeant, et se creusent, entre le liber et le bois, des galeries serpentantes qui vont en s'élargissant de plus en plus. Elles vivent dans ces galeries pendant l'hiver, puis pendant tout l'été, l'automne et l'hiver suivants. Elles se changent en chrysalides au deuxième été, dans une cellule qu'elles creusent dans l'aubier, et enfin le Bupreste éclot après une vie de deux années complètes sous l'écorce. Le trou qu'il perce dans cette dernière pour se mettre en liberté a à peu

La larve parvenue à toute sa croissance a 9 à 10 millimètres de longueur. Elle est étroite, allongée, blanche, s'atténuant en allant vers l'extrémité postérieure, privée de pattes et formée de treize segments. La tête est petite, enchassée dans le premier segment, ne montrant au dehors que le chaperon, le labre et les mandibules qui sont écailleuses, un peu brunes. Le premier segment est grand, arrondi, globuleux ; les deux suivants sont beaucoup moins larges et sont courts ; les autres sont à peu près de même largeur que les précédents, mais plus longs ; le dernier est terminé par une sorte de pince ; tous sont bien séparés.

L'insecte parfait, qui éclot en juin ou en juillet, est classé dans la famille des Serricornes, la tribu des Buprestides et dans l'ancien genre BUPRESTIS, qui a été partagé en plusieurs autres et comprend celui d'AGRILUS, dans lequel il est placé. Son nom entomologique est AGRILUS VIRIDIS, et son nom vulgaire BUPRESTE VERT.

6. AGRILUS VIRIDIS, Esch. — Longueur, 6 à 7 millimètres, largeur 1 1/2 millimètre. Il est ponctué, d'un bleu brillant ou vert ; les antennes sont courtes, filiformes, finement dentées en scie, de la couleur du corps ; la tête est enfoncée dans le corselet jusqu'aux yeux ; le front est convexe et le sommet de la tête un peu enfoncé au milieu ; le corselet est court, un peu plus large que long, avec de fines rugosités, des impressions transversales, et une impression longitudinale au milieu ; les élytres sont aussi larges que le corselet à la base, quatre fois aussi longues que ce dernier, un peu rugueuses, atténuées à partir de leur milieu jusqu'à l'extrémité qui est finement denticulée ; les pattes sont courtes, de la couleur du corps et les tarses noirs ; le dessous est aussi de la couleur du corps et brillant.

Les insectes verts sont un peu dorés.

Lorsque les jeunes arbres dont l'écorce est lisse sont envahis par un grand nombre de larves de l'AGRILUS VIRIDIS, le vert de leur feuillage est altéré et on peut distinguer les galeries serpentantes creusées par les larves, qui se trahissent par une légère élévation qu'elles tracent à l'extérieur. Si on découvre ces galeries avec un instrument tranchant on trouve les larves à l'extrémité, et si elles se sont changées en chrysalides, on trouve celles ci dans l'aubier ; on peut alors les tuer. Mais si de jeunes arbres sont complétement envahis et menacés de mort, on doit les couper, les décortiquer et brûler l'écorce. Cette opération doit être faite dans le mois de mai et la première quinzaine de juin. On a remarqué que ces larves s'établissent depuis le pied de l'arbre jusqu'à la hauteur de 1m.60 à 2m.00. C'est dans cette étendue qu'on doit explorer les tiges pour reconnaître si elles sont envahies.

Les parasites des BUPRESTIS, sans indication d'espèces, donnés par Ratzburg, sont :

ICHNEUMONIENS . { Ephialtes manifestator.
Exochus compressiventris.
Lissonota catenator.
Pimpla linearis.

BRACONITES .... { Exothecus lignarius.
Spathius radzayanus.

CHALCIDITES.... { Entedon agrilorum.
Eusandalon abbreviatum.
Pteromalus æmulus.
—   guttatus.

7. — Le Buprestre bi-ponctué.

(AGRILUS BIGUTTATUS, Fab.)

Le Buprestre bi-ponctué ressemble au BUPRESTE VERT par la forme et la couleur, mais il est sensiblement plus grand. Il se développe dans les écorces du chêne et sa larve y vit et s'y nourrit de la substance tendre de ces écorces, de celle qui est voisine du bois et imprégnée de sève. Elle préfère les arbres malades, ceux qui ont été cassés par le vent, ceux qui sont chétifs et sans vigueur, et n'attaque pas les arbres vigoureux.

L'insecte parfait se montre à la fin de mai et au commencement de juin. La femelle est pourvue d'un long oviducte brun, membraneux, caché dans son abdomen, qu'elle fait sortir lorsqu'elle veut pondre et avec lequel elle place ses œufs dans les fissures de l'écorce le plus profondément qu'elle peut. Les larves qui en sortent pénétrent dans la partie tendre de celle-ci et la rongent pour vivre. Elles ne m'ont pas paru y tracer des galeries flexueuses, mais se tenir dans une cellule qu'elles agrandissent en rongeant tout autour d'elles de manière à former une chambre spacieuse où elles peuvent s'étendre de tout leur long ou se tenir pliées à leur volonté. Elles occupent la partie inférieure de la tige jusqu'à une certaine hauteur que je n'ai pas déterminée. Elles grandissent lentement et mettent deux ans à parvenir à toute leur croissance, et ce n'est qu'à la fin de mai de la deuxième année que l'insecte prend son essor. Si vers le vingt-cinq de ce mois en enlève un fragment d'écorce habité on y peut voir la larve, l'insecte parfait encore en léthargie et la chrysalide, ce qui prouve qu'il reste peu de temps sous cette dernière forme.

La larve offre une particularité remarquable ; si on la retire de sa cellule elle devient flasque, molle, comme si elle était morte. Parvenue à toute sa taille elle a 22 millimètres de longueur sur 3 millimètres de diamètre. Elle est blanche, cylindrique, un peu déprimée, apode, formée de treize segments sans compter la tête qui est enchâssée dans le premier, lequel est très-grand et globuleux ; elle ne montre au dehors que le chaperon ou bord antérieur, le labre et deux fortes mandibules, tous de couleur brune et de substance écailleuse. Les deuxième et troisième segments sont moins longs que les autres et beaucoup moins larges que le premier. Tous sont séparés par des incisions profondes ; le dernier est rugueux, terminé par deux épines droites, cornées, brunes, denticulées au côté interne. Cette larve ressemble à un pilon terminé par une tête sphérique d'un diamètre double de celui du manche.

La chrysalide n'offre rien de remarquable et ne porte ni épines, ni crochets à l'extrémité de l'abdomen. Elle est blanche dans l'origine, puis elle prend une teinte vert-sombre en approchant du moment de la métamorphose. Elle est toujours placée dans sa cellule la face tournée du côté extérieur de l'écorce et le dos au bois. L'insecte parfait reste quelques jours immobile dans sa cellule, attendant que ses membres se soient consolidés, puis il perce l'écorce d'un trou à peu près rond, par lequel il s'échappe.

Il est de la même famille, de la même tribu que l'AGRILUS VIRIDIS. Son nom entomologique est AGRILUS BI-GUTTATUS et son nom vulgaire BUPRESTE BI-PONCTUÉ, BUPRESTE DEUX POINTS.

7. AGRILUS BI-GUTTATUS, Fab. — Longueur, 13 millimètres. Il est d'un vert-bleuâtre ou d'un vert un peu bronzé ; les antennes sont courtes, filiformes, bronzées et en scie ; la tête est d'un vert-bronzé, ponctuée, rentrée dans le corselet jusqu'aux yeux avec un enfoncement sur le front ; le corselet est court, transversal, un peu plus étroit en arrière qu'en devant, rebordé latéralement, bisinué en arrière, d'un vert-bleuâtre, finement chagriné, marqué au milieu de deux impressions, l'une transversale, l'autre longitudinale ; l'écusson est petit, triangulaire, traversé à sa base par une ligne enfoncée ; les élytres sont de la largeur du corselet, cinq fois aussi longues, atténuées à partir des deux tiers de leur longueur, d'un vert-bleuâtre, finement chagrinées ; les épaules sont saillantes et l'extrémité est finement dentée ; elles portent deux points blancs contre la suture aux trois quarts de leur longueur ; on voit six points blancs de chaque côté de l'abdomen ; les pattes et le dessous sont de la couleur générale, et ce dernier est très-brillant.

On diminuerait le nombre de ces insectes si on prenait le soin d'écorcer les chênes cassés, renversés par le vent, ainsi que les souches un peu élevées au-dessus du sol provenant de la coupe de l'année précédente. Les larves mises à nu périraient. Cet opération devrait se faire dans la première quinzaine de mai.

Il est probable que les Pics-verts, les Pics-Epèches mangent un grand nombre de ces larves.

8. — Le Lymexylon naval.

(LYMEXYLON NAVALE, Fab.)

Le Coléoptère appelé LYMEXYLON NAVAL est fort commun dans les forêts de chêne du nord de l'Europe et est fort dangereux lorsqu'il se multiplie dans les magasins de bois de service, soit pour la marine, soit pour toute autre industrie. Il se montre à la fin de mai et en juin, et la femelle pond ses œufs sur le bois de chêne récemment abattu ou sur les parties mortes ou mourantes des arbres sur pied ; elle se place aussi à l'extrémité des bûches, des pieux, etc. Les petites larves s'introduisent dans le bois aussitôt après leur naissance et creusent chacune une galerie cylindrique dans le sens des fibres ; cette galerie va en s'élargissant à mesure que la larve grandit et lorsqu'elle a pris toute sa croissance elle change brusquement de direction et se dirige perpendiculairement vers la surface où l'insecte parfait doit sortir après sa métamorphose. Lorsqu'une couvée de cet insecte a vécu et s'est développée dans une pièce de bois, celle ci est percée d'une multitude de canaux cylindriques dans le sens des fibres et de canaux perpendiculaires aux premiers se dirigeant à la surface, et cette surface est criblée d'une multitude de trous ronds par lesquels les insectes ont fait leur sortie ; cette pièce de bois, ainsi taraudée, est hors de service pour les constructions.

La larve parvenue à toute sa croissance a 14 millimètres de longueur. Elle est cylindrique et filiforme ; la tête est ronde, d'un brun-jaunâtre ; elle est armée de deux fortes mandibules et peut rentrer en partie sous une sorte de capuchon qui semble recouvrir le premier segment et être adhérent à lui ; les deux segments suivants sont plus petits que le premier, cylindriques, et forment deux anneaux perpendiculaires à la direction du corps ; les autres segments sont obliques à cette direction ; le douzième et dernier est formé de deux parties, la supérieure, un peu plus longue que le segment précédent, relevée et arrondie à l'extrémité, l'inférieure beaucoup plus courte; entre les deux s'ouvre l'anus. La couleur générale du corps est blanchâtre ou d'un blanc-brunâtre sale. Les pattes sont au nombre de six attachées sur les trois premiers segments; elles sont du même brun-jaunâtre que la tête et les segments thoraciques.

L'insecte parfait éclôt dans le mois de mai et se rencontre en juin.

Il fait partie de la famille des Serricornes, de la tribu des Limebois ou Xylotrogues et du genre Lymexylon. Son nom entomologique est Lymexylon navale et son nom vulgaire Lymexylon naval.

8. Lymexylon navale, Fab. — *Mâle.* Longueur 10 millimètres. Il est étroit, allongé, sub-cylindrique; les antennes sont noirâtres, un peu plus longues que la tête et le corselet, un peu renflées au milieu, faiblement dentées en scie; la tête est noire, arrondie, bien dégagée du corselet; les palpes sont fauves, pendants, terminés en houppe; le corselet est un peu moins large que la tête, sub-cylindrique, plus long que large, convexe en dessus, de couleur fauve; les élytres sont un peu plus larges que le corselet à la base, cinq fois aussi longues que ce dernier, molles, d'un fauve-pâle, avec l'extrémité et le bord extérieur noirs. L'abdomen dépasse beaucoup les élytres; il est noir en dessus, sauf le dernier segment qui est fauve, ainsi que le dessous et les pattes qui tirent sur le jaune.

Femelle. Longueur 15 millimètres. Les antennes sont relativement plus courtes que chez le mâle; les palpes vont en grossissant jusqu'à l'extrémité et ne sont pas terminés en houppe.

—

9. — Le Hanneton commun.

(Melolontha vulgaris, Fab.)

Le Hanneton vulgaire, connu généralement sous le nom simple
de Hanneton, est extrêmement nuisible aux pépinières et aux jeunes arbres de toute espèce, fruitiers et forestiers. Il l'est moins aux
grands arbres et aux forêts épaisses et vigoureuses. Il aime surtout
le chêne et lorsque son apparition coïncide avec l'épanouissement
des bourgeons et le premier développement des feuilles il dévore
ces bourgeons et ces feuilles et met les arbres à nu comme ils le
sont en hiver. Ce n'est pas seulement en dévorant les feuilles qu'il
est nuisible, mais c'est surtout en rongeant les racines lorsqu'il est
à l'état de larve qu'il est le plus dangereux et qu'il fait le plus
grand dommage.

L'insecte parfait se montre à la fin d'avril ou au commencement
de mai et la femelle pond de douze à trente œufs d'un blanc-jaunâtre, gros comme des grains de chènevis, qu'elle place dans la
terre à la profondeur de 10 à 20 centimètres. Elle choisit de préférence un terrain découvert, meuble et sec pour creuser le trou
au fond duquel elle place ses œufs et elle l'aime mieux qu'un sol
couvert d'herbes, dur et humide. Après quatre à six semaines les
larves éclosent, et elles restent réunies en famille ; elles ne se séparent que dans le cours du deuxième été. Elles vivent en rongeant les petites racines qu'elles trouvent sur leur chemin. Dès le
deuxième été et surtout dans le troisième on remarque les dégâts
qu'elles font sur les racines des jeunes plants. Elles s'enfoncent en
terre pour passer l'hiver et remontent près de la surface au retour
du printemps. A la fin de la troisième année elles ont pris toute
leur croissance et descendent jusqu'à 1m.00 à 1m.20 de profondeur
et se changent en chrysalides dans une petite caverne qu'elles ont
pratiquée au fond de leurs galeries. C'est quelquefois pendant l'automne qu'elles subissent cette métamorphose et l'on voit alors des
Hannetons en automne ou en hiver ; mais c'est généralement en

février qu'elles subissent ce changement pour paraître à l'état parfait en avril et en mai. Cette larve, quel que soit son âge, est appelée Ver-blanc, Ver-turc, Mans, etc. La larve du Hanneton, parvenue à toute sa grandeur, a 45 millimètres de longueur sur 7 millimètres de diamètre environ. Elle est blanche, arquée, plissée sur le dos ; sa tête est écailleuse, jaunâtre, pourvue de deux fortes mandibules et de deux petites antennes de quatre articles. Le corps est formé de douze segments plissés transversalement, armés de spinules sur le dos ; le dernier est plus long et plus gros que les autres, rempli d'une matière noirâtre ; elle est pourvue de six pattes notablement longues ; la tête, le corps et les pattes présentent des poils roux, courts et dressés.

La chrysalide est longue de 26 à 27 millimètres, blanche, glabre et pourvue de deux pointes ou épines à l'extrémité de l'abdomen.

L'insecte parfait entre dans la famille des Lamellicornes, la tribu des Scarabéides, la sous-tribu des Phyllophages et le genre MÉLOLONTHA. Son nom entomologique est MÉLOLONTHA VULGARIS et son nom vulgaire HANNETON COMMUN, HANNETON VULGAIRE ou simplement HANNETON. Il porte en outre un nom particulier dans chacune de nos anciennes provinces.

9. MÉLOLONTHA VULGARIS, Fab. — Longueur 27 millimètres, largeur 13 millimètres. Il est noir, velu ; les parties de la bouche, les antennes, les pattes, le dernier segment de l'abdomen et les élytres sont d'un brun rouge. On voit quatre côtes élevées sur les élytres et des taches triangulaires blanches sur les côtés de l'abdomen ; le stylet anal est rétréci insensiblement en pointe et notablement long. Les antennes du mâle sont terminées par sept lamelles allongées, celles de la femelle par six lamelles plus courtes. Les jambes antérieures de celle-ci sont tri-dentées, celles du mâle bi-dentées.

On s'oppose à la trop grande multiplication de cet insecte en le récoltant sur les arbres ; en secouant les arbres qui en sont chargés

depuis le grand matin jusqu'à l'approche du soir. Il se laisse tomber et on le tue ou on le ramasse. Cette opération doit être renou-
velée le plus souvent possible pendant tout le temps de son apparition.

Le Hanneton a beaucoup d'ennemis naturels qui en font une
grande destruction. Les volailles, particulièrement le Dindon, en
sont très-friandes ; elles dévorent avidement les larves et les insectes parfaits. Les oiseaux de nuit et les petits oiseaux de proie en
prennent beaucoup, ainsi que l'Engoulevent, l'Étourneau, les Gri-
ves, les Mésanges, les Pouillots ; le Renard, la Martre, la Fouine,
la Belette, le Hérisson s'en nourrissent faute d'autre proie ; les
Taupes détruisent beaucoup de larves et leur font la chasse sous
terre ; les Corbeaux, particulièrement le Freux (CORVUS FRUGILEGUS),
suivent les charrues au printemps pour ramasser les larves de
Hannetons et autres insectes qu'elles mettent à jour en retournant
la terre.

---

10 à 15. — Les Hannetons du marronnier, foulon, solsticial, de Frisch, etc.

(MELOLONTHA HIPPOCASTANI, Fab. — FULLO, Fab. — AMPHIMALLON
SOLSTICIALE, Fab. — EUCHLORA FRISCHII, Fab., etc. ANISOPLIA
HORTICOLA ET AGRICOLA, Fab.)

M Ratzburg signale comme dangereuses les espèces de Hannetons dont les noms se trouvent en tête de cet article. Leurs larves
font beaucoup de mal dans les pépinières des arbres forestiers et
dans les semis ; elles en rongent les racines et les font périr. Ces
larves sont des vers blancs semblables à celui qui produit le Hanneton ordinaire et n'en diffèrent que par la taille qui est proportionnée à celle de l'insecte. Elles vivent dans la terre pendant plusieurs années et se nourrissent des racines tendres des plantes
qu'elles rencontrent sur leur chemin. Pendant l'hiver elles s'enfoncent profondément dans le sol pour se soustraire à la gelée et

remontent près de la surface au printemps, creusant des galeries
pour atteindre les racines dont elles ont besoin. Elles se plaisent
dans les terrains légers et meubles, faciles à fouiller, comme l'est
celui des pépinières et celui des semis, et font de très-grands dégâts parmi les jeunes sujets. Le Hanneton femelle pond ses œufs
dans la terre à la profondeur de 15 à 20 centimètres, et les larves
qui en proviennent mettent trois ans à acquérir toute leur croissance ; ce n'est qu'au printemps de la quatrième année que les
insectes parfaits sortent de terre pour se porter sur les jeunes sujets et en dévorer les feuilles.

Après ces généralités succinctes il ne reste presque rien à dire sur
chaque espèce en particulier, qu'il suffit de décrire pour la faire
connaître.

Le Hanneton du marronnier (MELOLONTHA HIPPOCASTANI) se montre
à la même époque que le Hanneton vulgaire ; il lui ressemble considérablement et dans certaines localités est aussi commun que lui
et fait autant de dégâts en rongeant les feuilles. Sa larve se nourrit
des racines de tous les arbres à feuilles aciculaires et plates, et
l'insecte parfait de toutes les espèces de feuilles plates. Quoiqu'il
porte le nom du Marronnier-d'Inde, il n'a pas plus de prédilection
pour cet arbre que pour les autres.

10. MELOLONTHA HIPPOCASTANI, Fab. —Longueur, 22 millimètres,
largeur, 10 millimètres. Il est semblable au MELOLONTHA VULGARIS ;
les antennes, la tête, le corselet et l'écusson sont d'un rouge un
peu sombre ; on voit une raie de poils blanchâtres de chaque côté
du corselet ; les élytres sont d'un testacé-rougeâtre, avec cinq côtes
longitudinales sur chacune ; le stylet anal se rétrécit assez brusquement et finit en pointe un peu dilatée au bout ; le dessous est
noir ; la poitrine est couverte de longs poils flavescents, l'abdomen, d'un très-court duvet cendré, les côtés de l'abdomen sont
marqués de taches blanches triangulaires, une sur chaque segment ;
les pattes sont rouges comme le corselet, bi-dentées chez le mâle,
tri-dentées chez la femelle.

Le Hanneton foulon (MELOLONTHA FULLO), appelé aussi Hanneton du Poitou, éclot en juillet. La larve ronge les racines des pins ainsi que celles des autres arbres, et l'insecte parfait se nourrit des feuilles de chêne, de hêtre, de charme, de tremble et de celles des arbres fruitiers. Comme il est fort gros, il fait beaucoup de dégât dans les lieux qu'il a envahis.

11. MELOLONTHA FULLO, Fab. — Longueur, 32 à 37 millimètres, largeur, 15 à 17 millimètres. Il est noir, marqué de nombreuses taches blanches ; les antennes sont d'un rouge brun, avec la massue lamellée, très-longue chez le mâle, très-courte chez la femelle ; les taches blanches de la tête entourent les yeux et bordent le chaperon ; celles du corselet forment trois lignes longitudinales, une dorsale et deux latérales ; celle de l'écusson est bilobée ; celles des élytres sont nombreuses, dispersées irrégulièrement ; le dessous est couvert d'un duvet gris-jaunâtre ; les pattes sont noires, bi-dentées chez les mâles, tri-dentées chez les femelles. Le pygidium n'est pas prolongé en pointe.

Le Hanneton solsticial (AMPHIMALLON SOLSTICIALE), appelé aussi Hanneton de juin, Hanneton d'Allemagne, se montre dans le mois de juin. Sa larve ronge les racines du pin, du mélèze et celles d'autres arbres ; l'insecte parfait dévore les feuilles du hêtre, du charme et du tremble.

12. AMPHIMALLON SOLSTICIALE, Fab. — Longueur 15 millimètres, largeur 7 millimètres. Les antennes sont d'un brun-rouge, formées de neuf articles dont les trois derniers en massue lamellée, plus longue chez le mâle que chez la femelle ; la tête est noire, avec le chaperon d'un brun-rougeâtre ; le corselet est ponctué, d'un brun rougeâtre, couvert en grande partie par deux grandes taches noirâtres ; les élytres sont d'un testacé-jaunâtre portant quelques poils élevés et des côtes longitudinales dont les intervalles sont irrégulièrement ponctués, la suture est brunâtre ; le corselet, la poitrine et l'écusson sont très-velus ; l'abdomen est brun couvert

de poils plus courts; les pattes sont d'un testacé-rougeâtre. Le pygidium n'est pas prolongé en pointe.

Le Hanneton de Frisch (EUCHLORA FRISCHII), qui est encore appelé grand Hanneton à corselet vert, paraît en juin. Il ronge particulièrement les feuilles du bouleau et du tremble, et sa larve ronge les racines de ces arbres.

13. EUCHLORA FRISCHII, Fab. — Longueur 16 millimètres, largeur 8 millimètres. Les antennes sont formées de neuf articles, dont les six premiers d'un fauve-brun et les trois derniers formant une massue noire lamellée; la tête et le corselet sont d'un brun-vert brillant, un peu doré, et ponctués; les bords latéraux du dernier sont testacés; l'écusson est vert, ponctué; les élytres sont testacées à reflets verdâtres, ponctuées et striées; le dessous et les pattes sont brillants et cuivreux; les tarses sont verts. Le pygidium n'est pas prolongé en pointe.

On cite encore d'autres Hannetons de petite taille qui produisent de grands dégâts sur les arbres, lorsqu'ils sont nombreux et dont les larves, semblables en petit à celle du Hanneton ordinaire, vivent dans la terre en rongeant les racines des plantes. Ce sont les suivants :

Le petit Hanneton à corselet vert (ANISOPLIA HORTICOLA, Fab.) se montre en juin et dévore les feuilles de tous les arbres à feuilles plates, tandis que sa larve ronge leurs fines racines, ainsi que celles de la plupart des végétaux.

14. ANISOPLIA HORTICOLA, Fab. — Longueur 10 millimètres, largeur 5 millimètres. Les antennes sont formées de neuf articles, les six premiers ferrugineux, les trois derniers formant une massue noire, lamellée; la tête, le corselet sont d'un vert brillant, ponctués et hérissés de poils; les élytres sont couleur de tan, brillantes, un peu plus larges que le corselet, un peu plus longues que larges, marquées de sept stries ponctuées, hérissées de quelques

poils ; le dessous, le pygidium et les pattes sont d'un vert-noirâtre ; les tibias antérieurs portent deux dents.

Le Hanneton agricole (ANISOPLIA AGRICOLA) se montre dès la fin d'avril et ronge les feuilles du tremble et celles des arbres fruitiers. Sa larve attaque les racines du pin, celles des arbres dont on vient de parler et d'autres plantes.

15. ANISOPLIA AGRICOLA, Fab. — Longueur 10 millimètres, largeur 5 millimètres. Les antennes sont noires, de neuf articles, dont les trois derniers en massue lamellée ; la tête et le corselet sont vert-foncé, finement ponctués, couverts d'une pubescence blonde ; la tête est rétrécie en devant, formant un chaperon avancé et relevé ; le corselet est un peu rétréci en devant, arrondi sur les côtés, sinué à la base ; les élytres sont ovales, d'un testacé-jaunâtre, faiblement ponctuées, marquées de sept stries distinctes, d'une tache carrée noire autour de l'écusson, d'une raie transversale au milieu, formée de taches réunies ; le bord extérieur est noir ; le dessous et les pattes sont d'un vert-noirâtre ; le premier est couvert de longs poils blonds, les secondes sont ponctuées et les tibias antérieurs bidentés.

—

16. — Le Cerf-volant.

(LUCANUS CERVUS, Fab.)

Le Cerf-volant est un gros insecte connu de tout le monde à cause de sa taille et de ses longues mandibules en forme de cornes qui ont quelques petites ramures comme le bois du cerf. On le trouve, au mois de juin, dans les bois contenant de vieux arbres sur le retour et le long des haies dans lesquels croissent des chênes tronçonnés et âgés. Il vole le soir le long des chemins, ou des lisières des bois et le long des haies, à la recherche de sa femelle qui a les mandibules courtes et sans ramure, et comme il a la tête

très-grosse et les mandibules longues et pesantes, il est obligé de
se tenir dans une position verticale en volant ; l'air lui offre une
grande résistance et son vol est peu étendu. La femelle pond ses
œufs au pied des vieux chênes qui commencent à se carier, ou au
pied des vieux hêtres, des vieux bouleaux, des vieux trembles, etc.
et les place aux points ou commence la carie. Dès qu'ils sont éclos
les jeunes larves entrent dans le bois qui commence à se décomposer et qui est devenu plus tendre que le bois parfaitement sain,
et y creusent des galeries dont le déblai sert à les nourrir. Les
chemins qu'elles se frayent à travers le bois augmentent de diamètre à mesure qu'elles grandissent et comme elles emploient trois
années à atteindre toute leur taille et qu'elles deviennent de la
grosseur du doigt, elles percent dans le bois des trous larges et
profonds qui lui ôtent de sa valeur. Leur action sur le bois qui
commence à s'altérer en hâte la carie, et la partie habitée par ces
larves est bientôt hors de service. L'arbre lui-même, qui végète
encore par le moyen de l'écorce et de l'aubier, s'affaiblit de plus
en plus, se couronne et finit par périr.

Lorsque la larve du Cerf-volant est parvenue à toute sa croissance elle a 50 millimètres de longueur sur 10 millimètres de diamètre environ. Elle ressemble pour la forme à celle du Hanneton.
Elle se tient courbée en arc ayant son extrémité postérieure ré-
pliée en dessous en forme de crochet. Elle est blanchâtre, cylindrique, formée de douze segments sans compter la tête qui est
arrondie, écailleuse, armée de deux fortes mandibules et pourvue
de deux petites antennes filiformes de cinq articles. Le dernier
segment est très-grand et on peut le compter pour deux, auquel
cas la larve a treize segments. Les pattes thoraciques sont notablement longues et terminées par un crochet. Le corps est couvert
de poils isolés et droits.

Cette larve, ayant atteint sa troisième année et pris toute sa croissance, se renferme dans une coque de soie mêlée de sciure de bois
et de terreau provenant de la carie du bois et s'y change en chrysalide. L'insecte parfait en sort au mois de juin en suivant la gale-

rie creusée par la larve, débouchant au pied de l'arbre en un point
où se trouve une crevasse.

Il est classé dans la famille des Lamellicornes, la tribu des Luca-
nides et dans le genre LUCANUS. Son nom entomologique est LUCA-
NUS CERVUS et son nom vulgaire CERF-VOLANT ; la femelle s'appelle
CHÈVRE.

16. LUCANUS CERVUS, Fab. — *Mâle*. Longueur, 45 millimètres
(sans les mandibules), largeur 18 millimètres. Il est brun-marron ;
les antennes sont noires, grêles, coudées, de la longueur de la tête
et du corselet, terminées en massue formée de cinq dents parallèles, d'un seul côté ; la tête est noire, deux fois aussi large que
longue, ayant ses bords très-relevés, l'antérieur sinueux, le postérieur échancré, le chaperon prolongé en carré ; elle est finement
chagrinée ; les mandibules sont très-épaisses, trois à quatre fois
aussi longues que la tête, d'un brun-marron luisant, denticulées au
côté interne, ayant une forte dent au milieu et l'extrémité bi-
furquée ; les palpes maxillaires sont grêles, de quatre articles, les
labiaux courts, de trois articles ; la languette est soyeuse ; le corselet est transversal, de la longueur et de la largeur de la tête,
sinué au bord antérieur, droit au bord postérieur, noir, finement
chagriné, avec un faible sillon dorsal ; l'écusson est noir, arrondi ;
les élytres sont de la largeur du corselet à la base, quatre fois
aussi longues, très-finement chagrinées, d'un brun-marron, bordées
sur les côtés, arrondies en arrière. Le dessous et les pattes sont
noirâtres, tirant au marron ; les tibias sont dentés au côté extérieur.

Femelle. Longueur 34 millimètres, largeur 15 millimètres. La
tête est petite, sub-carrée, noire, les mandibules sont courtes, bi-
dentées à l'extrémité, noires ; le corselet est noir, plus large que
la tête, arrondi sur les côtés, régulièrement convexe en dessus.
Le reste est comme chez le mâle.

L'insecte parfait prend sa nourriture en suçant, avec les houp-

pettes de sa languette, les liquides qui suintent des plaies faites à
· l'écorce des arbres ou à leur bois.

Lorsqu'on s'aperçoit qu'un chêne déjà âgé ou un autre arbre
nourrit des larves du Cerf-volant on fera bien de l'abattre, car
c'est une preuve que la carie le gagne ou l'a déjà envahi.

—

17 à 18. — La petite Biche et la Chevrette bleue.

(DORCUS PARALLELIPIPEDUS, Mac., Leay. — PLATYCERUS
CARABOIDES, Lat.)

Les deux insectes dont il est question dans cet article faisaient
autrefois partie du genre LUCANUS et venaient se ranger à côté du
Cerf-volant; c'est pourquoi on leur a donné des noms d'animaux
analogues au cerf. Aujourd'hui ils sont placés dans d'autres genres
qui entrent dans la tribu des Lucanides, formée de l'ancien genre
LUCANUS. Ils ne sont pas sensiblement nuisibles aux arbres dans
leur état parfait, mais il n'en est pas de même lorsqu'ils sont à
l'état de larve. On rencontre ces insectes dans les bois où se trouvent des souches ou des vieux arbres cariés, et dans les haies vives
où croissent des arbres étêtés et plus ou moins altérés à leur pied.
Leurs larves vivent principalement dans les racines cariées et dans
les troncs qui commencent à se décomposer. Elles attaquent aussi
le bois sain en contact avec le bois désorganisé et contribuent à
accélérer le dépérissement et la mort des arbres dans lesquels
elles se sont établies.

On en rencontre quelquefois un assez grand nombre dans une
grosse racine de chêne ou dans une vieille souche. Chacune d'elles
est logée dans un trou particulier, une sorte de galerie qu'elle
creuse avec ses mandibules et qui est encombrée de sciure et de
vermoulure. Il leur faut au moins trois années pour acquérir leur
entière croissance, car on en voit dans le même lieu et en même
temps de trois grandeurs différentes. Parvenues à toute leur taille,

elles se changent en chrysalides dans leurs demeures et ensuite en insectes parfaits.

La larve de la petite Biche a environ 30 millimètres de longueur sur 10 millimètres de diamètre. Elle est blanchâtre et velue, composée de douze segments sans compter la tête qui est jaune, armée de deux fortes mandibules brunes à l'extrémité, de deux mâchoires pourvues chacune d'un palpe de trois articles et d'une languette terminée par deux palpes pointus. Les antennes sont filiformes, composées de quatre articles ; toutes ces parties sont jaunes comme la tête. On voit une tache jaune de chaque côté du premier segment. Les stigmates, au nombre de neuf paires, sont jaunes. Les spinules qui garnissent les segments tant en dessus qu'en dessous sont de la même couleur. Les six pattes sont d'une nuance plus pâle ; elles sont épineuses et les tarses n'ont qu'un seul article. Le dernier segment est plus gros et beaucoup plus long que les autres, de couleur noirâtre et présente en dessous une fente longitudinale, bordée de spinules. Retirée de sa galerie, cette larve se tient courbée en arc, couchée sur le côté et se traine avec lenteur et beaucoup de difficulté en s'aidant des spinules de son corps.

L'insecte dans lequel elle se transforme est classé dans la famille des Lamellicornes, dans la tribu des Lucanides et dans le genre Dorcus. Son nom entomologique est Dorcus parallelipipedus, et son nom vulgaire Lucane parallélipipède ou petite Biche.

17. Dorcus parallelipipedus, Mac., Leay. — Longueur, 23 à 25 millimètres, largeur, 6 1/2 millimètres. Tout le corps est très-noir et déprimé ; les antennes sont noires, coudées, formées de dix articles, le premier presque aussi long que tous les autres pris ensemble, les quatre derniers formant une massue en peigne ; les mandibules sont un peu plus courtes que la tête ; elles sont armées d'une forte dent au côté interne ; la tête est plus étroite que le corselet ; elle est finement chagrinée et présente chez le mâle deux petits tubercules arrondis et rapprochés ; le corselet est aussi long

que large, un peu rétréci en devant et porte une petite ligne dorsale peu enfoncée ; il est finement pointillé et légèrement bordé ; l'écusson est triangulaire, presque arrondi à l'extrémité ; les élytres sont de la largeur du corselet à la base, à côtés parallèles, arrondies au bout, deux fois aussi longues que le corselet, finement chagrinées ; les pattes sont noires ; les tibias antérieurs sont armés de plusieurs dents et les autres de deux épines.

Dans le mois de novembre, on peut trouver dans les vieilles souches et dans les racines de chêne cariées de nombreuses larves de cet insecte, ayant trois grandeurs bien tranchées et parmi elles des insectes parfaits qui attendent, peut-être, le printemps pour sortir ou qui se sont réfugiés là pour passer l'hiver.

La larve de la Chevrette bleue ressemble pour la forme à celle de la petite Biche, mais elle est plus petite et proportionnée à l'insecte qu'elle doit produire. Il est probable qu'elle met aussi trois ans à prendre toute sa taille et qu'elle subit ses métamorphoses dans les vieilles souches. Dès le 15 avril, on trouve dans les souches de chêne cariées plusieurs de ces insectes à l'état parfait, dans le voisinage les uns des autres, très-frais et nouvellement éclos, attendant que la température soit plus chaude pour sortir et prendre leur essor.

Ils sont de la même famille, de la même tribu que le précédent, mais du genre PLATYCERUS. Le nom entomologique de cette espèce est PLATYCERUS CARABOIDES, et son nom vulgaire LUCANE CARABOIDE ou CHEVRETTE BLEUE.

18. PLATYCERUS CARABOIDES, Lat. — Longueur, 12 millimètres, largeur, 4 millimètres. Les antennes sont noires, coudées, formées de dix articles, le premier presque aussi long que tous les autres pris ensemble, les quatre derniers formant une massue lamellée ; les mandibules sont un peu plus courtes que la tête ; le corselet est beaucoup plus large que la tête, aussi long que large, rebordé de chaque côté, presqu'échancré en devant, coupé droit en arrière ; l'écusson est petit, arrondi ; les élytres sont aussi larges que

le corselet à la base, deux fois aussi longues, arrondies en arrière, finement chagrinées; les tibias antérieurs ont quelques dentelures latérales; les autres quelques cils; le dessous du corps, les
pattes sont noirs; tout le dessus du corps est bleu, verdâtre et
quelquefois d'un vert-doré.

On trouve des individus dont les pattes sont fauves parmi ceux
qui les ont noires ; ils habitent ensemble les mêmes souches et ne
sont qu'une variété de la même espèce. On leur a donné le nom
de PLATYCERUS RUFIPES.

Cet insecte a reçu le nom spécifique de CARABOIDES, parce qu'on
lui a trouvé quelque ressemblance avec un carabe.

---

19. — La Cantharide.

(CANTHARIS VESICATORIA, Lat.)

La Cantharide est un Coléoptère connu de tout le monde, qui
est remarquable par sa belle couleur verte-dorée, par sa taille notablement grande, par l'odeur pénétrante qu'elle répand au loin
et par l'emploi qu'on en fait en médecine. Cet insecte se montre
au solstice d'été, à la Saint-Jean, vers le 24 juin, et se voit toujours en troupes plus ou moins nombreuses et souvent très-consi-
dérables. Il se porte sur les frênes dont il ronge les feuilles pour
se nourrir et les dépouille bientôt entièrement. Il est fort nuisible
aux jeunes plants qui souffrent beaucoup de cette défoliation et
qui en meurent quelquefois. La Cantharide se jette aussi sur les
lilas, le troëne, le serynga, le chèvre-feuille, le sureau, mais elle
préfère le frêne. Lorsqu'elle a dépouillé un arbre de ses feuilles,
la troupe s'envole ensemble et va s'abattre sur un autre, qu'elle
traite de même, et continue ainsi jusqu'à la mort de tous les individus, ce qui dure pendant une quinzaine de jours au moins.
L'accouplement des mâles et des femelles a lieu sur les arbres, et
lorsque cette dernière éprouve le besoin de pondre, elle descend à

terre et va chercher un lieu convenable pour le dépôt de ses œufs.

Elle les cache dans le sol dans lequel elle fait un petit creux en grattant avec ses pattes et piochant avec ses mandibules. Elle les dépose en un seul tas dans ce trou et les recouvre avec la poussière extraite de l'excavation. Ces œufs sont nombreux, petits, jaunâtres, de forme cylindrique, aplatis aux deux bouts. Après quinze jours d'incubation au soleil il en sort des petites larves d'un blanc jaunâtre, molles, allongées, déprimées, parsemées de petits poils dont deux plus longs en forme de soie à l'anus. Leur tête est arrondie, pourvue de deux petites antennes et de deux mandibules fortes, arquées, pointues, et de palpes. Le corps est formé de douze ou treize segments, dont les trois premiers portent chacun une paire de pattes.

On ne sait ce qu'elles deviennent après leur naissance. On en voit assez souvent d'accrochées sur le corps et sur les ailes de certaines Hyménoptères, comme les Andrènes et autres, ce qui fait conjecturer qu'elles sont transportées par ces insectes dans leurs nids et qu'elles vivent en mangeant les larves, légitimes habitants de ces nids. Un insecte qui se tient toujours en bande, qui paraît instantanément, doit probablement vivre et se développer dans le nid d'une espèce sociale comme les Guêpes souterraines et les Bourdons, dont les familles sont nombreuses en individus, mais l'observation n'a pas encore confirmé cette conjecture.

L'insecte parfait est classé dans la famille des Trachélides ; dans la tribu des Vésicants et dans le genre CANTHARIS. Son nom entomologique est CANTHARIS VESICATORIA, et son nom vulgaire la CANTHARIDE.

19. CANTHARIS VESICATORIA, Lat. — Longueur, 16 à 20 millimètres. Elle est d'un vert-doré brillant ou d'un vert-bleuâtre ; les antennes sont filiformes, de la longueur de la moitié du corps, formées de onze articles, le premier vert, les autres noirs ; la tête est transverse, ponctuée, ayant un sillon profond sur le vertex et trois

enfoncements légers sur la face ; les yeux sont ovales, bruns ; le corselet est un peu plus large que long, un peu rétréci en arrière, ayant les angles antérieurs arrondis et un peu bombés ; il présente un sillon au milieu du dos et un enfoncement en arrière ; les élytres sont très-flexibles, plus larges que le corselet à la base, cinq fois aussi longues, à côtés parallèles, arrondies au bout, finement chagrinées, avec deux côtes longitudinales peu saillantes ; le dessous du corps est pubescent ; les pattes sont vertes comme l'insecte ; les tarses postérieurs ont quatre articles et les autres tarses cinq articles.

On se débarrasse de cet insecte, dont le voisinage est incommode et dangereux, en secouant les arbres sur lesquels il se tient et en le faisant tomber sur des nappes pour le ramasser et le tuer. Cette opération doit être faite dès le matin avant que le soleil ne les ait réveillés et n'ait dissipé leur engourdissement.

———

20 à 21. — Les rouleurs des feuilles du bouleau.

(RHYNCHITES BETULETI, Fab. — BETULÆ, Fab.)

Lorsqu'à la fin du mois de mai ou au commencement de juin, on se promène dans un bois, on ne tarde guère à rencontrer des petits paquets de feuilles flétries qui pendent à l'extrémité des rameaux de plusieurs espèces d'arbres, tels que le hêtre, le bouleau, le saule-marsault, le poirier, etc. Ces paquets sont formés des feuilles de l'extrémité d'un rameau qui sont roulées en long en forme de cigare de la grosseur du petit doigt plus ou moins, selon le nombre des feuilles enroulées, et si l'on examine un de ces rouleaux, on remarque que le pétiole commun d'où partent les feuilles est entamé par une petite échancrure qui pénètre jusqu'au milieu de son diamètre.

Ce travail, assez curieux pour frapper un esprit observateur, est dû à un petit insecte qui l'exécute pour y pondre ses œufs et lui confier sa postérité. Cet insecte est de la nombreuse famille des Porte-bec, et c'est la femelle qui l'exécute. Celle-ci commence par choisir sur l'arbre les feuilles qui lui conviennent, et après les avoir trouvées elle entame le pétiole commun d'où partent les pétioles particuliers et lui fait une entaille. La sève se trouvant en partie interceptée, n'arrive plus en quantité suffisante à l'extrémité du rameau, dont les feuilles se flétrissent, deviennent molles et se prêtent à la forme qu'on veut leur donner. A l'aide de ses pattes et de son rostre elle les réunit, les plie en long et en fait un rouleau en forme de cigare irrégulier. Le rouleau fait, elle y enfonce son rostre long et effilé, puis elle pond un œuf dans le trou qu'elle vient de faire et l'y enfonce avec son bec. Elle répète la même opération quatre, cinq ou six fois en peu de temps et place ainsi cinq ou six de ses œufs; après quoi elle va construire un autre rouleau par le même procédé dans lequel elle introduit de nouveaux œufs et continue ainsi jusqu'à ce qu'elle ait achevé sa ponte. Au bout de quelques jours, les œufs éclosent et les petites larves se mettent à ronger les feuilles entre lesquelles elles sont placées et se nourrissent de leur substance flétrie. Mais le rouleau commence à se dessécher et bientôt il tombe à terre avec toutes les larves qu'il contient. L'humidité du sol amène lentement sa décomposition qui ne nuit nullement à la santé des larves, et leur est au contraire favorable en leur fournissant l'aliment qui leur convient. Lorsqu'elles ont pris leur entière croissance elles entrent dans la terre où elles restent pendant l'automne et l'hiver, et elles se changent en chrysalides au printemps et en insectes parfaits au mois de mai. La larve est blanche, molle, glabre, apode, ovéconique, courbée en arc, formée de douze segments sans compter la tête qui est ronde, écailleuse, jaunâtre, armée de deux mandibules cornées. La chrysalide est renfermée dans une petite coque de terre aglutinée, peu solide, de forme ronde.

L'insecte parfait est un Coléoptère de la famille des Porte-bec, de la tribu des Orthocères, de la sous-tribu des Attélabites et du

genre RHYNCHITES. Son nom entomologique est RHYNCHITES BETU-
LETI, et son nom vulgaire ATTÉLABE BÉTULAIRE, URBEC, BECMARE,
LISETTE, etc.

20. RHYNCHITES BETULETI. Fab. — Longueur, 5 à 7 millimètres
(rostre compris). Il est d'un vert-doré brillant ; les antennes sont
noires, droites, de la longueur de la tête, formées de onze articles
dont les trois derniers forment une massue oblongue, allongée ; le
rostre est arqué, plus long que la tête, un peu épaisse à son extrémité, d'un noir-bleu ; le corselet est vert-doré, ponctué avec un
faible sillon dorsal, plus étroit en devant qu'en arrière, arrondi
sur les côtés, sub-globuleux ; les élytres sont plus larges que le
corselet à la base, deux fois aussi longues, presque carrées, arrondies en arrière, d'un vert-doré, à points enfoncés nombreux,
rangés en stries peu régulières ; les pattes sont ponctuées, d'un
vert-doré ; le dessous est vert-doré pubescent.

On trouve des individus de cette espèce qui sont d'un beau bleu
indigo à reflet violacé, et qui portent de chaque côté du corselet
une épine dirigée en avant. On en voit aussi de verts qui sont armés d'une épine au corselet. On pense que ce sont les mâles qui
présentent ce caractère.

On doit faire remarquer qu'une partie de la génération éclot assez
souvent dans la deuxième quinzaine de septembre, et passe l'hiver
comme elle peut en se réfugiant dans des cachettes abritées contre
le mauvais temps et reparaît au printemps. Il est vraisemblable
qu'il en périt beaucoup dans ce trajet pénible ; mais la perpétuité
de l'espèce est assurée par la réserve qui ne sort de terre qu'au
mois de mai.

Une autre espèce du même genre, qui a des mœurs analogues,
se voit fréquemment sur le bouleau, travaillant à en rouler les
feuilles ; on la trouve aussi sur le hêtre. C'est vers le 15 mai que cet
insecte s'occupe de la reproduction de son espèce. La femelle qui
doit rouler la feuille pour loger son œuf dans l'intérieur, ne l'em-

ploie pas tout entière, elle n'en prend que la moitié. Elle commence par la couper de chaque côté jusqu'à la nervure médiane et perpendiculairement à cette nervure. C'est avec ses dents qu'elle fait cette opération. Les deux coupures ne se correspondent pas exactement, l'une est un peu plus haute que l'autre. Dès que la coupure est faite, la partie inférieure s'amollit et perd sa rigidité, et alors l'insecte la roule en tuyau conique serré à l'aide de ses pattes et de son rostre. Le rouleau exécuté, elle y enfonce son bec, pond un œuf dans le trou et le pousse jusqu'au fond.

Bientôt le rouleau se dessèche, devient ferrugineux, tandis que le dessus de la feuille est parfaitement vert. L'œuf, couvé par la chaleur du soleil, éclôt, et la petite larve commence à ronger autour d'elle pour se nourrir. A la fin du mois de mai, on peut voir de ces rouleaux ferrugineux suspendus à l'extrémité des rameaux, des bouleaux et des hêtres. Bientôt le rouleau se détache et tombe à terre, où l'humidité le pénètre, l'amollit et fournit à la larve l'aliment qui lui convient pour achever sa croissance. Quand elle l'a prise, elle entre dans la terre où elle passe l'été, l'automne et l'hiver, et se change en chrysalide au printemps et en insecte parfait vers le 15 mai.

Il est de la même famille et du même genre que le précédent. Son nom entomologique est RHYNCHITES BETULÆ, et son nom vulgaire ATTÉLABE DU BOULEAU, ATTÉLABE FÉMORAL.

21. RHYNCHITES BETULÆ, Fab. — Longueur, 4 millimètres. Il est entièrement noir, recouvert d'une fine pubescence formée de petits poils gris, clair-semés; les antennes sont noires, droites, terminées en massue oblongue de trois articles; le rostre est plus long que la tête, un peu arqué, un peu aplati à l'extrémité; la tête est étranglée en arrière; le corselet est plus étroit en devant qu'en arrière, arrondi sur les côtés, renflé au milieu, finement ponctué, ainsi que la tête; les élytres sont plus larges que le corselet à la base, près de trois fois aussi longues, en rectangle dont les angles sont arrondis, marquées chacune de dix stries formées de forts points enfoncés; le dessous et les pattes sont noirs.

Le mâle se distingue de la femelle par ses cuisses postérieures renflées, très-grosses, et par son rostre un peu plus court.

Ces deux insectes rouleurs de feuilles ne sont pas ordinairement fort nuisibles ; quelques feuilles de moins à un arbre ne le compromettent pas et ce dégât peut être négligé sans inconvénient. Cependant si on voulait faire la chasse à ces deux insectes, on devrait arracher toutes les feuilles roulées que l'on rencontre et les brûler.

Les parasites du RHYNCHITES BETULÆ sont, d'après Ratzburg :

CHALCIDITES....   Ophioneureus signatus.

Ceux du RHYNCHITES BETULETI sont, d'après le même auteur :

ICHNEUMONIENS..   Pimpla flavipes.

BRACONITES..... { Bracon discoïdeus.
              { Microgaster lævigatus.

CHALCIDITES .... { Ebachestus carinatus.
              { Ophioneurus simplex.

—

22 à 27. — Les Charançons argentés.

(PHYLLOBIUS ARGENTATUS, Sch. — PYRI, Sch. — CALCARATUS, etc.
POLYDROSUS MICANS, Sch.)

Il existe plusieurs espèces de petits Curculionites à courte trompe, de couleur verte, ayant un reflet métallique argenté ou doré, que l'on rencontre fréquemment dans les bois feuillus et qui causent de notables dégâts lorsqu'il s'y trouvent en grand nombre. Il vivent sur différentes espèces d'arbres, principalement sur les jeunes hêtres, dont il trouent les feuilles de telle sorte que les jeunes tiges en souffrent beaucoup et en meurent quelquefois. Ils percent ces feuilles de petits trous ronds, très-nombreux, en les rongeant sur des points très-voisins les uns des autres. Ils se servent pour cela de leurs petites mandibules situées à l'extrémité de leur rostre, qui percent promptement la feuille de part en

part et ils se nourrissent de la partie du parenchyme enlevé. Ils
ont tous les mêmes mœurs à peu près, du moins quant aux points
principaux. Ils paraissent au mois de mai et de juin. Lorsqu'ils se
sont accouplés, les femelles descendent à terre et pondent sur le
sol. Les larves sorties des œufs sont blanches, apodes, épaisses,
et restent dans la terre jusqu'au printemps suivant, époque à laquelle elles se changent en chrysalides, puis ensuite en insectes
parfaits qui sortent de terre pour monter sur les arbres. On ne sait
pas au juste de quoi ces larves se nourrissent ; on conjecture
qu'elles rongent les racines des plantes et des arbres. Tous ces petits Coléoptères appartiennent à la famille des Porte-bec, à la tribu
des Gonatocères, à la sous-tribu des Brachyrnynchites et à divers
genres de cette sous-tribu. Les espèces les plus importantes à
connaître sont les suivantes.

22. PHYLLOBIUS ARGENTATUS, Sch. — Longueur, 5 millimètres.
Il est noir et tout couvert de squamules d'un vert-argenté brillant
ou d'un bleu-verdâtre argenté ; les antennes sont un peu épaisses
et jaunâtres ; le scape ou premier article atteint le corselet ; les
deux premiers articles de la tige sont plus longs que les autres ;
la massue qui les termine est allongée, ovale, pointue ; le scrobe
ou sillon du rostre est apical et court, le rostre est court, épais,
presque cylindrique ; le corselet est petit, rétréci en devant, arrondi sur les côtés, convexe en dessus ; l'écusson est petit, triangulaire ; les élytres sont oblongues, quatre fois aussi longues que le
corselet, arrondies à l'extrémité, striées, avec des poils droits
rangés en lignes longitudinales, plus fournis vers l'extrémité ; les
pattes et les tarses sont jaunâtres comme les antennes, et les cuisses postérieures sont dentées en dessous vers l'extrémité ; il y a
des ailes sous les élytres.

Cette espèce se montre en mai et se porte sur les hêtres, les
chênes, les bouleaux et les arbres fruitiers dont elle troue les
feuilles. Elle passe en volant d'un arbre à l'autre. Son nom vulgaire est CHARANÇON ARGENTÉ.

23. Phyllobius pyri, Schœn. — Longueur, 9 millimètres. Il est noir et tout couvert de squamules d'un vert soyeux ; les antennes sont d'un roux ferrugineux, longues, grêles ; le scape atteint le corselet ; les trois derniers articles forment une massue ovale acuminée ; le rostre est court, presque cylindrique ; les yeux sont noirs, ronds, saillants ; le corselet est petit, un peu resserré en devant, arrondi sur les côtés, convexe en dessus, à peu près aussi long que large ; les élytres sont beaucoup plus larges que le corselet à la base, quatre fois aussi longues, à épaules et extrémité arrondies, à côtés parallèles, marquées de dix stries ; les pattes sont d'un roux-ferrugineux, avec les cuisses renflées et toutes armées d'une forte dent à l'extrémité en dessous.

Cette espèce perce les feuilles et ronge les bourgeons du hêtre et du chêne, ainsi que les mêmes parties des arbres fruitiers. Elle se montre dans le mois de mai.

24. Phyllobius calcaratus, Schœn. — Longueur, 8 millimètres. Il est noir, couvert de squamules d'un vert-soyeux ; les antennes sont longues, grêles, d'un brun de poix ; le scape atteint le corselet et les trois derniers articles forment une massue ovale, pointue ; le rostre est court, presque cylindrique ; les yeux sont ronds, noirs, saillants ; la tête est un peu plus large que le rostre ; le corselet est petit, un peu resserré en devant, arrondi sur les côtés, convexe en dessus, à peu près aussi long que large ; les élytres sont plus larges que le corselet à la base, quatre fois aussi longues, arrondies aux épaules et à l'extrémité, marquées de dix stries chacune ; les pattes sont couvertes d'écailles vertes comme le corps ; les cuisses sont renflées et armées d'une dent ou éperon à l'extrémité en dessous.

Il se montre en mai ; il perce les feuilles et ronge les bourgeons du hêtre et du chêne. Son nom vulgaire est Charançon épéronné.

25. Phyllobius viridicollis, Schœn. — Longueur, 4 millimètres.

Il est noir; les antennes sont d'un fauve-brun, assez épaisses, terminées en massue ovale; le scape atteint à peine le corselet; le
rostre est noir, épais, subcylindrique; la tête est noire, ponctuée
avec une impression profonde sur la face; les yeux sont saillants
et ronds; le corselet est un peu rétréci en devant, arrondi sur les
côtés, convexe en dessus, aussi long que large, couvert de squamules vertes; les élytres sont noires, brillantes, beaucoup plus
larges que le corselet à la base, trois à quatre fois aussi longues,
arrondies aux épaules et à l'extrémité, marquées chacune de dix
stries formées de points, enfoncées et séparées par des petites
côtes lisses et luisantes; les cuisses sont renflées, couvertes de
squamules vertes; les tibias et les tarses sont d'un fauve-brun.

Il paraît en mai, et ronge les feuilles et les bourgeons du chêne,
du hêtre, de l'aulne et du tremble. Son nom vulgaire est Charançon a corselet vert.

26. Phyllobius oblongus, Schœn. — Longueur, 6 millimètres.
Il est allongé, étroit, noir, couvert d'un duvet grisâtre; les antennes sont fauves, terminées en massue ovale acuminée; le scape
atteint le corselet; le rostre est très-court, épais et noir; la tête
est noire, ponctuée; les yeux sont ronds, saillants, noirs; le corselet est petit, un peu resserré en devant, arrondi sur les côtés et
en dessus, noir, ponctué; l'écusson est petit, noir, triangulaire;
les élytres sont beaucoup plus larges que le corselet à la base, au
moins quatre fois aussi longues; arrondies aux épaules et en arrière, d'un brun-marron luisant, marquées chacune de dix stries
ponctuées, dont les intervalles sont luisants, avec le bord extérieur noir; les pattes sont d'un fauve-pâle, avec les cuisses renflées
et armées d'une épine à l'extrémité en dessous.

Il se montre au mois de mai pour percer les feuilles et ronger
les bourgeons des hêtres. Son nom vulgaire est Charançon
oblong.

27. Polydrosus micans, Schœn. — Longueur, 8 millimètres. Il

est noir, couvert de petites écailles couleur de feu-doré ; les antennes sont d'un rouge-brun, terminées en massue acuminée ; le scape n'atteint pas le corselet ; le rostre est court, un peu élargi en devant, plus étroit que la tête ; les yeux sont noirs et ronds ; le corselet est petit, un peu étranglé en devant, arrondi sur les côtés et en dessus, à peu près aussi long que large ; les élytres sont beaucoup plus larges que le corselet à la base, cinq fois aussi longues, à épaules arrondies, un peu saillantes, arrondies et gibbeuses en arrière, marquées chacune de dix stries de points enfoncés ; les pattes sont d'un rouge-brun à cuisses renflées, les postérieures, armées d'une petite dent en dessous à l'extrémité.

Il se montre en juin et se porte sur le chêne, le hêtre, le coudrier dont il perce les feuilles. Son nom vulgaire est CHARANÇON BRILLANT.

On rencontre encore dans les bois le POLYDROSUS CERVINUS, qui s'adresse au chêne, au hêtre, au bouleau, au coudrier dont il ronge les feuilles.

On ne connaît aucun moyen de détruire ces insectes qui, heureusement ne sont pas bien dangereux dans les grands bois. Leurs larves ne sont pas connues, et on ignore s'il serait possible et facile de les atteindre dans les lieux qu'elles habitent.

---

28. — Le grand Charançon brun.

(PISSODES PINI, Germ.)

Le grand Charançon brun est sans contredit l'un des insectes forestiers les plus importants. Il attaque avec une égale voracité, non seulement le sapin rouge (*abies picea*) et les pins, mais encore il nuit quelquefois aux bois à feuilles plates. On doit dire cependant que le dommage qu'il cause à ces derniers est peu important (1).

(1) Suivant M. De la Blanchère, il n'attaque jamais les bois feuillus.

Il dépose ses œufs, la plupart du temps, sur les troncs des pins ou des sapins rouges, sous l'écorce desquels la larve se fraye des galeries serpentantes et pénètre souvent jusqu'aux dernières extrémités des racines. Une partie de la génération se change en chrysalides et en insectes parfaits pendant l'automne, et ces derniers se tiennent cachés sous la mousse pendant l'hiver; l'autre partie passe cette rude saison à l'état de larve ou de chrysalide dans leurs cellules et ne se transforme qu'au mois de juin (1).

Cet insecte fait partie de la famille des Porte-Bec, de la tribu Gonatocères, de la sous-tribu des Erirhinites et du genre PISSODES. Son nom entomologique est PISSODES PINI, et son nom vulgaire GRAND CHARANÇON BRUN DU PIN.

28. PISSODES PINI, Germ. — Longueur, 8 à 13 millimètres. Les antennes sont brunes, coudées, insérées derrière le milieu du bec, terminées en massue ovale, acuminée; le rostre est brun, cylindrique, arqué, grêle, de la longueur du corselet; la tête et le corps sont d'un roux brun ou brun marron, plus ou moins obscur, et couverts quelquefois de petites écailles cendrées; le corselet présente quelque taches roussâtres, formées par des petites écailles; il est plus étroit en devant qu'en arrière et bisinué à la base; l'écusson est roussâtre: les élytres sont ovoïdes, un peu plus larges que le thorax à la base, deux fois et demie aussi longues que celui-ci, atténuées et arrondies à l'extrémité, portant des stries formées de points enfoncés assez gros et deux bandes transversales maculaires d'un gris roussâtre; les cuisses n'ont ni épines, ni dentelures et sont renflées en massue.

Dès qu'il est éclos, il s'accouple et la femelle va déposer ses œufs dans l'écorce des pins et des sapins, particulièrement dans les environs du collet des racines; à cet effet, elle perce l'écorce avec son rostre et pond un œuf dans le trou, et répète cette opération autant de fois qu'elle a d'œufs à déposer. Les petites larves sorties

---

(1) Suivant M. de la Blanchère, il paraît au mois de mai.

de ces œufs se creusent des galeries dans la partie tendre de l'écorce, et se nourrissent de la sève et des fibres qu'elles arrachent et triturent avec leurs dents ; elles donnent à leurs canaux des directions serpentantes. Elles croissent pendant l'été et parviennent à tout leur taille en automne avant l'époque des froids. Elles ont alors 13 à 14 millimètres de longueur. Elles sont épaisses, d'un blanc jaunâtre, molles, glabres, apodes, formées de douze segments, sans compter la tête, qui est grosse, brune, ronde, écailleuse, rentrée en partie dans le premier segment du corps, armée de deux fortes mandibules. Les premiers segments sont renflés en dessous. Les segments du dos sont plissés et sont séparés de ceux du ventre par une sorte de bourrelet sur lequel sont placés les stigmates. Lorsqu'elles veulent se changer en chrysalides, elles creusent chacune une cellule à l'extrémité de leur galerie qu'elles tamponnent avec des fibres de bois, et attendent immobiles leur transformation qui a lieu quelquefois avant l'hiver et ordinairement au printemps suivant. La chrysalide est longue de 13 à 14 millimètres. Elle est d'abord blanche et se colore en brun, lorsque le moment de la métamorphose approche. Elle porte deux épines à l'extrémité de son abdomen, d'autres épines plus petites au sommet de la tête, et une petite pointe au bord latéral et postérieur de chaque segment de l'abdomen. Quelquefois une partie de la génération éclot avant l'hiver et l'autre attend le printemps pour sortir. L'insecte parfait reste dans sa cellule jusqu'à ce que ses mandibules se soient affermies pour percer l'écorce et se mettre en liberté.

Il recherche les jeunes semis et les plantations, dans lesquels il exerce de grands ravages. Il préfère les plants qui ont de trois à six ans, mais, au besoin, il les attaque jusqu'à quinze et plus. Il monte sur les jeunes pins, ronge la pousse terminale, les bourgeons, l'écorce des jeunes tiges et des branches, et lorsqu'il a rongé un sujet, il le quitte pour monter sur un autre. On a remarqué que, pendant les grandes chaleurs du jour et pendant la fraîcheur de la nuit, il descend parmi les herbes qui sont à terre ;

on a encore observé que la femelle recherche, pour déposer ses œufs, les vieilles souches et le pied des arbres malades, dépérissants ou affaiblis. C'est sur ces observations qu'on a fondé les moyens de lui faire la chasse.

On dépose sur la terre des écorces en plaçant le côté concave sur le sol ; il vient s'y réfugier pendant la nuit, et le matin on lève les écorces pour s'emparer des Charançons. Ces écorces s'appellent *écorces d'appât*.

On y met également des *fagots d'appât* faits de branches de pins ou de sapins. Ces fagots sont longs comme le bras et gros comme la cuisse.

On y place encore des *bûches d'appât* de pin ou de sapin fraîchement coupées. Les fagots et les bûches sont destinées à attirer les femelles, et à recevoir leurs œufs et les larves qui en sortent, et on les brûle au plus tard en automne.

On creuse des canaux ou *fosses d'appât* d'une longueur indéterminée sur une largeur de 24 à 32 centimètres, et une profondeur de 32 centimètres, au fonds desquels on pratique des trous de 10 à 16 centimètres de profondeur et de largeur. Les Charançons se rendent dans ces fosses, ou y tombent et on s'en empare pour les tuer.

Pour éviter la multiplication de cet insecte, il est très important de ne laisser aucune vieille souche entourée de son écorce. Il faut écorcer, non seulement les vieilles souches aussitôt qu'on a abattu l'arbre, mais encore tous les arbres de la forêt renversés ou cassés par le vent.

—

29. Le petit Charançon brun.

(PISSODES NOTATUS, Germ.)

Le petit Charançon brun est du même genre que le grand Charançon brun auquel il ressemble beaucoup, mais il est plus

petit ; il a aussi les mêmes habitudes et attaque comme le Pɪssoᴅᴇs
ᴘɪɴɪ, les sapins et les pins, auxquels il est fort nuisible. Il se jette
en troupe nombreuse sur les souches qui restent dans la terre à
la suite de la coupe de l'année ; il se porte également sur les
arbres malades et languissants ; il n'est pas rare de rencontrer dans
une forêt des sapins entièrement desséchés, ou ayant une moitié
de leurs branches et la moitié correspondante de leur tige morte
depuis la base jusqu'au sommet, par suite des blessures qu'ils
ont reçues de cet insecte.

Ce charançon se montre dans la deuxième quinzaine de mai et
la première de juin. C'est alors qu'il s'accouple, soit sur les
souches, soit sur les troncs. La femelle étant prête à pondre, va
choisir une souche ou une tige sur laquelle elle se pose. Elle perce
l'écorce avec son rostre, vers la base, à 1m. 50 de hauteur au-
dessus du sol et pond un œuf dans le trou qu'elle a fait ; elle répète
cette opération jusqu'à ce qu'elle ait achevé sa ponte. Les larves,
sorties de ces œufs, s'insinuent entre l'écorce et le bois, et se
nourrissent des sucs qui y circulent et de ceux qu'elles extrayent
de la substance intérieure et tendre de l'écorce ; elles tracent en
descendant des galeries sinueuses qui vont en s'élargissant à
mesure qu'elles grandissent. Elles arrivent à peu près à leur
entière croissance à la fin de l'automne, et passent l'hiver
engourdies sous l'écorce. Elles se raniment au printemps, continuent à manger, et se changent en chrysalides au commencement
du mois de mai. Pour faire cette opération, elles se creusent une
cellule ovale à l'extrémité de leur galerie, en partie dans l'écorce
et en plus grande partie dans l'aubier et s'y tiennent à nu.

Ces larves ont alors 7 à 8 millimètres de long. Elles sont
blanches, molles, glabres, apodes, presque cylindriques, formées
de 12 segments, les derniers un peu atténués. La tête est ronde,
écailleuse, jaunâtre, armée de deux fortes mandibules brunes et
rentrée en partie dans le premier segment qui porte en-dessus
deux tâches jaunâtres, semi-écailleuses. Les premiers segments
sont un peu renflés en-dessous, et on voit de chaque côté un bour-

relet plissé qui règne d'un bout à l'autre, sur lequel sont situés les stigmates. La chrysalide a environ 8 millimètres de longueur. Elle est blanche à sa naissance, et laisse voir le rostre, les pattes repliées et les fourreaux des ailes. Elle porte deux épines à l'extrémité de l'abdomen, deux autres plus petites sur le sommet de la tête et une couronne de spinules sur le dos des segments abdominaux. Elle reste environ quinze jours sous cette forme et se change, après ce repos, en insecte parfait qui attend que ses téguments se soient consolidés et que ses mandibules soient assez dures pour percer l'écorce et se mettre en liberté. Le trou qu'il fait est rond et du diamètre de son corps.

29. PISSODES NOTATUS, Germ. — Longueur, 15 millimètres. Il est d'un brun-marron plus ou moins obscur ; les antennes sont brunes, coudées, insérées un peu au-delà du milieu du rostre, terminées en massue ovale, acuminée ; le rostre est brun, cylindrique, arqué, de la longueur du corselet; celui-ci est rétréci en devant, sinué en arrière, marqué de quelques tâches roussâtres ; les élytres sont ovales, atténuées et arrondies en arrière, un peu plus larges que le corselet à la base, portant des stries de points enfoncés, plus grands au milieu et ornées de deux taches transversales formées d'écailles pâles ou d'un jaune-blanchâtre ; les cuisses sont un peu renflées et ne portent pas de dents.

Le PISSODES NOTATUS recherche les jeunes plants. Sa larve vit dans leurs racines et l'insecte parfait se nourrit sur les pousses terminales.

Dans certaines années une partie de la génération éclôt avant l'hiver et se cache sous la mousse, dans les gerçures des écorces, sous les vieilles écorces soulevées, pour passer la mauvaise saison.

Les moyens de destruction employés contre lui sont les mêmes que ceux indiqués à l'article du PISSODES PINI.

Son nom vulgaire est PETIT CHARANÇON BRUN, CHARANÇON NOTÉ.

Les parasites du PISSODES NOTATUS, d'après M. Ratzburg, sont :

BRACONITES. . . . .
- Brachystes atricornis
- — firmus
- — robustus
- — disparator
- — incompletus
- — labrator
- — palpebrator
- — sordidator
- Microdus abcissus
- Sigalphus striatulus.

30. Le Charançon des Glands.

(BALANINUS GLANDIUM, Marsh.)

Les insectes qui rongent les feuilles des arbres forestiers ne sont pas, en général, très dangereux, à moins qu'ils ne soient excessivement nombreux; auquel cas les dégâts qu'ils produisent sont notables et très apparents; ceux qui attaquent les fruits de ces arbres, tels que les glands et les faînes, sont beaucoup plus nuisibles puisqu'ils nous privent de la récolte que nous attendions ou la diminuent considérablement.

Les glands sont attaqués par deux insectes qui les rongent un peu de temps avant leur maturité et qui, dans certaines années, en détruisent la plus grande partie. Le premier est un Coléoptère dont on va donner l'histoire et le second un petit Lépidoptère dont on parlera plus tard.

On peut voir, sous les chênes, à la fin d'octobre, des glands percés d'un trou rond et dont l'intérieur est rongé et rempli d'une poudre noire formée des excréments de l'insecte rongeur. On en trouve d'autres qui ne sont pas percés mais qui présentent à leur surface un cercle blanchâtre de la même grandeur que le trou et dont l'intérieur contient une larve blanche arrivée à toute sa croissance, laquelle commence à percer la peau du gland pour se mettre en liberté. Cette larve provient d'un œuf introduit dans le fruit par un insecte. L'œuf étant éclos la petite larve ronge autour d'elle pour se nourrir et rend des excréments noirâtres qui s'accumulent derrière elle. Elle grandit peu à peu pendant l'été et le commencement de l'automne et consomme une grande partie de l'amande du gland. Lorsqu'elle est parvenue à toute sa taille ce dernier tombe sur le sol, la larve le perce, en sort et s'enfonce dans la terre où elle passe l'hiver et se change en chrysalide, à la fin du printemps et en insecte parfait au commencement de l'été lorsque les glands sont déjà formés et ont acquis un certain volume.

Cette larve, au moment de sa sortie, a 8 millimètres de longueur. Elle est blanche, molle, glabre, apode, subcylindrique, un peu atténuée à ses deux extrémités, courbée en arc, formée de douze segments, sans compter la tête qui est ronde, écailleuse, jaunâtre, armée de deux fortes mandibules noirâtres, larges au bout et tri-dentées. On distingue un chaperon entre elles et deux lobes peu saillants sur le crâne. Les anneaux sont plissés sur le dos; les trois du thorax sont un peu plus gros que les autres et portent en-dessous trois paires de mamelons rétractiles. Une carène latérale plissée sépare les segments dorsaux des segments abdominaux.

La chrysalide a 7 millimètres de long; elle est épaisse, ovale, et porte des poils sur les côtés du corselet et de l'abdomen, deux épines à l'extrémité de celui-ci et deux petites épines sur la tête.

L'insecte parfait est classé dans la famille des Porte-bec, la tribu des Gonatocères et dans le genre BALANINUS. Son nom entomologique est BALANINUS GLANDIUM et son nom vulgaire CHARANÇON DES GLANDS.

30. BALANINUS GLANDIUM, Marsh. — Longueur, 7 millimètres, avec le rostre 12 millimètres. Il est noir, couvert d'une pubescence brune un peu jaunâtre; les antennes sont coudées, insérées

un peu avant le milieu du rostre, formées de onze articles dont le premier est long, épaissi à son extrémité, les suivants, filiformes et les trois derniers en massue ovale; le rostre est long, menu, filiforme, noirâtre avec la base fauve; la tête est enfoncée dans le corselet jusqu'aux yeux. Ce dernier est ovoïde, plus étroit en devant qu'en arrière, sinué contre les élytres; celles-ci sont plus larges que le corselet à la base, deux fois aussi longues, ovoïdes, arrondies aux épaules, atténuées en arrière; les pattes sont noirâtres, avec les cuisses renflées, armées d'une épine en dessous près de l'extrémité.

Le rostre de la femelle est plus long et plus menu que celui du mâle. Lorsqu'elle est disposée à pondre elle monte sur un chêne, cherche un gland à sa convenance, le perce avec son rostre et pond un œuf dans le trou. Elle n'en place qu'un dans le même fruit et en attaque autant qu'elle a d'œufs à pondre.

—

31. — L'Orcheste de l'Aulne.

(ORCHESTES ALNI, Schœn.)

On peut remarquer assez fréquemment, dans le commencement du mois de mai, des ormes dont une multitude de feuilles sont tachées sur leur bord ou à l'extrémité d'une couleur de rouille. Cette tache occupe le tiers ou le quart de la feuille et présente une forme ovale irrégulière; elle est visible en dessus comme en dessous et tranche sur le vert de la feuille, ce qui la fait distinguer de loin. Si on examine cette tache de près, on voit que les deux membranes de la feuille sont séparées, qu'il y a un petit espace vide entre elles, et que dans cet espace se trouve une petite larve qui ronge le parenchyme à la circonférence de la mine. C'est elle qui a produit cette excavation pour se nourrir et qui l'agrandit jusqu'à ce qu'elle ait pris tout son accroissement, ce qui arrive vers le 26 mai. Elle a alors 4 millimètres de longueur. Elle

est d'un blanc-jaunâtre, de forme conique allongée, courbée en
arc, apode, molle, composée de douze segments sans la tête qui
est petite, ronde, noire, écailleuse, présentant deux lobes peu
saillants en dessus ; elle est pourvue de deux mâchoires et d'un
labre. Les segments sont profondément séparés et portent chacun
un mamelon sur le dos. En dessous les mamelons thoraciques sont
plus saillants que les abdominaux.

Parvenue à ce point de son existence, elle se dispose à se
changer en chrysalide, et pour exécuter cette opération, elle se
place contre le bord de la feuille et s'enveloppe dans un cocon
sphérique de soie roussâtre d'un tissu fin, adhérent aux parois de
son habitation qui sont bien séparées dans le voisinage du cocon.
Pendant qu'elle travaille à cette confection, elle se tient couchée
sur le dos ou sur le côté, et met en mouvement continuel sa tête
et l'extrémité de son abdomen qui concourent ensemble à la confection de son tissu. Au bout de très-peu de jours, elle se change
en chrysalide qui paraît fort courte comparée à la longueur de la
larve, et dont les ailes et les pattes sont appliquées et pliées,
comme à l'ordinaire, contre le corps. L'insecte parfait sort de son
berceau dans les premiers jours de juin en perçant un trou dans
le cocon et dans la membrane de la feuille qui est en contact avec
lui. Il est doué de la faculté de sauter lestement et loin.

Il est classé dans la famille des Porte-bec, dans la tribu des
Gonatocères, la sous-tribu des Rhynchénites et dans le genre OR-
CHESTES. Son nom entomologique est ORCHESTES ALNI, et son nom
vulgaire ORCHESTE DE L'AULNE ou CHARANÇON, SAUTEUR DE L'AULNE.

31. ORCHESTES ALNI, Schœn. — Longueur, 3 millimètres. Les
antennes sont courtes, grêles, noires, terminées en massue ovale,
oblongue, de trois articles ; la tête est petite, noire, avec le rostre
long cylindrique, un peu arqué, appliqué contre la poitrine dans
le repos ; le corselet est d'un jaune-d'ocre pâle, aussi long que
large, sub-cylindrique, ponctué, portant des petits poils blonds,
dressés ; les élytres sont beaucoup plus larges que le corselet à la

base, cinq à six fois aussi longues, d'un jaune d'ocre pâle, à côtés sub-parallèles, arrondies en arrière, striées et couvertes de petits poils dressés, marquées ordinairement de quatre taches noirâtres, deux à la base, deux plus grandes et rondes vers l'extrémité ; les pattes sont noires, ayant les cuisses postérieures renflées et les tarses jaunâtres ; la poitrine et la base de l'abdomen sont noires ; le reste de celui-ci est jaunâtre comme les élytres.

Je n'ai jamais rencontré cet insecte sur l'aulne, mais il est commun sur l'orme dont il attaque presque toutes les feuilles dans certaines années, et il peut être considéré comme nuisible à cet arbre. On ne connaît pas d'autre moyen d'empêcher sa multiplication que d'arracher les feuilles minées dès qu'on les aperçoit et de les écraser ou de les brûler.

Les larves de l'ORCHESTE DE L'AULNE sont atteintes par plusieurs petits parasites de la tribu des Chalcidites qui savent les découvrir dans leurs habitations et pondre leurs œufs à côté ou dans leur corps, car on trouve leurs chrysalides soit dans les galeries, soit sur le fond de la boîte où l'on a renfermé les feuilles d'orme minées. Les larves sorties des œufs du parasite ont mangé celles du Curculionite et se sont ensuite changées en chrysalides nues, d'un noir luisant.

Le premier des parasites que j'ai à signaler s'est montré le 21 juin. C'est un Chalcidite du genre PTEROMALUS qui n'est pas décrit par Nées d'Esembeck, et auquel je donnerai le nom provisoire de DUMNACUS.

PTEROMALUS DUMNACUS, G. — *Mâle.* Longueur 2 1/2 millimètres. Il est vert-doré brillant ; les antennes sont filiformes, insérées au milieu de la face, composées de treize articles ; le premier long, jaunâtre, les troisième et quatrième rudimentaires, les trois derniers soudés ensemble ; la tige va un peu en grossissant de la base à l'extrémité ; la tête est transverse, la face d'un beau vert-doré ; les yeux sont bruns ; le corselet est vert-doré, finement ponctué ; l'abdomen est sub-pédiculé, de la longueur du thorax, un peu déprimé, terminé en pointe obtuse, verdâtre, à reflet violacé, excepté sur le troisième segment qui est vert ; les pattes sont jaunâtres, avec les hanches vertes et les crochets des tarses noirs; les ailes sont hyalines et leur nervure brune.

La femelle ne s'est pas montrée.

Le deuxième parasite est aussi un Chalcidite qui a paru les 20 et 21 juin. Sa chrysalide est longue de 2 millimètres, nue, d'un noir luisant, un peu déprimée et arrondie à l'extrémité antérieure. L'insecte parfait entre dans le genre EULOPHUS de Nées d'Esembeck, qui a été subdivisé en plusieurs autres. Il me paraît se rapporter à celui d'ENTEDON. Les antennes du mâle sont de la longueur du corselet, un peu épaissies au milieu, formées de huit articles ; le premier est long, inséré au bas de la face, le deuxième court, les troisième et quatrième un peu longs ; les derniers soudés ensemble. Celles de la femelle sont un peu moins longues que celles du mâle, et vont en s'épaississant à l'extrémité; elles sont composées du même nombre d'articles. J'ai donné à cette espèce le nom provisoire de DIVITIACUS.

ENTEDON DIVITIACUS, G. — *Mâle*. Longueur, 2 millimètres. Il est d'un bronzé-sombre ; les antennes sont noires, filiformes, un peu renflées au milieu, garnies de poils peu nombreux ; la tête et le thorax sont d'un bronzé-sombre ; l'abdomen est sub-pédiculé, ovoïde, lisse, d'un vert-noirâtre, de la longueur du thorax ; les hanches et les cuisses sont d'un bronzé-noirâtre, l'extrémité de ces dernières est d'un testacé-pâle ; les tibias sont d'un testacé-pâle ; les tarses postérieurs et moyens sont de cette dernière couleur ; les tarses antérieurs et le dernier article des autres sont noirs; les ailes sont hyalines et le rameau stigmatique part des deux tiers de la côte, qui est ciliée.

Femelle. Elle est semblable ; mais le premier article des antennes est fauve; l'abdomen est ové-conique, terminé en pointe, à reflets bronzés.

Un troisième parasite s'est montré le 7 juin et se range encore
dans le genre EULOPHUS, N. d. E. Il a beaucoup d'analogie avec
l'EULOPHUS PICTUS, N. d. E., mais cependant il en diffère sensiblement. Je lui ai donné le nom provisoire de NIGRO-PICTUS, et l'ai
placé comme les précédents dans le genre ENTEDON.

ENTEDON NIGRO-PICTUS, G. — *Femelle*. Elle est jaune, tachée
de noir-bronzé ; les antennes sont noires, coudées, insérées au bas
de la face, formées de sept articles dont les trois derniers, soudés
ensemble, forment une massue ovalaire, pointue ; les trois précédents sont à peu près égaux, cylindriques, bien séparés ; la tête
est transverse, jaune-citron, avec le derrière et les stemmates
noirs ; les yeux sont rougeâtres (vivant), noirs (mort) ; le thorax est
jaune-citron ponctué, avec une tache en devant, l'écusson et le
métathorax d'un noir-cuivreux ; l'abdomen est sub-pédiculé, ovalaire, pointu à l'extrémité, de la longueur de la tête et du thorax,
jaune, avec une bande dorsale et les incisions des segments noires ; les pattes sont jaunes ; les tibias, moyens, ont un anneau
noir ; le dernier article des tarses est noir ; les ailes sont hyalines,
flavescentes, de la longueur de l'abdomen.

Enfin un quatrième parasite est éclos vers le 8 Juin. C'est un
véritable EULOPHUS, ayant les antennes rameuses chez le mâle ;
différent des trois espèces décrites par Nées d'Esembeck, auquel
je donnerai le nom provisoire de TEUTOMATUS.

EULOPHUS TEUTOMATUS, G. — *Mâle*. Longueur, 2 1/4 millimètres. Il est d'un bronzé-obscur ; les antennes sont noires, à
premier article renflé et tige atteignant l'écusson, portant trois
rameaux velus, sortant de la base des troisième, quatrième et
cinquième articles ; la tête est transverse, d'un bronzé-obscur ; le
thorax est de la largeur de la tête, ovalaire, atténué aux deux
extrémités, bronzé obscur, ponctué ; le métathorax présente des
reflets dorés ; le prothorax et les sutures sont bien marqués ; l'abdomen est sub-pédiculé, ovalaire, à côtés parallèles, moins long

5

que le thorax, cuivreux à la base, d'un noir-violacé à l'extrémité,
marqué d'une large tache jaunâtre, pellucide à la suite du premier
segment ; les pattes sont testacées ; les hanches sont noirâtres ; les
postérieures à extrémité jaunâtre ; les trochanters de la même couleur ; les cuisses postérieures noires, à base jaunâtre ; l'extrémité
des tibias de la même paire, noire ; les tarses sont jaunâtres ; les
ailes sont hyalines, ciliées à la côte, à nervure noire ; la nervure
sous-costale se réunit à la côte près de la base.

---

32. — L'Orcheste du Hêtre.
(ORCHESTES FAGI, Schœn.)

L'histoire du Charançon sauteur du hêtre est la même que celle
du Charançon sauteur de l'aulne, exposée dans l'article précédent.
On peut remarquer dans certaines années des feuilles de hêtre qui
portent une large tache ferrugineuse sur l'un de leurs bords, tache qui
occupe le quart, plus ou moins, de leur surface. Sur toute l'étendue
de la tache les deux membranes sont séparées, le parenchyme interposé a disparu et la feuille est morte. La galerie creusée entre
les deux membranes est le travail d'une petite larve qui l'habite
et qui s'est nourrie du déblai qu'elle a fait. Cette larve provient
d'un œuf pondu par un petit insecte qui l'a introduit en perçant
avec son rostre l'une des membranes et qui l'a logé dans le parenchyme. C'est au mois de mai, lorsque les feuilles viennent de
s'épanouir, qu'il fait sa ponte ; il ne place ordinairement qu'un œuf
dans la même feuille et confie les autres aux feuilles voisines. Dès
que la petite larve est éclose, elle ronge autour d'elle pour se
nourrir ; elle agrandit son habitation chaque jour et continue ainsi
jusqu'à ce qu'elle ait pris toute sa croissance, ce qui arrive du 15
au 20 mai. Elle ressemble pour la taille, la forme et la couleur
à celle qui vit dans les feuilles d'orme, et comme elle se construit entre les deux membranes de son habitation un petit cocon
sphérique, d'un tissu ferrugineux très-fin qui semble formé de

ces deux membranes cousues ensemble sur un cercle qui entoure la larve. C'est dans ce cocon qu'elle se change en chrysalide, et peu de temps après en insecte parfait qui perce son berceau et prend son essor dans la première quinzaine de juin.

Il est de la même famille, de la même tribu et du même genre que le précédent, et son nom entomologique est ORCHESTES FAGI. Son nom vulgaire est ORCHESTE DU HÊTRE ou CHARANÇON SAUTEUR DU HÊTRE.

32. ORCHESTES FAGI, Schœn. — Longueur, 3 millimètres. Les antennes sont d'un jaune-pâle, terminées en massue ovale, oblongue, et insérées au milieu du rostre. Tout l'insecte est noir et parsemé de petits poils flavescents hérissés ; le rostre est filiforme, cylindrique, arqué, appliqué contre la poitrine dans le repos ; la tête est ponctuée ; le corselet est petit, sub-cylindrique, aussi long que large ; les élytres sont beaucoup plus larges que le corselet à la base, deux à trois fois aussi longues, à côtés parallèles, arrondies en arrière, striées ; les pattes et le dessous sont noirs ; les tarses sont fauves ; les cuisses postérieures, renflées, et toutes les cuisses pourvues d'une petite épine en dessous.

Lorsque cet insecte devient extrêmement nombreux, il peut nuire aux hêtres, qu'il prive en partie de l'usage de leurs feuilles.

Les parasites de l'ORCHESTES FAGI sont, d'après Ratzburg :

BRACONITES ....
- Brachistes Fagi.
- —   minutus.
- Exothecus debilis.
- Sigalphus caudatus.

CHALCIDITES ....
- Entedon flavomaculatus.
- —   lineatus.
- —   luteipes.
- —   orchestis.
- —   xanthostoma.
- —   xanthopus.
- Eulophus diachymatis.
- —   lepidus.
- —   pilicornis.

33. — Le grand Rongeur du Sapin.

(Bostrichus typographus, Lin.)

Le Bostrichus typographus, appelé vulgairement grand Rongeur du Sapin, se montre ordinairement dans le courant d'avril ou
au commencement de mai. Il attaque le plus souvent les Épicéas
dans la partie supérieure de la tige, là où de fortes branches se
séparent du tronc. Le mâle et la femelle s'introduisent dans l'arbre
en perçant l'écorce et creusent autour du trou d'entrée une sorte
de chambre ou de place assez vaste prise dans l'épaisseur de
l'écorce. De cette place partent deux ou trois galeries montantes
et descendantes, assez droites, longues de 5 à 16 cent. Chacune
de ces galeries est occupée par une paire d'insectes qui l'a creusée,
qui jouit de l'usage de la place commune appelée chambre nuptiale, et du trou d'entrée. Chaque paire perce en outre deux à
quatre trous dans sa galerie en conservant la fine pellicule de
l'écorce qui les ferme comme une très fine gaze pouvant laisser
passer l'air et la chaleur. Chaque femelle creuse chez elle, à droite
et à gauche, successivement, une petite excavation dans laquelle
elle pond un œuf, petit, blanchâtre, transparent, qu'elle recouvre
de poussière d'écorce. Elle dépose ainsi trente à cinquante œufs et
quelquefois cent. Ces œufs éclosent dix jours après successivement en commençant par les premiers pondus, et en peu de temps
les petites larves se frayent latéralement des canaux ondoyants
qui vont en s'élargissant de plus en plus selon leur croissance et
se nourrissent des sucs qu'elles extrayent de l'écorce tendre qu'elles mâchent, qu'elles avalent et qu'elles rendent en vermoulure
accumulée derrière elles dans leurs galeries. Arrivées au terme de
leur croissance, les larves entrent dans l'écorce et se creusent chacune une cellule dans laquelle elles se changent en chrysalides,
puis ensuite en insectes parfaits. Ces derniers ne sortent pas immédiatement de l'écorce, ils y restent quelques jours excavant des
galeries pour se nourrir, galeries irrégulières qui dérangent la

symétrie de celles creusées par les larves. Lorsqu'on enlève l'é-
corce d'un nid, on voit imprimées dans l'écorce la chambre nuptiale, la galerie de ponte et les galeries creusées par les larves et
tous ces mêmes objets sont tracés sur la surface du bois et simplement indiqués. Lorsque la larve a pris toute sa croissance, elle a
4 à 5 millimètres de longueur. Elle est d'un blanc sale, de forme
subcylindrique, un peu atténuée vers l'extrémité postérieure,
épaisse, glabre, molle, apode, formée de douze segments sans
compter la tête qui est en partie rentrée dans le premier segment,
brune, arrondie, armée de deux fortes mandibules noirâtres. Les
segments thoraciques sont un peu plus gros que les autres et portent chacun une paire de mamelons rétractiles en guise de pattes.
Retirée de sa galerie, cette larve se tient courbée en arc. La chrysalide est blanche à sa naissance et se colore en brun-noirâtre
lorsqu'elle arrive au moment de sa métamorphose. L'insecte s'é-
tant affermi dans son nid, perce l'écorce d'un trou rond, égal à la
grosseur de son corps, et prend son essor.

Il est classé dans la famille de Xylophages, dans le tribu de Scoly-
tides et dans le genre BOSTRICHUS. Son nom entomologique est
BOSTRICHUS TYPOGRAPHUS et son nom vulgaire BOSTRICHE TYPOGRA-
PHE, GRAND RONGEUR DU SAPIN.

33. BOSTRICHUS TYPOGRAPHUS, Lin — Longueur, 3 millimètres.
Il est brun, variant du noir au jaune-rougeâtre, velu et de forme
cylindrique. Les antennes sont testacées, courtes, terminées en
massue ovale et solide. La tête est en partie cachée sous le corselet ; celui-ci est cylindrique, arrondi en devant, ayant sa moitié
antérieure rugueuse et sa moitié postérieure ponctuée avec une
ligne dorsale lisse. Les élytres sont de la largeur du corselet, un
peu plus longues que ce dernier, marquées de stries formées par
des points enfoncés dont les intervalles présentent une ligne de
très petits points. L'extrémité des élytres est tronquée ; la troncature un peu enfoncée et les bords latéraux de cette troncature
sont armés de quatre petites dents sur chaque élytre, la première

est très courte, la troisième est plus longue. Les pattes sont courtes, fortes, un peu comprimées, de couleur rousse testacée.

La première génération de cet insecte, celle de mai, s'accomplit
en deux mois et demi ou trois mois. Elle s'occupe aussitôt à en produire une seconde qui ne met pas plus de deux mois à se développer, mais ces nouveaux insectes attendent, cachés dans la
mousse ou les gerçures et crevasses du bois, le printemps suivant
pour propager leur espèce. Si l'année est froide et défavorable,
la première ponte met quatre mois à se développer et il n'y a
qu'une génération dans l'année.

Le BOSTRICHUS TYPOGRAPHUS est le plus dangereux de tous les
rongeurs dans les forêts de sapins, et souvent il les ravage de telle
sorte que pas un arbre n'échappe à ses atteintes et qu'ils périssent tous. Lorsqu'une forêt est ainsi attaquée, c'est une preuve
que les arbres sont affaiblis, qu'ils souffrent ou qu'ils sont malades, soit à cause d'un excès de chaleur et d'une trop grande
sécheresse du sol, soit par un excès d'humidité ou par toute autre
cause. Il faut alors remédier au mal par les moyens qui paraîtront
les plus convenables en pratiquant des tranchées qui permettront
à l'air et à la lumière du soleil de circuler ; en élaguant les branches basses pour que l'arbre puisse nourrir les supérieures, ou par
tout autre procédé. On devra, dans tous les cas, enlever les chablis,
les branches rompues, les arbres malades et les écorcer pendant
que les larves sont occupées à ronger et avant qu'elles ne soient
transformées en insectes parfaits. Quelquefois on est obligé
d'abattre tous les sapins et les épicéas d'une forêt pour préserver
les bois voisins et, dans ce cas, il faut écorcer en temps convenable pour détruire les insectes.

Le Bostriche typographe a un ennemi redoutable dans l'ordre
des Coléoptères, qui lui fait une guerre acharnée pour s'en nourrir ;
il le poursuit sur les écorces et le saisit à la course, tandis que sa
larve, se glissant dans les galeries, dévore celles du rongeur. Ce
Coléoptère utile est le TILLUS FORMICARIUS. La larve habite continuellement sous les écorces dans les nids du BOSTRICHE et y subit

ses métamorphoses. Parvenue à toute sa taille, elle a 18 millimètres de longueur. Elle est allongée, sub-cylindrique, un peu fusiforme, composée de douze segments, de couleur rosée, sans
compter la tête qui est ovale, un peu plus longue que large,
armée de deux fortes mandibules noires, pointues, et pourvue de
deux petites antennes de quatre articles. Le premier segment du
corps porte un écusson brun-roussàtre ; les deux segments suivants présentent chacun deux petites taches de la même couleur ;
le dernier porte une plaque sub-écailleuse brune terminée par
deux crochets brun-marron recourbés en haut. Elle est pourvue de
six pattes thoraciques et d'un mamelon anal rétractile. Elle se
change en chrysalide dans une cellule elliptique creusée dans la
vermoulure ou dans l'écorce, et enduite d'une sorte de vernis
blanc. L'insecte parfait se montre au printemps.

Il est classé dans la famille des Clavicornes, dans la tribu des
Claïrones et dans le genre TILLUS. Son nom entomologique est
TILLUS FORMICARIUS et son nom vulgaire CLAIRON FORMICAIRE.

TILLUS FORMICARIUS, Oliv. — Longueur, 9 millimètres, largeur 2 1/2 millimètres. Les antennes sont en scie dans la majeure
partie de leur étendue, de la moitié de la longueur du corps et de
couleur noire. La tête est noire, assez grande. Le corselet est un
peu plus long que large, de la largeur de la tête en devant, atténué
en arrière, arrondi en dessus, rouge, excepté son bord antérieur.

Les élytres sont plus larges que le corselet à la base, trois fois
aussi longues que ce dernier, à côtés parallèles, arrondies en arrière, noires, avec la base rouge, une raie arquée, transversale,
blanche au milieu et une bande transversale de la même couleur
avant l'extrémité. L'abdomen est rouge, ainsi que les pattes dont
les tarses ont cinq articles.

Les autres parasites du Bos. TYPOGRAPHUS sont, d'après Ratzburg :

BRACONITES	Bracon obliteratus.
CHALCIDITES.	Pteromalus multicolor. Roptrocerus xylophagorum (Ptero- malus, N. D. E.)

34. — Le petit Rongeur du Sapin.

(BOSTRICHUS CHALCOGRAPHUS, Fab.)

Le petit rongeur du sapin se trouve assez souvent en compagnie
du grand rongeur (BOSTRICHUS TYPOGRAPHUS). Il a sensiblement les
mêmes habitudes dans sa manière de vivre et de se développer.
Mais sa femelle creuse sous les écorces des galeries de ponte moins
larges que celles du Typographe et ne perce pas de trous pour les
aérer. Toutes ces galeries partent d'une même centre et vont en
s'éloignant de plus en plus les unes des autres. La durée du développement de ses larves jusqu'à leur métamorphose en insectes
parfaits est ordinairement de deux à deux mois et demi, quelquefois de plus de trois mois, suivant le temps et l'exposition du lieu.
Il arrive souvent que la génération est terminée en juillet, les œufs
ayant été pondus en avril ou en mai. Alors celle-ci, lorsque la
température est favorable, peut travailler à une seconde génération ; mais cette génération n'arrive pas ordinairement à terme
dans le cours de la même année ; elle hiverne sous l'écorce à l'é-
tat de larve ou de chrysalide et les insectes parfaits ne sortent que
dans le mois d'avril ou le commencement de mai de l'année suivante.

La larve et la chrysalide du Chalcographe sont semblables à
celles du Polygraphe, mais plus petites dans la proportion de la
taille des deux insectes, dont le premier n'a qu'environ la moitié
de la grandeur du second.

Les larves creusent, sous l'écorce des galeries flexueuses, dans
une direction à peu près perpendiculaire à la galerie de ponte, lesquelles vont en augmentant de diamètre, à mesure que ces larves
grandissent et lorsqu'elles sont arrivées au terme de leur croissance, elles entrent dans l'écorce et s'y creusent chacune une
cellule dans laquelle elles restent immobiles et subissent leurs métamorphoses ; quelquefois le travail des larves pénètre un peu

dans l'aubier. Les galeries creusées dans l'écorce sont remplies d'une poussière brune formée de leurs excréments.

L'insecte parfait est de la même famille, de la même tribu et du même genre que le précédent. Son nom entomologique est Bostrichus chalcographus, et son nom vulgaire Bostriche chalcographe ou petit Rongeur du Sapin ; on l'appelle encore le Graveur.

34. Bostrichus chalcographus, Lin. — Longueur, 2 millimètres. Il est luisant, cylindrique, pubescent, entièrement d'un brun-jaune-rougeâtre, ou ayant le corselet et la base des élytres d'un brun-obscur. Les antennes sont courtes, d'un jaune-roussâtre, terminées en massue solide, ovale, de trois articles. La tête est en partie rentrée dans le corselet. Celui-ci est cylindrique, arrondi et un peu relevé en devant, granuleux, serré dans sa moitié antérieure, faiblement et vaguement ponctué dans l'autre moitié, avec une ligne lisse au milieu. Les élytres sont cylindriques, de la largeur du corselet, un peu plus longues que ce dernier, d'un fauve-marron, avec la base et les côtés noirâtres ; elles portent des points rangés en ligne formant des stries, et vers leur extrémité un enfoncement large et profond le long de la suture. Cet enfoncement est plus long chez le mâle que chez la femelle et ses bords sont armés de chaque côté de trois fortes dents placées l'une derrière l'autre, en ligne parallèle à la suture. Le dessous est noir et les pattes sont jaunâtres.

Les moyens artificiels que l'on peut employer pour combattre le petit Rongeur du sapin sont les mêmes que ceux que l'on a indiqués contre le grand Rongeur de cet arbre.

Les parasites du Bostrichus chalcographus sont, d'après Ratzburg :

CHALCIDITES . . . . {
Pteromalus abietis.
Roptrocerus xylophagorum (Ptero-
malus, N. D. E.)

35. — Le grand Rongeur du pin.

(BOSTRICHUS STENOGRAPHUS, Duft.)

Le grand Rongeur du pin attaque particulièrement les pins, tels
que le pin laricio, le pin pinastre, le pin maritime, le pin champêtre, etc. Il se porte aussi sur les sapins, selon Ratzburg. Il ressemble beaucoup au grand Rongeur du sapin (BOSTRICHUS TYPO-
GRAPHUS), mais il est d'une taille un peu plus forte et ses habitudes
sont les mêmes. Son histoire a été faite avec soin par M. E. Perris,
dans son Traité des insectes du Pin maritime, auquel j'emprunte
les détails qni suivent. Le BOSTRICHUS STENOGRAPHUS se montre
dans les hivers doux, dès le mois de mars, mais le plus ordinairement à la fin d'avril ou au commencement de mai. S'il existe
dans la forêt des pins abattus par l'ouragan ou par la main de
l'homme, on ne tarde pas à les voir parsemés de petits tas de
sciure, indice certain que l'écorce est rongée en dessous par un Bostriche qui rejette les déblais au dehors. Si on soulève l'écorce
pour mettre les travaux à découvert, on remarque d'abord, vis-à-
vis l'orifice par lequel sort la vermoulure, une large cellule irrégulièrement polygonale appelée chambre nuptiale. De cette cellule
partent quelquefois deux galeries seulement, en sens contraire,
quelquefois trois, moins souvent quatre, opposées deux à une dans
le premier cas et deux à deux dans le second, et toujours ces
galeries sont longitudinales, sans ramification, dirigées les unes
vers la partie supérieure de l'arbre, les autres vers sa base ; leur
largeur est de 5 millimètres et leur longueur dépasse parfois 50
centimètres. On rencontre presque toujours dans chacune d'elles
un mâle et une femelle occupés à déblayer. De distance en distance,
la galerie est percée de trous ronds qui s'arrêtent très près de la
surface extérieure et qui sont des trous à air ; et il y en a deux ou
trois par galerie qui ont le même diamètre que l'insecte. Les galeries paraissent finement crénelées à droite et à gauche par des

petites entailles que la femelle a pratiquées pour y déposer ses
œufs qui s'y trouvent solidement fixés. Ces œufs sont petits, blancs
et ellipsoïdaux. L'incubation dure de dix à vingt jours, selon la
température. Les petites larves creusent devant elles chacune une
galerie dans une direction perpendiculaire à la galerie de ponte,
dont le déblai les nourrit. Ces canaux s'élargissent à mesure qu'ils
s'éloignent de leur origine et que les larves grandissent, et deviennent obliques ou longitudinaux ; ils sont sinueux, s'enchevêtrent
quelquefois, et il est difficile d'en suivre la direction dans toute
leur étendue. Ils sont très faiblement indiqués sur l'aubier. Le
développement des larves est rapide et, dans la belle saison, trente
à trente-cinq jours leur suffisent pour arriver à leur maximum de
croissance. Chacune alors se creuse isolément une cellule ellipsoï-
dale dans l'épaisseur de l'écorce, et c'est là qu'après une immo-
bilité de trois à quatre jours s'opère la transformation en nymphe.
Environ huit jours après, ces nymphes se changent en insectes
parfaits, qui, d'abord mous et roussâtres, durcissent et se colorent
assez rapidement, et après avoir erré trois ou quatre jours dans
les galeries et creusé des galeries nouvelles pour se nourrir, per-
forent l'écorce pour prendre leur essor au déclin du jour. Ainsi,
une ponte effectuée au commencement de mai a fourni sa génération au commencement de juillet, c'est-à-dire, en neuf ou dix
semaines.

Cette génération ne vient au jour que pour travailler à en produire une seconde, laquelle ne demande pas plus de huit semaines
pour son complet développement et dont les insectes se montrent
dans le courant de septembre ou le commencement d'octobre. Une
partie de cette génération reste en réserve à l'état de larves ou de
chrysalides ou même d'insectes parfaits qui sortiront au printemps
suivant. Les insectes parfaits restés sous les écorces pendant l'hiver, y creusent des galeries pour se nourrir, excepté dans les
temps où le froid les engourdit.

La larve, parvenue à toute sa taille, a 8 millimètres de long.
Elle est sub-cylindrique, arquée, blanche, molle, formée de douze

segments, sans compter la tête qui est arrondie, roussâtre, lisse, luisante, écailleuse, marquée d'un sillon sur le vertex ; l'épistome est ferrugineux et les mandibules sont ferrugineuses avec l'extrémité noire. Les trois segments thoraciques sont un peu plus épais que les autres, le premier présente en dessus deux petites taches roussâtres à peine visibles, et en dessous on aperçoit trois paires de mamelons rétractiles à l'emplacement ordinaires des pattes. Un petit bourrelet règne le long de chaque flanc. Tout le corps est parsemé de poils fins, roussâtres, très-courts.

L'insecte parfait est rangé dans la famille des Xylophages, la tribu des Scolitides et le genre BOSTRICHUS Son nom entomologique est BOSTRICHUS STENOGRAPHUS et son nom vulgaire BOSTRICHE STÉNOGRAPHE, GRAND RONGEUR DU SAPIN.

35. BOSTRICHUS STENOGRAPHUS, Duft. — Longueur, 6 à 7 millimètres. Il est cylindrique, noirâtre, luisant, avec les élytres d'un brun-ferrugineux. Les antennes sont courtes, testacées, terminées en massue solide, ovale, quelquefois brunâtres au milieu. La tête est chagrinée jusqu'au haut du front, un peu rentrée dans le corselet. Celui-ci est plus long que large, ayant sa moitié antérieure couverte d'aspérités tuberculiformes et de rides transversales et sa moitié postérieure lisse, ponctuée avec un espace lisse sur le dos. L'écusson est petit, canaliculé. Les élytres sont un peu plus étroites et plus longues que le corselet, ayant des stries formées par des gros points plus grands et plus enfoncés le long de la suture, et les intervalles des stries ponctuées. L'extrémité est obliquement tronquée et excavée, le fond de l'excavation ponctué, et son contour armé de douze dents, six sur chaque élytre, dont la première, peu apparente, la quatrième, la plus grande, ordinairement capitulée. Les pattes sont ferrugineuses, avec les tibias un peu ternes et les tarsés clairs.

Des poils roussâtres, étalés, s'élèvent au bord antérieur de la tête, sur le devant et les côtés du corselet et des élytres, à l'anus et aux pattes.

Dans le nord, la couleur de cet insecte est un testacé-fauve.

Le Bostriche sténographe se contente ordinairement d'arbres nouvellement coupés, de chablis, d'arbres affaiblis ou malades, de bois fraichement coupé et mis en stère. Il nuit aux pins de la même manière que le Bostriche typographe nuit aux sapins.

36. — Le Rongeur du Mélèze.

(BOSTRICHUS LARICIS, Fab.)

Le petit Rongeur du mélèze ne se montre pas seulement sur les Mélèzes (LARIX), comme son nom semblerait l'indiquer, mais il se voit sur tous les arbres verts ou conifères. Il est très commun dans le département des Landes et est très funeste aux pins de toute espèce; on le rencontre non seulement sur le pin maritime, mais, en outre, sur le pin de Riga, le pin Laricio, le pin d'Alep. Il attaque les arbres mourants ou récemment morts, de tous les âges, et ne se laisse pas rebuter par les plus gros; il se jette aussi sur les pépinières. Sa manière de vivre a de grands rapports avec celle du Bostriche sténographe. Il se montre pour la première fois dès la fin d'avril ou dès le commencement de mai. Il y a d'un printemps à l'autre trois générations qui s'accomplissent dans moins de temps que chez l'espèce précédente, car, presque toujours la troisième ponte produit des insectes parfaits avant l'hiver, ce qui n'a pas lieu pour le sténographe.

Les galeries de ponte partent toutes d'une chambre nuptiale et se dirigent longitudinalement les unes vers le haut, les autres vers le bas de l'arbre; mais elles sont moins longues et beaucoup plus étroites que celles du sténographe et un peu sinueuses. Il n'y a jamais qu'une seule femelle pour un groupe de galeries, qui en contient de une à cinq et ce qui est remarquable, c'est qu'il y a un mâle dans chacune d'elles. Il parait que la fécondation a lieu dans la chambre nuptiale creusée par la femelle aidée des mâles qui se sont associés à elle, et que ces mâles creusent ensuite chacun une galerie dans laquelle la femelle va pondre. Les petites larves entrent dans l'écorce et creusent des galeries un peu flexueuses, parallèles entre elles, perpendiculaires à la galerie de ponte et qui vont en s'élargissant à mesure que les larves grandissent ; et lorsqu'elles ont pris toute leur croissance, elles entrent dans l'épaisseur de l'écorce et s'y pratiquent une cellule dans laquelle elles subissent leur métamorphose.

La larve à 4 millimètres de longueur et ressemble à celle du BOSTRICHUS STENOGRAPHUS. La chrysalide ressemble aussi à la chrysalide de ce dernier.

36. BOSTRICHUS LARICIS, Fab. — Longueur, 3 millimètres. Il est cylindrique, noirâtre, luisant, avec les élytres légèrement ferrugineuses. Les antennes sont courtes, fauves, terminées en massue solide. La tête est ponctuée, marquée d'une dépression transverse peu profonde. Le corselet est arrondi en devant, couvert d'aspérités sur sa moitié antérieure et ponctué sur la moitié postérieure. Les élytres sont un peu moins larges que le corselet, une et demie fois aussi longues que ce dernier, marquées de stries fortement ponctuées ; les intervalles des stries ayant une série de points écartés. L'extrémité postérieure est tronquée obliquement, creusée d'une cavité elliptique, fortement ponctuée, dont les bords sont armés de six dents inégales de chaque côté et dont les troisième et sixième sont un peu internes. Les pattes sont ferrugineuses, un peu ternes et les tarses plus clairs. Des poils courts, fins, roussâtres s'élèvent sur le devant de la tête, les côtés du corselet et de l'abdomen et à l'extrémité de celui-ci.

Le nom vulgaire de ce rongeur est BOSTRICHE DU MÉLÈZE. Il est l'un des petits rongeurs du pin.

Ratzburg dit qu'il ne fait qu'une couvée par an ou deux en trois ans, ce qui tient au climat du nord qui retarde son développement.

Les parasites du BOSTRICHUS LARICIS sont, d'après Ratzburg :

BRACONITES..........	{	Bracon hylesini.
		— palpebrator.
CHALCIDITES..........	{	Pteromalus æmulus.
		— suspensus.
		— virescens.
		Roptrocerus xylophagorum.

—

37. — Le Rongeur bidenté.

(BOSTRICHUS BIDENS, Fab.)

Le rongeur bidenté paraît rechercher exclusivement les pins. Il attaque le PINUS SYLVESTRIS dans le nord, le PINUS UNCINATA dans les Pyrénées, et le PINUS MARITIMA dans·les Landes. Il présente dans ses mœurs des particularités bien tranchées : ainsi il ne s'adresse pas au tronc des vieux arbres, ou même de ceux d'une grosseur moyenne; il ne recherche que les jeunes sujets de 5 à 10 ans, et, lorsqu'on le rencontre sur des individus plus âgés, c'est toujours sur les branches ou les parties supérieures, aux endroits où l'écorce est lisse ou à peine crevassée. Il pratique des galeries rayonnantes en tous sens et partant d'une cellule nuptiale, de sorte que les unes sont longitudinales et les autres transversales. Ces galeries sont arquées et gravées, ainsi que la cellule nuptiale, assez profondément dans l'aubier, ce qui résulte naturellement du peu d'épaisseur de l'écorce. Les cellules dans lesquelles se retirent les larves, lorsqu'elles ont pris tout leur accroissement et veulent se changer en chrysalides, sont aussi la plupart creusées dans l'aubier. Elles ne se trouvent dans l'écorce que lorsque celle-ci est assez épaisse pour offrir une protection suffisante. Chacune des galeries rayonnantes contient un mâle et une femelle, en sorte qu'un seul groupe de galeries renferme cinq ou six ménages, avec une pièce commune pour tous.

Le Bostrichus bidens a au moins deux générations dans l'année. Il se montre d'abord au commencement de mai pour faire sa ponte et la première génération prend son essor à la fin de juin ou dans le courant de juillet. Dans ce dernier mois ou au commencement d'août on trouve de nouveau les arbres attaqués et, la plupart du temps, les larves provenant de cette deuxième ponte ont accompli toutes leurs évolutions en septembre ou octobre. Une partie des insectes quittent alors leur berceau et rentrent bientôt dans l'arbre pour passer l'hiver; l'autre partie ne prend son essor qu'au commencement du printemps suivant.

La larve a trois millimètres de long, et ressemble aux précédentes; sa tête est d'un roussâtre très pâle, marquée de trois fossettes sur le front, les mandibules sont ferrugineuses, à extrémité noire.

La chrysalide est complétement glabre. Les papilles du dernier segment de l'abdomen sont coniques, un peu arquées et très divergentes.

L'insecte parfait est de la même famille, de la même tribu que les précédents et du même genre. Son nom entomologique est Bostrichus bidens, et son nom vulgaire Bostriche bidenté. C'est un des petits rongeurs du pin.

37. Bostrichus bidens, Fab. — Longueur, 1 1|2- 2 millimètres. Il est cylindrique, noir ou noirâtre, avec les élytres, tantôt de la même couleur, sauf l'extrémité qui est ferrugineuse, tantôt ferrugineuses, avec les côtés noirâtres; les antennes sont courtes, testacées, terminées en massue solide; la tête est convexe, un peu rugueuse, pubescente, avec de longs poils roussâtres antérieurement; le corselet est couvert en devant d'aspérités qui s'étendent jusqu'au milieu, et ponctué ensuite, avec un espace lisse subcaréné au milieu, les élytres sont marquées de stries très-fines et finement ponctuées, dont les intervalles ont une série de points; l'extrémité postérieure est tronquée, enfoncée au milieu avec la suture saillante; les bords de la troncature sont armés

d'une très petite dent sur chaque élytre, à la naissance de la troncature, une autre un peu plus bas très-saillante, arquée, obtuse, et une troisième semblable à la première, près du bord inférieur ; les pattes sont noirâtres ou rousses.

La emelle a l'extrémité des élytres brusquement déclive, creusée de deux rainures longitudinales, formées par les stries suturales approfondies et dilatées entre lesquelles s'élève la suture en forme de carène. En dehors des rainures on aperçoit deux tubercules peu saillants, souvent effacés.

Les parasites du Bostrichus bidens sont, selon Ratzburg :

Braconites ....
Bracon hartigii.
— hylesini.
— labrator.
— Middendorffii.
— palpebrator.
Spathius brevicornis.

Chalcidites ....
Entedon geniculatus.
Eusandalon abreviatum.
Ensandalon tridens.
Pteromalus azurescens.
— bidentis.
— guttatus.
— siccatorum.
— suspensus.
— virescens.
Roptrocerus xylophagorum.

38 — Le Rongeur du Sapin blanc.

(Bostrichus curvidens, Redt).

On distingue deux espèces de sapins, comme on l'a déjà dit, le sapin rouge ou Epicea (Abies picea) et le sapin blanc (Abies pecti-nata). C'est ce dernier qui est particulièrement attaqué par le Bostriche à dents courbes ; mais cet insecte n'est pas exclusif, et

6

se jette aussi sur le sapin rouge et sur le pin. Ses larves vivent
ent e le liber et l'aubier. Il ressemble beaucoup au Bostrichus
laricis, et ses mœurs sont à peu près les mêmes que celles du
Bostrichus typographus (voir ces deux insectes). Ce qui sert à
distinguer son travail sous les écorces, c'est la forme et la position
des galeries de ponte. Au lieu d'être à peu près verticales, c'est-à-
dire dans la direction des fibres du bois, elles sont à peu près
horizontales et sont tracées en forme d'accolade, le trou d'entrée
se trouvant au milieu où les deux branches se joignent. Les
galeries secondaires, pratiquées par les larves, s'élèvent au-dessus
et descendent au-dessous en serpentant, à peu près verticalement
et parallèlement les unes aux autres.

Les sapins blancs ont quelquefois beaucoup à souffrir de sa
présence, autant que les Epicéas ont à souffrir de la présence du
Bostrichus typographus. Il est cependant moins nuisible que les
autres Bostriches, et n'attaque que les arbres et les plants maladifs
et dépérissants. On pense qu'il ne peut se propager dans des
cantons bien tenus, compactes et sans trouées.

Il est du même genre que les précédents. Son nom entomologique est Bostrichus curvidens, et son nom vulgaire Bostriche a
dents courbes, rongeur a dents courbes.

38. Bostrichus curvidens, Redt. Longueur, 1 1|2-2 2|3 milli-
mètres. Il est cylindrique, ordinairement noir; les antennes et les
pattes sont d'un jaune-brun; les premières sont courtes, terminées
en massue ovale; les élytres sont brunes, quelquefois l'insecte est
brun ou d'un brun jaune; le corselet est brun, brillant, arrondi
en devant, fortement rugueux dans sa moitié antérieure, et ponctué dans sa moitié postérieure; les élytres sont de la largeur du
corselet, une fois et demie aussi longues, marquées de stries
ponctuées, dont les points sont plus larges et plus profonds en
allant vers l'extrémité; la troncature du bout postérieur, chez le
mâle, est bordée de chaque côté de six ou sept dents, dont la supérieure, ordinairement droite, se porte en dehors; les deuxième et

cinquième sont courbées en crochets ; chez la femelle, il y a seulement trois ou quatre dents petites et mousses sur chaque bord et quelquefois deux ou trois petites dents derrière l'une, l'autre dans l'intérieur du rang parallèle à la suture ; tout le corps est couvert d'une pubescence jaune hérissée, et la femelle porte une touffe de longs poils jaunes sur le front.

Les parasites du BOSTRICHUS CURVIDENS sont, d'après Ratzburg :

CHALCIDITES.......... { Ceraphron pusillus.
                       { Roptrocerus xylophagorum.

---

39 — Le Rongeur Eurigraphe.

(BOSTRICHUS EURYGRAPHUS, Erich.)

Le petit Coléoptère appelé BOSTRICHUS EURYGRAPHUS ne se contente pas d'attaquer l'écorce des pins, comme la plupart de ses congénères ; il perfore le bois et l'endommage sensiblement. Il se montre dans le mois de mai, et c'est à la fin de ce mois ou au commencement de juin qu'il perce ses galeries. Il ne s'attaque guère qu'aux vieux pins nouvellement abattus et trahit sa présence par des petits tas de sciure blanche qu'il rejette au dehors. La femelle, après avoir traversé l'écorce, pénètre perpendiculairement ou obliquement dans l'aubier, à une profondeur qui varie avec l'épaisseur de celui-ci ; cette galerie a deux millimètres de diamètre, est parfaitement cylindrique, droite ou un peu sinueuse. Arrivée à une profondeur de deux à cinq centimètres, la femelle quitte sa direction primitive pour creuser une galerie transversale dans une direction perpendiculaire aux fibres du bois, à laquelle elle donne une longueur de six à quinze centimètres ; puis elle revient sur ses pas pour creuser une galerie opposée et semblable de l'autre côté de la galerie d'entrée. Ordinairement elle prolonge cette dernière, et construit deux nouvelles galeries opposées, parallèles aux précédentes. On ne trouve presque jamais un mâle accompagnant une femelle dans ces galeries; on n'y voit que des femelles isolées ou deux ensemble. La mère pond ses œufs à l'entrée des galeries transversales, par petits groupes, et lorsque les larves sont écloses elles se placent les unes à la suite des autres, et se nourrissent des sucs qui suintent à travers les fibres du bois qui est plein de sève. Elles parviennent à toute leur taille trois mois environ après la ponte, se transforment en chrysalides dans leurs galeries sans aucune préparation, et les insectes parfaits sortent de leur berceau en suivant la galerie d'entrée. Cette espèce n'a qu'une seule génération dans l'année.

La larve ressemble à celles des autres Bostriches, mais elle est plus grêle, plus molle, et d'un blanc de lait ; la région thoracique est peu dilatée. La tête est d'un roux très pâle, le premier segment porte en dessus deux petites taches de la même couleur.

La chrysalide ne présente à l'extrémité postérieure ni appendices, ni papilles.

L'insecte parfait est du même genre que les précédents. Son nom entomologique est BOSTRICHUS EURYGRAPHUS, et son nom vulgaire BOSTRICHE EURYGRAPHE, RONGEUR EURYGRAPHE.

39. BOSTRICHUS EURYGRAPHUS, Erichs. — Longueur, 3 millimètres 1/2. Il est cylindrique, luisant, noir, les antennes sont testacées, terminées en massue solide ; la tête est convexe, ponctuée, avec le vertex lisse ; le corselet presque rectangulaire, s'élevant en bosse au milieu, couvert antérieurement d'aspérités inégales, le reste de la surface parsemé de points fins et écartés ; les élytres sont un peu sinuées latéralement, marquées de stries égales, occupées par des points peu profonds, très rapprochés ; les intervalles plans avec une série de points ; l'extrémité subconvexe, sans proéminence à la suture, est munie de petits tubercules, notamment sur le premier et le troisième intervalle des stries ; les pattes sont testacées avec les cuisses ordinairement plus foncées ;

on voit des poils roussàtres touffus sur le front, autour du prothorax et à la face postérieure des élytres.

Male. Longueur, 2 1[2 millimètres. Le corselet non relevé
en bosse, mais s'avançant sur la tête en forme de chaperon arrondi, marginé, largement et assez profondément concave.

—

40. — Le Rongeur du Bois de service.

(BOSTRICHUS LINEATUS, Oliv.)

On donne le nom de bois de service à celui qui est destiné
aux constructions navales et qui a des dimensions assez fortes
pour être débité en madriers et en pièces propres aux grosses
charpentes de toute espèce. Le petit Coléoptère nommé BOSTRICHUS
LINEATUS est fort nuisible aux pins, aux sapins et mélèzes des
forêts destinées à ces usages. Il recherche les arbres faibles et
languissants, et ceux qui ne sont pas dans de bonnes conditions
de végétation. En avril ou en mai il perce dans l'écorce de ces
arbres plusieurs trous par lesquels il pénètre à quelques centimètres dans le bois; il entre même souvent jusqu'au cœur dans
les jeunes tiges. Là, ses canaux ou galeries s'étendent à droite et
à gauche autour des couches annulaires du bois, de la même
manière que le fait le BOSTRICHUS EURYGRAPHUS. La femelle pond
ses œufs dans ces galeries transversales et les larves qui en
sortent se nourrissent des sucs qui suintent autour de leurs parois.
Elles y prennent tout leur accroissement et s'y changent en chrysalides nues au mois de juillet ou en août, et l'insecte parfait
s'échappe par la galerie d'entrée.

Il se montre également dans tous les conifères et dans les branches faibles ou malades qui dépérissent totalement lorsqu'elles sont
infestées par un essaim nombreux de ces insectes. Ses ravages

sont plus considérables dans les bois de haute futaie, surtout lorsqu'il attaque les sapins blancs et les Epiceas, qu'on nomme gros bois hollandais. Lorsque ces arbres sont abattus en hiver ils sont troués comme un crible, soit qu'ils aient été écorcés ou non.

Cet insecte est de la même famille, de la même tribu que les précédents et placé dans le même genre par beaucoup d'Entomologistes et par d'autres dans le genre XYLOTERES, démembré de celui de BOSTRICHUS. Son nom scientifique est XYLOTERES LINEATUS, et son nom vulgaire BOSTRICHE LINÉE et RONGEUR DU BOIS DE SER-VICE.

40. BOSTRICHUS (XYLOTERÉS) LINEATUS, Oliv. — Longueur, trois millimètres. Il est plus épais relativement à sa longueur que les autres Bostriches et moins pubescent ; les antennes sont testacées, courtes, terminées par une massue obtuse, portée sur un funicule de quatre articles ; le corps est cylindrique ; la tête est inclinée, noire, pubescente ; le front des mâles est concave, celui des femelles est convexe ; le corselet est très convexe, subglobuleux, couvert d'aspérités et de rugosités en devant, ponctué en arrière, un peu pubescent, noir, ayant la base d'un roux ferrugineux plus ou moins étendu ; l'écusson est petit et noir ; les élytres sont un peu moins larges que le corselet, deux fois aussi longues, arrondies à l'extrémité, d'un roux-testacé, à stries fines de petits points, ayant le bord extérieur, la suture et une ligne longitudinale intermédiaire noirs ; le dessous est noir ayant la partie anale lavée de roux-fauve ; les pattes sont d'un roux-testacé, avec les tibias aplatis à l'extrémité.

Pour préserver les gros bois de ses attaques, il faut les abattre à l'époque du renouvellement de la sève, ou un peu auparavant, et procéder à la décortication aussitôt que celle-ci monte et rend l'opération possible. L'insecte n'envahit pas de semblables troncs, probablement parce qu'ils sèchent plus vite durant les longs jours, ou parce qu'ils se couvrent d'une couche de résine, prove-

nant de la sève qui transsude du bois. On a encore fait la remarque
que les coupes exécutées tandis que la lune décroît sont moins
sujettes à la piqûre des vers que celles que l'on fait pendant la
crue de cette planète ; mais cette observation a besoin d'être
vérifiée et examinée dans ses circonstances.

—

41. — Le Rongeur piniperde.
(HYLESINUS PINIPERDA, Fab.)

Le petit Coléoptère dont il est question dans cet article attaque
les différentes espèces de pins (PINUS LARICIO, P. PINASTER, P.
WEIMOUTH, P. SYLVESTRIS), et particulièrement le pin champêtre.
Il se jette le plus ordinairement sur les arbres renversés, sur
ceux qui sont malades ou qui ont été affaiblis par des troupes
de chenilles qui ont rongé leurs feuilles, sur les arbres rabougris,
mais rarement ses attaques sur les grands pins sont assez nombreuses pour les faire périr. Il se montre à la fin de juillet, et la
femelle, après avoir percé l'écorce jusqu'au bois, creuse en
dessous une galerie verticale ou à peu près, un peu tortueuse à
l'origine, et y dépose ses œufs les uns à la suite des autres, de
chaque côté, dans une petite entaille. Les petites larves qui en
sortent s'insinuent sous l'écorce et y tracent des galeries flexueuses, parallèles, s'élargissant à mesure qu'elles s'éloignent de leur
origine et que les larves grandissent. Elles croissent jusqu'aux
froids, et passent l'hiver engourdies dans leurs habitations. Au
retour du printemps elles se raniment, et continuent leur travail
jusqu'au mois de juin, époque à laquelle, ayant pris toute leur
croissance, elles entrent dans l'écorce et y pratiquent chacune
une cellule dans laquelle elles se reposent, attendant leur changement en chrysalides. Leurs galeries abandonnées sont remplies
de leurs excréments sous forme de poussière brune pressée. Vers
la fin de juillet les chrysalides se transforment en insectes parfaits
qui percent l'écorce pour se mettre en liberté.

Suivant M. Perris, la femelle de l'Hylésine piniperde s'occupe, dès le premier printemps, même en février dans le département des Landes, à creuser l'écorce d'un trou oblique et à construire sa galerie de ponte, qu'elle perce de un à quatre trous pour l'aérer. On y trouve ordinairement le mâle et la femelle. Les œufs n'éclosent pas immédiatement à cause du froid qui règne alors, et ce n'est que dans le mois de mai que les larves sont en pleine activité.

Ces larves ressemblent à celles des Bostriches. Elles sont longues de sept millimètres, blanchâtres, molles, apodes, courbées en arc, formées de douze segments sans la tête qui est roussâtre, armée de deux mandibules noires et pourvue de deux très-petites antennes. Les segments thoraciques sont un peu renflés et présentent en dessous trois paires de mamelons rétractiles. La chrysalide ressemble aussi à celles des Bostriches.

L'insecte parfait est de la famille des Xylophages, de la tribu des Scolytides et du genre HYLESINUS, Fab. Son nom entomologique est HYLESINUS PINIPERDA, et son nom vulgaire HYLESINE PINIPERDE, RONGEUR PINIPERDE.

41. HYLESINUS PINIPERDA, Fab. Longueur, 5 millimètres. Il est noirâtre, pubescent, avec les élytres brunâtres ou ferrugineuses en tout ou en partie; les antennes sont testacées, terminées en massue ovale, solide ; la tête est un peu engagée dans le corselet et le museau avancé, ponctué, portant une petite carène longitudinale au-dessus de la bouche; l e corselet est noirâtre, ponctué, subconique, plus étroit en devant qu'en arrière, aussi long que large, luisant ; les élytres sont un peu plus larges que le corselet à la base, près de trois fois aussi longues, arrondies en arrière, à côtés presque parallèles, portant des stries fines et finement ponctuées, les pattes sont noirâtres, avec l'extrémité des tibias et les tarses roux.

Lorsque l'Hylésine piniperde est éclos il se porte sur les pins auxquels il nuit de deux manières, premièrement : en desséchant

les arbres sur pied, par les galeries que ses larves creusent sous
l'écorce, comme on vient de le dire; secondement en s'introdui-
sant dans les jeunes pousses qu'il creuse, en galerie dans le sens
de leur longueur. Ces pousses, devenues creuses, pendent de telle
sorte que les pommes ou cônes qui renferment les semences entre
leurs écailles en sont fort diminuées. Il arrive parfois que les
jeunes branches sont coupées comme avec des ciseaux et que les
jeunes arbres perdent leur flèche du sommet et montrent des cîmes
à lacunes irrégulières; c'est à cause de ce travail que l'insecte a
été surnommé le JARDINIER DE LA FORET. Cette destruction des
jeunes pousses n'a lieu que sur les arbres des lisières, sur les
broussailles ou les pins rabougris. A l'approche de l'hiver, il
abandonne les galeries qu'il a creusées dans les jeunes pousses,
descend de l'arbre et s'ouvre un chemin autour du collet de la
racine de cet arbre ou d'un autre, ou même d'une souche et se
glisse jusqu'à l'aubier pour passer l'hiver dans cet abri. Au retour
du printemps il sort de sa retraite pour propager son espèce, et
creuser ses galeries de ponte, ce qui a lieu à la fin de mars, en
avril ou au commencement de mai. L'accouplement a lieu dans
le trou d'entrée, la femelle se tenant dans ce trou et présentant
l'extrémité de son abdomen au niveau de l'écorce et le mâle étant
placé au dehors.

Les moyens de préservation et de destruction que l'on doit
employer contre l'HYLESINUS PINIPERDA sont les mêmes que ceux
indiqués contre le grand Rongeur du Sapin (BOSTRICHUS TYPOGRA-
PHUS). On a vu dans son histoire qu'il se jette de préférence sur
les pins renversés ou cassés, sur ceux qui sont languissants ou
malades, sur les arbres rabougris et malvenants. Ces faits indiquent qu'il faut enlever des forêts les chablis, les arbres cassés,
détruire ceux qui sont rabougris, supprimer les branches et les
arbres malades, ou bien soigner ces derniers de manière à leur
rendre la santé, la force et la vigueur, et ne laisser sur place
aucun pin abattu pendant les mois de mars, d'avril et de mai, à
moins qu'il ne soit écorcé.

Le Tillus formicarius lui fait la chasse sur les arbres pour s'en nourrir, et sa larve se tient dans les galeries sous les écorces à la recherche de celles du rongeur, pour en faire sa proie.

Les parasites de l'Hylesinus piniperda sont, selon Ratzburg :

ICHNEUMONIDES......... {	Hemiteles melanarius.
	— modestus.
BRACONITES............ {	Bracon Middendorffii.
	— palpebrator.
CHALCIDITES .... {	Pteromalus guttatus.
	— Latreillii.
	— lunula.
	— pellucens.
	— suspensus.

42. — Le Rongeur noir.
(Hylastes ater, Payk.)

Le petit Coléoptère appelé Hylesinus ater et maintenant Hylastes ater est donné par M. Ratzburg comme nuisible aux jeunes sujets dans les pépinières des pins. Il attaque aussi les sapins. Selon M. E. Perris, il a les mêmes habitudes que l'Hylesinus ligniperda et se rencontre presque toujours avec lui, perforant l'écorce sous les troncs des pins abattus aux endroits qui sont en contact avec le sol. Comme lui, il attaque aussi les vieilles souches et exceptionnellement les jeunes pins. Il se montre de mars en mai. La femelle perce l'écorce et creuse une galerie de ponte quelquefois longitudinale, le plus souvent oblique et toujours très-sinueuse.

Les galeries des larves n'ont pas cette sorte de parallélisme ou cette divergence régulière que présentent ordinairement celle des Bostriches; elles se contournent en sens divers, s'anastomosent et forment un réseau irrégulier et confus. Mais si plusieurs couples travaillent sur le même point, les galeries qu'ils creusent sont

enchevétrées et il n'est pas possible de saisir le système propre à
chacun. Dans les arbres abattus dont l'écorce est épaisse, les galeries n'intéressent pas l'aubier ; c'est presque toujours dans les
couches de l'écorce en contact avec le bois ou même dans l'épaisseur de l'écorce que s'opère la métamorphose en chrysalide.
L'insecte parfait perce l'écorce pour prendre son essor dans le mois
de juillet ou celui d'août et ne produit pas une seconde génération. On l'a rencontré, en automne et en hiver, en grand nombre,
sur les nœuds des racines qu'il était occupé à ronger.

Il fait partie de la même famille, de la même tribu que les précédents ; mais il est placé dans le genre HYLASTES. Son nom entomologique est HYLASTES ATER et son nom vulgaire le RONGEUR
NOIR. On l'a désigné sous le nom des HYLESINUS ATER.

42. HYLASTES ATER, Payk. — Longueur, 4 à 4 1/2 millimètres.
Il est allongé, étroit, sub-cylindrique, noir, et à peu près glabre.
La tête est convexe, ponctuée et se prolonge en une sorte de museau déprimé à sa partie antérieure. Les antennes sont fauves,
terminées en massue solide précédée d'un funicule de sept articles. Le corselet est un peu plus étroit en devant qu'en arrière,
une fois et demie aussi long que large, assez fortement ponctué,
avec une ligne médiane lisse, caréniforme. Les élytres sont un
peu plus larges que le corselet, deux fois aussi longues que ce
dernier, marquées de stries fortement ponctuées et comme créné-
lées, dont les intervalles sont ridés ; leur extrémité est arrondie et
un peu pubescente. Les pattes sont noires, avec l'extrémité des
tibias et les tarses roux.

La larve a 5 à 6 millimètres de longueur. Elle est semblable à
celles des Bostriches, mais moins trapue et un peu moins arquée
et se rapprochant plus de la forme cylindrique.

La chrysalide est aussi semblable aux précédentes, mais les deux
appendices qui terminent le dernier segment de l'abdomen sont
très peu divergents et un peu plus longs.

43 à 45. — Les Rongeurs du Frêne.

(Hylesinus fraxini, Fab. — Crenatus, Fab. — Oleiperda, Fab.)

Les petits Coléoptères dont il est question dans cet article sont souvent fort nuisibles aux frênes (Fraxinus excelsior) par les ravages qu'ils exercent sur les sujets malades ou languissants dont ils accélèrent la décadence et causent la mort. Dès qu'un de ces arbres est affaibli par une cause quelconque, ou bien, dès qu'un arbre sain est abattu et laissé dans son écorce, ils se jettent dessus en très grand nombre comme sur une proie qui leur est spécialement dévolue pour leur nourriture et pour recevoir les larves qui doivent propager leurs espèces.

Ces insectes se montrent dans les mois d'avril ou de mai, selon la saison, et lorsque la femelle est fécondée, elle perce un trou dans l'écorce et s'insinue entre elle et le bois en creusant une galerie horizontale, c'est-à-dire perpendiculaire aux fibres, en forme d'accolade dont le trou d'entrée forme le milieu ; elle pond ses œufs les uns à la suite des autres de chaque côté de cette galerie. Les petites larves, qui en sortent entrent dans la partie tendre de l'écorce et y pratiquent chacune une galerie verticale ou parallèle aux fibres, proportionnée à sa taille, qu'elles laissent remplie de vermoulure à mesure qu'elles avancent. Elles grandissent pendant les mois de mai et de juin et arrivent à leur taille complète au commencement de juillet. Chacune s'établit alors dans une petite cellule à l'extrémité de sa galerie où elle se change en chrysalide nue, puis ensuite en insecte parfait qui perce l'écorce et prend son essor à la fin de juillet ou en août. Mais, toute la couvée n'éclôt pas alors; il en reste en réserve sous l'écorce une partie assez considérable qui passe l'hiver dans son berceau à l'état de larve ou de chrysalide et ne sort qu'au mois d'avril ou de mai, ce qui assure la perpétuité de l'espèce. Les individus sortis en août rentrent dans les écorces, les uns pour y pondre leurs œufs et y trouver de la nourriture, les autres seulement pour vivre, et ils y creusent des galeries qui passent à travers celles de ponte, et celles qui ont été tracées par les larves, détruisent la régularité du travail primitif et le rendent méconnaissable. Ces insectes passent la nuit dans leurs galeries qui leur servent d'abri pendant les mauvais temps et les froids de l'hiver et dans lesquels ils meurent la plupart; on y trouve leurs cadavres au printemps. La quantité de ces insectes qui sortent du tronc d'un frêne abattu au commencement du printemps est quelquefois véritablement prodigieuse; l'écorce est percée comme un crible et avant l'essor des insectes, elle est littéralement farcie de larves depuis la base jusqu'au sommet. On ne conçoit pas d'où tant d'insectes peuvent venir à la fois.

Ces petits Coléoptères font partie de la famille de Xylophages, de la tribu des Scolytides et du genre HYLESINUS. Après les généralités qui viennent d'être exposées, il reste peu de chose à dire sur chaque espèce en particulier.

LE GRAND RONGEUR DU FRÊNE. La femelle creuse une galerie en forme d'accolade dont le trou d'entrée est au milieu et dont chaque branche a environ trois centimètres de longueur. Son évolution dure quatre mois, d'avril en juillet ou de mai en août, selon la température. Si l'on fait une plaie à un frêne, on voit cet insecte accourir pour sucer la sève qui s'en échappe. On le trouve quelquefois sur les fleurs. Son nom vulgaire est GRAND RONGEUR DU FRÊNE, HYLÉSINE DU FRÊNE.

43. HYLESINUS FRAXINI, Fab. — Longueur, 3 millimètres. Il est ovale, noir, marbré de grisâtre. Les antennes sont fauves, plus longues que la tête, terminées par une massue oblongue, acuminée, brune, pubescente; la tête est noire, couverte d'une pubescence cendrée, avec le front plan; elle se prolonge en museau court. Le corselet est plus long que large, plus étroit en devant qu'en arrière, convexe en dessus, sinué en arrière, noir, couvert d'une pubescence cendrée devant l'écusson. Celui-ci est petit,

pubescent. Les élytres sont un peu plus larges que le corselet à
la base, plus de deux fois aussi longues, convexes en dessus,
arrondies à l'extrémité, noires, à stries ponctuées et marbrées de
taches irrégulières, cendrées et brunes. Le dessous est couvert
d'une pubescence épaisse, cendrée. Les pattes sont comprimées,
noirâtres ; l'extrémité des tibias est dilatée et les tarses sont ferrugineux.

Cet insecte est attaqué par un petit parasite qui pond ses œufs
dans les galeries occupées par les larves, après avoir préalable-
ment percé avec sa tarière l'écorce qui les recouvre. La larve
parasite s'attache à celle du rongeur et la suce extérieurement,
après quoi elle se change en chrysalide dans la galerie ou dans la
cellule préparée par cette dernière. Parvenue à toute sa taille la
larve parasite à 2 1/4 millimètres de longueur. Elle est ové conique, blanche, molle, glabre, apode ; sa tête est ronde, armée de
deux mandibules jaunâtres, et en partie rentrée dans le premier
segment du corps. Elle est formée de douze anneaux et fait sortir
de son dos des mamelons qui lui servent de pattes pour se mouvoir et se retourner dans la galerie. La chrysalide est nue et blanche. L'insecte parfait perce un trou dans l'écorce pour se mettre
en liberté, ce qui arrive vers le 15 juin.

Il est classé dans la famille des Pupivores, dans la tribu des Chalcidites et dans le genre EURYTOMA. L'espèce est l'EURYTOMA RUFIPES.

EURYTOMA RUFIPES, Walk. — *Mâle*. Longueur, 3 millimètres.
Les antennes sont noires, formées de dix articles dont le premier
est fauve en dessous ; les troisième, quatrième, cinquième, sixième,
septième sont cylindriques, pédiculés, entourés d'un verticile de
poils. La tête est noire, ponctuée, garnie d'un duvet court et blanc.
Les yeux et les mandibules sont rougeâtres. Le thorax est noir,
ponctué de gros points enfoncés, desquels sort un poil blanc.
L'abdomen est noir, lisse, luisant, de la longueur du thorax à
pédicule notablement long, droit, filiforme, les autres segments
forment une masse ovalaire, comprimée, plus étroite que le thorax.

Les pattes antéreures et moyennes sont fauves, à hanches noires, les hanches et les cuisses postérieures sont noires, mais la base et l'extrémité des dernières sont fauves; les tibias sont noirs, à base fauve et les tarses sont fauves. Les ailes sont hyalines, atteignant l'extrémité de l'abdomen, à stigma et nervure noirs.

Femelle. Longueur, 3 millimètres. Les antennes sont noires, allant un peu en grossissant jusqu'à l'extrémité, terminées en massue. La tête et le thorax sont noirs, fortement ponctués, couverts de poils isolés, d'un jaune doré, sortant des points enfoncés. Les yeux sont rouges. L'abdomen est ovoïde, comprimé, à pédicule très court; noir, lisse, luisant, terminé par une petite queue. Les pattes antérieures sont fauves, avec le milieu extérieur des cuisses noir; les intermédiaires fauves, avec le milieu des cuisses et des tibias noir; les postérieures noires, avec la base, l'extrémité des cuisses et les tibias fauves. Les ailes sont hyalines, de la longueur de l'abdomen.

Le Rongeur crénelé. Il se comporte dans le frêne de la même manière que l'Hylésine précédent. La femelle creuse sous l'écorce une galerie de ponte horizontale, ayant la forme d'une accolade, longue de 6 centimètres environ, ayant 3 centimètres de chaque côté du trou d'entrée et y dépose ses œufs. Quelquefois la galerie de ponte est en ligne à peu près droite, avec le trou d'entrée au milieu. Les larves ressemblent à celles du Fraxini et à toutes celles du genre Hylesinus : ce sont des vers blancs, à tête ronde, armée de mâchoires et rentrée en partie dans le premier segment; le nombre des anneaux est de douze. Elles sont privées de pattes et se courbent en cercle, lorsqu'on les retire de leurs galeries. Les époques d'éclosion et d'apparition sont les mêmes que pour l'épèce précédente; son nom vulgaire est Rongeur crénelé ; Hylésine crénelé.

44. Hylesinus crenatus. — Longueur, 4 à 5 millimètres. Il est noir ou brun de poix, le plus souvent glabre. Les antennes

sont brunes, courtes, terminées en massue ovale ; la tête est noire
et le museau peu avancé. Le corselet est rétréci en devant, plus
long que large, arrondi en dessus, sinué en arrière, avec une ponctuation dense et assez forte. Les élytres sont à peu près de la largeur du corselet à la base, deux fois au moins aussi longues,
arrondies en arrière, convexes en dessus, profondément striées ;
les intervalles avec des crénelures aiguës, rangées en ligne, et des
crevasses courtes, noirâtres. Les pattes sont brunes.

Le PETIT RONGEUR DU FRÊNE. Ce rongeur est plus petit que
les précédents. Il ne s'adresse pas seulement au frêne ; il attaque
encore l'olivier et le lilas. Ses mœurs sont absolument les mêmes
que celles des espèces précédentes. La femelle creuse une galerie
de ponte horizontale, de 3 centimètres de long, brisée au milieu,
et dont les deux branches forment un angle assez prononcé. Le
trou d'entrée est au sommet de cet angle. Les galeries des larves
s'élèvent en dessus et descendent en dessous, parallèlement entr'elles, formant une sorte d'auréole tout autour de la galerie de
ponte, disposition qu'on remarque chez les deux espèces précédentes. Les époques d'éclosion sont les mêmes que pour ces espèces. Son nom vulgaire est RONGEUR DE L'OLIVIER ; HYLÉSINE DE
L'OLIVIER ; PETIT RONGEUR DU FRÊNE. .

45. HYLESINUS OLEIPERDA, Fab. — Longueur, 1 1/2 à 2 millimètres. Il est noir ou brun, couvert de petits poils dressés. Les
antennes sont rousses, courtes, terminées en massue ovale ; la face
est velue et le museau un peu avancé. Le corselet est noir, plus
long que large, plus étroit en devant qu'en arrière, convexe en
dessus, sinué en arrière, couvert d'une pubescence jaunâtre. Les
élytres sont de la largeur du corselet à la base, plus de deux fois
aussi longues, arrondies en dessus et à l'extrémité, striées et
couvertes de petits poils jaunâtres, hérissés. Les pattes sont d'un
brun-roussâtre, à tarses roussâtres.

Les parasites de l'HYLESINUS FRAXINI sont, selon Ratzburg :

BRACONITES..........   Spathius exannulatus.

CHALCIDITES..........   Eupelmus geerii,
Eurytoma ischioxantha.
—   flavoscapularis.
—   flavovaria.
—   nodulosa.
Pteromalus bimaculatus.
—   bivestigatus.
—   fraxini.
Sciatheras trichotus.
Storthygocerus Landembergii.
Tridymus xylophagorum.

---

46 à 49. — Les Rongeurs de l'Orme.

SCOLYTUS DESTRUCTOR, Oliv. — PYGMÆUS, Fab. — MULTISTRIATUS, Marsh. — ULMI, Redt.

L'orme (ULMUS CAMPESTRIS) est un bel et grand arbre qui aime à croître isolément et en liberté. Il ne souffre pas la taille et l'élagage, et lorsqu'on le plante en alignement le long des routes, sur les remparts des places de guerre et sur les promenades des villes, et de plus qn'on le soumet à un élagage souvent répété, il souffre considérablement et finit par mourir des suites de ce traitement. On voit son tronc se couvrir de bosses d'où sortent une multitude de brindilles qui attirent la sève sur ces points et qui contribuent à augmenter le volume de ces excroissances ; on y voit aussi de grandes taches noires produites par la sève qui s'échappe de quelques blessures situées à leur partie supérieure. Ces plaies et cette sanie attirent une multitude de Diptères et d'Hyménoptères qui sucent cette dernière pour se nourrir et quelques-uns des premiers pour y déposer leurs œufs, tels que la CERIA CONOPSOIDES, beau Diptère de la tribu des Syrphides, dont les larves habitent ces ul-

cères et y vivent. Les ormes qui présentent ces symptômes dépérissent promptement et ne tardent pas à mourir. Ce qui les affaiblit, c'est la taille et l'élagage des branches contre le tronc et la
perte de la sève par les plaies qui en résultent. Dès que l'arbre
est languissant, arrive le Cossus LIGNIPERDA qui attaque le pied et
loge ses chenilles sous l'écorce ; puis viennent une multitude
incroyable de petits Coléoptères du genre SCOLYTUS qui vivent
dans l'écorce et donnent la mort en une année ou deux aux plus
gros arbres.

Les Scolytes qui attaquent l'orme sont au nombre de quatre,
dont deux s'adressent au tronc, et deux aux branches : ceux du
tronc sont les SCOLYTUS DESTRUCTOR et MULTISTRIATUS, et ceux des
branches les SCOLYTUS PYGMÆUS et ULMI. Ces quatre petits Coléoptères font partie de la famille des XYLOPHAGES et ont la même
manière de vivre sous leurs différents états, quelle que soit la
place qu'ils occupent sur l'arbre. Les insectes parfaits se montrent
dans le mois de mai. La femelle perce l'écorce en un point qu'elle
a choisi et commence à creuser une galerie montante, s'éloignant
peu de la direction des fibres, d'un diamètre un peu plus grand
que celui de son corps, qu'elle conduit entre l'écorce et le bois et
qui est légèrement imprimée dans celui-ci. Elle vient alors présenter le derrière à l'entrée de sa galerie et le mâle qui se promène sur le tronc se joint à elle, ayant la tête en bas et le corps
placé en équerre avec celui de la femelle. Celle-ci, fécondée, pond
ses œufs à droite et à gauche de la galerie montante, sur deux
lignes presque continues et prolonge cette galerie autant qu'il est
nécessaire pour les recevoir tous. Le mâle, de son côté, perce
l'écorce pour se faire un gîte où il se retire pendant la nuit et le
mauvais temps et où il trouve sa nourriture dans le déblai qu'il
fait. On reconnaît les galeries creusées par ces insectes à la poussière qui sort des trous d'entrée et à la sève qui suinte par ces
orifices.

Aussitôt que les œufs déposés dans la galerie de ponte sont
éclos, les petites larves entrent dans la couche de l'écorce la plus

tendre, celle qui est en contact avec le bois, et y creusent chacune une galerie proportionnée à sa taille, perpendiculaire à celle de ponte, un peu serpentante, ne rencontrant pas les voisines, et qu'elle laisse remplir de vermoulure derrière elle. Elle travaille ainsi, le plus ordinairement, jusqu'à l'automne, époque à laquelle elle a pris toute sa taille, et n'ayant plus à croître, elle entre dans l'écorce et s'y creuse une cellule dans laquelle elle se tient immobile, attendant son changement en chrysalide. Elle passe l'hiver dans cet asile, subit sa métamorphose au commencement de mai et l'insecte parfait perce l'écorce pour se mettre en liberté à la fin de mai, quelquefois au commencement de juin. Si l'année est favorable, c'est-à-dire, constamment chaude, une partie de la couvée sort en août, mais l'autre partie reste en réserve et ne se montre qu'au printemps suivant. Les individus nés en automne rentrent dans les écorces, les labourent de galeries pour vivre et se soustraire au froid de l'hiver, et, au printemps, on trouve beaucoup de leurs cadavres dans les écorces desséchées; ce sont leurs canaux qui troublent l'ordre et la régularité des nids et empêchent souvent de les reconnaître.

On conçoit facilement que les galeries creusées par les mâles et les femelles et celles des larves pratiquées dans l'écorce interceptent la circulation de la sève, qui cesse de se porter dans les branches et de nourrir l'arbre; qu'une partie de cette sève est absorbée par les insectes ou s'écoule au dehors par les trous d'entrée des galeries; et lorsque des milliers de ces insectes sont logés dans l'écorce, l'arbre est bientôt arrivé au terme de sa vie. Si on enlève l'écorce desséchée, on voit sur le bois la trace de la galerie de ponte et celles des galeries perpendiculaires qui lui forment une espèce d'auréole, et cette écorce est percée comme un crible ou comme le ferait un coup de fusil chargé de plomb.

Les larves de tous ces insectes se ressemblent entièrement, sauf la taille un peu plus grande, un peu plus petite. Elles sont blanches, molles, glabres, apodes, sub-cylindriques, formées de douze segments sans compter la tête qui est ronde, rentrée en partie dans le premier segment, ayant le labre et les mandibules bruns ; les trois premiers segments sont un peu plus gros que les autres. Sorties de leurs galeries, elles se tiennent courbées en arc et couchées sur le côté. La chrysalide est nue dans sa cellule ; elle est d'abord blanche et brunit en approchant du moment de sa métamorphose. Après ces généralités, il reste peu de chose à dire sur chaque espèce en particulier. Ces espèces se ressemblent beaucoup et sont difficiles à distinguer l'une de l'autre.

Le GRAND RONGEUR DE L'ORME. Il est plus grand que les autres et se jette sur le tronc. Il creuse, sous l'écorce, une galerie de ponte, sensiblement droite, montante, dirigée dans le sens des fibres, ou légèrement oblique, longue de 4 centimètres environ. Les œufs sont déposés de chaque côté, l'un à la suite de l'autre. La femelle donne à cette galerie la longueur nécessaire au placement de ses œufs. Les galeries creusées par les larves forment une auréole autour de celle de ponte dont les rayons sont un peu flexueux, ne se croisent pas et vont en s'épaississant graduellement depuis leur origine jusqu'à leur extrémité ; leur empreinte se voit sur l'aubier.

Le nom entomologique de cette espèce est SCOLYTUS DESTRUCTOR et son nom vulgaire GRAND RONGEUR DE L'ORME, SCOLYTE DESTRUCTEUR ou simplement SCOLYTE.

46. SCOLYTUS DESTRUCTOR, Oliv. — Longueur, 4 à 5 millimètres. Les antennes sont courtes, d'un roux-marron, terminées en massue solide ; la tête est petite, rentrée en partie dans le corselet, noire, revêtue d'un duvet jaunâtre-obscur sur la face ; le corselet est noir, brillant, plus étroit en devant qu'en arrière, un peu plus long que large, convexe en dessus, arrondi en arrière, assez fortement ponctué sur les côtés et en dessus, dans sa partie antérieure et finement dans la partie postérieure ; les élytres sont d'un roux-marron, de la largeur du corselet à la base, de la longueur de ce dernier, ayant chacun six ou sept stries distinctes, écartées et ponctuées ; les intervalles des stries présentent deux lignes plus

ou moins régulières de faibles points; la suture est très enfoncée; les pattes sont comprimées, d'un roux-marron; le dessous est noir et les troisième et quatrième segments de l'abdomen sont échancrés et tronqués obliquement à l'extrémité; le deuxième présente une petite dent de chaque côté.

Les auteurs allemands donnent généralement à cette espèce le nom d'ECCOPTOGASTER SCOLYTUS.

La deuxième espèce qui s'adresse au tronc est le SCOLYTE A STRIES NOMBREUSES, d'une taille moindre que le précédent. La galerie de ponte creusée par la femelle est moins longue et plus étroite que celle du grand Rongeur; elle n'a guère que 2 1/2 à 3 centimètres de longueur. Sa direction est généralement verticale et quelquefois un peu oblique. Les galeries secondaires tracées par les larves forment une auréole serrée dont les rayons, un peu flexueux, sont plus menus et plus courts que chez le précédent.

Le nom entomologique de cette espèce est SCOLYTUS MULTISTRIATUS et son nom vulgaire SCOLYTE A STRIES NOMBREUSES, SCOLYTE MULTISTRIÉ.

47. SCOLYTUS MULTISTRIATUS, Marsh. — Longueur, 2 à 3 millimètres. Les antennes sont courtes, fauves, terminées en massue testacée solide; la tête est noire, couverte de poils gris-jaunâtre sur la face; le corselet est noir, luisant, plus étroit en devant qu'en arrière, convexe en dessus, arrondi sur les côtés et en arrière, sensiblement aussi large que long, finement ponctué en dessus; les élytres sont d'un fauve-ferrugineux ou d'un brun-marron, de la largeur du corselet à la base, un peu plus longues que ce dernier, ayant la suture très enfoncée, marquées de stries ponctuées, nombreuses et serrées, différant peu les unes des autres, la ponctuation embrouillée à l'extrémité, qui est d'une nuance plus claire; les pattes sont d'un fauve-brun; le dessous est noir; l'abdomen est échancré et tronqué obliquement à partir du deuxième segment dont le bord inférieur forme une dent ou un crochet de médiocre longueur.

La troisième espèce des Rongeurs de l'Orme est le Scolyte pygmée qui attaque les branches et se comporte comme les précédentes. Sa galerie de ponte est dirigée dans le sens des fibres du bois et à 25 millimètres de longueur. Son nom entomologique est Scolytus pigmæus et son nom vulgaire Scolyte pygmée, petit Rongeur de l'Orme.

48. Scolytus pygmæus, Fabr. — Longueur, 2 à 2 1|2 millimètres. Les antennes sont d'un brun-jaunâtre, courtes, terminées en massue ovale, solide ; la tête est noire, couverte sur la face d'une pubescence gris jaunâtre ; le corselet est noir, luisant, presque lisse, très faiblement ponctué, plus étroit en devant qu'en arrière, arrondi sur les côtés, convexe en dessus, presque globuleux ; les élytres sont d'un rouge-brun, aussi larges que le corselet à la base, et aussi longues, marquées de stries de faibles points dont les intervalles présentent des points très fins rangés en ligne ; le dessous est noir, échancré ; le bord postérieur de l'avant-dernier segment s'élève en saillie chez les mâles ; les pattes sont d'un brun-rouge.

La quatrième espèce des Rongeurs de l'orme porte le nom vulgaire de Rongeur de l'Orme et son nom entomologique est Scolytus Ulmi. Il s'adresse aux branches comme le précédent, dans lesquelles il pratique une galerie de ponte de 20 millimètres de longueur environ, dirigée dans le sens des fibres.

49. Scolytus Ulmi, Redt. — Longueur, 2 à 2 1|2 millimètres. Les antennes sont courtes, d'un jaune-testacé, terminées en massue ovale, solide ; la tête est noire, ayant la face couverte d'un duvet d'un gris-jaunâtre ; le corselet est brun-noirâtre, très brillant, finement ponctué, avec une ligne médiane lisse, aussi long que large, convexe en dessus, sub-globuleux ; l'écusson est noir, profondément enfoncé ; les élytres sont d'un rouge-brun, aussi larges que le corselet à la base, à peine aussi longues, parfaitement arrondies à l'extrémité, à stries ponctuées, égales ; les intervalles

des stries ayant une ligne de petits points ; le dessous est noir ;
l'abdomen est échancré à partir du deuxième segment dont le bord
inférieur porte une dent ou crochet notablement long ; les pattes
sont d'un fauve-brun.

On a indiqué, comme moyen de détruire les Scolytes qui enva-
hissent les ormes et les font bientôt périr, le procédé suivant, qui
est employé à Paris depuis plusieurs années. Ce procédé consiste à
enlever, avec un instrument tranchant, l'écorce dure des arbres
attaqués jusqu'aux couches tendres qui sont en contact avec le
bois et à faire cette opération à tous les endroits envahis par les
insectes. Par là, on met à nu les larves qui restent dans l'écorce, ce
qui les fait périr, et on brûle celles qui sont renfermées dans la
grosse écorce enlevée avec l'instrument. On recouvre ensuite la
partie décortiquée d'une couche de peinture noire au goudron de
houille, appelé coltar, qui empêche l'évaporation de la sève. On
exécute cette opération sur toutes les parties du tronc attaquées
pendant le mois de juin et de juillet et même plus tard, et l'on peut
voir beaucoup d'arbres dont le tronc est entièrement enduit de
cette peinture depuis le sol jusqu'aux branches, et d'autres qui
présentent de grandes taches noires occupant seulement une partie
de la tige. Cette opération ne fait pas périr les arbres et elle tue les
insectes rongeurs, ce qui est un résultat important ; mais elle ne
sauve pas les arbres de la mort qui arrive quelques années après.
Ces arbres sont malades et c'est à cause de leur faiblesse que les
Scolytes s'y portent et les rongent. Il faudrait, en même temps
qu'on les décortique, employer un moyen propre à les guérir et à
leur rendre la végétation vigoureuse qui éloigne les insectes, et
c'est ce qu'on n'a pas encore trouvé. Les ormes ne veulent pas être
plantés en quinconce, ni ombrager nos promenades sablées et
balayées ; ils se plaisent au milieu des champs, dans les positions
champêtres, et à croître en pleine liberté.

Les parasites des Scolytes de l'orme sont, selon Ratzburg :

Pour le SCOLYTUS INTRICATUS :

BRACONITES.........
{
Bracon protuberans.
Helcon carinator.
Spathius rugosus.
}

CHALCIDITES.........
{
Cleonymus pulchellus (West.).
Elachestus leucogramma.
Eurytoma striatula.
Pteromalus bimaculatus.
Roptrocerus Eccoptogasteri.
}

Pour le SCOLYTUS MULTISTRIATUS :

CHALCIDITES..........
{
Elachestus leucogramma.
Pteromalus bimaculatus.
—   brunnicans.
}

Pour le SCOLYTUS DESTRUCTOR (ECCOPTOGASTER SCOLYTUS, Ratz.) :

ICHNEUMONIENS ....
{
Hemiteles melanarius.
—   modestus.
Ichneumon nanus.
}

BRACONITES.·.........
{
Bracon initiatellus.
—   Middendorffii.
—   minutissimus.
—   protuberans.
}

CHALCIDITES. ....
{
Elachestus leucogramma.
Pteromalus bimaculatus.
—   brunicans.
—   capitatus.
—   lanceolatus.
—   vallecula.
}

—

50. — Le Rongeur du Bouleau.

(SCOLYTUS RATZBURGII, Jans.)

Le Rongeur du Bouleau se montre à l'état d'insecte parfait
pendant le mois de mai. La femelle perce l'écorce de cet arbre et

s'introduit entre elle et le bois pour établir sa galerie de ponte dans laquelle elle dépose ses œufs. Je n'ai pas vu le nid de ce rongeur et je ne sais s'il est entièrement semblable à celui que construit le grand Rongeur de l'Orme, où s'il en diffère en quelque point. Il est vraisemblable que ces nids ne présentent aucune diffé- rence, par la raison que, selon l'opinion de plusieurs entomolo- gistes, les insectes ne sont pas distincts et ne forment qu'une seule espèce. Ils pourraient cependant former deux véritables espèces et avoir des nids entièrement semblables comme on le voit chez les Rongeurs de l'Orme appelés DESTRUCTOR et MULTI- STRIATUS, dont les galeries de ponte et les galeries secondaires ne diffèrent que par les dimensions. N'ayant aucun fait particulier à mentionner sur l'histoire de cet insecte, je me contenterai d'en donner la description, en faisant remarquer qu'il est généralement connu des Entomologistes allemands, sous les noms de ECCOPTO- GASTER DESTRUCTOR, Herbst ; et que pour le distinguer de notre SCOLYTUS DESTRUCTOR on lui a donné le nom de SCOLYTUS RATZ- BURGII.

50. SCOLYTUS RATZBURGII, Jeans. — Longueur, 5 1/2 millimètres. Il est noir ; les antennes sont courtes et fauves, terminées en massue ; la tête est noire, couverte d'un épais duvet gris-brun ; le corselet est noir, luisant, plus étroit en devant qu'en arrière, convexe en- dessus, arrondi sur les côtés et en arrière, finement ponctué, bordé d'un liseré fauve en devant ; les élytres sont brun de poix, luisantes, de la largeur du corselet, de la longueur de ce dernier, presque carrées, avec les angles arrondis, marquées de stries ponctuées, ayant les intervalles presque lisses, marqués d'une ligne de très petits points, et la suture enfoncée depuis la base jusqu'à moitié de sa longueur ; les pattes sont brunes, avec les articulations et les tarses fauves ; l'abdomen est profondément échancré en-dessous et tronqué depuis l'échancrure jusqu'à l'extrémité ; on voit une dent saillante formée par le milieu du bord inférieur du troisième segment, et une petite lame saillante

par le milieu du bord inférieur du quatrième chez les individus mâles.

Le parasite du Scolytus Ratzburgii est, d'après Ratzburg :

CHALCIDITES.......... Pteromalus lunula.

—

51. — Le Rongeur du Chêne.

(Scolytus intricatus, Ratz.)

Le petit Coléoptère dont il est question dans cet article est quelquefois extrêmement nuisible aux jeunes chênes âgés de trente à cinquante ans, lorsque ces arbres sont malades ou affaiblis par suite de circonstances accidentelles, comme une sécheresse trop longtemps prolongée, un terrain maigre et peu profond ou toute autre cause ; dans ce cas, il les fait périr dans le cours d'une année. Lorsqu'un chêne est dans ces conditions, il est envahi par une multitude de ces insectes qui viennent y pondre leurs œufs et y chercher leur nourriture.

Ce petit Rongeur se montre dans le mois de mai, et la femelle se porte sur la tige d'un chêne; elle choisit le point de l'écorce qui lui convient, et perce, dans celle-ci, un trou rond qui pénètre jusqu'au bois, puis elle s'introduit sous l'écorce et creuse une galerie cylindrique, horizontale, en forme d'accolade, de deux centimètres de long de chaque côté du trou d'entrée. Cette galerie est d'un diamètre un peu plus grand que celui de l'insecte, et se trouve légèrement imprimée dans le bois. L'accouplement a lieu dans la galerie, le-mâle restant au dehors suspendu au derrière de la femelle. Celle-ci pond ses œufs les uns à la suite des autres, de l'un et de l'autre côté de la galerie, et probablement ne tarde pas longtemps à mourir après sa ponte. On voit dès cette époque la sève suinter par les trous d'entrée des galeries de ponte. Au bout de peu de jours les œufs éclosent et les petites larves entrent devant elles dans la partie la plus tendre de l'écorce et y creusent

des galeries les unes en montant, les autres en descendant. Elles
se nourrissent du déblai qu'elles font, et laissent derrière elles
une poussière brune, qui est le résultat de la digestion; ces
galeries sont très voisines, presque contigues, parallèles, d'abord
très étroites et augmentent insensiblement de diamètre à mesure
que les larves grandissent. Celles-ci continuent à ronger pendant
l'été et l'automne, et passent l'hiver engourdies sous l'écorce.
Elles se construisent une petite cellule dans l'épaisseur de celle-ci
où elles se changent en chrysalides nues au printemps suivant et
bientôt après en insectes parfaits qui percent l'écorce et prennent
leur essor au commencement du mois de mai.

La larve parvenue à toute sa taille a environ 4 millimètres de
longueur. Elle est cylindrique, blanche, glabre, apode, courbée en
arc lorsqu'elle est hors de sa galerie; la tête est ronde, testacée,
armée de mandibules brunes et rentrée en partie dans le premier
segment du corps ; la chrysalide est nue dans sa cellule et
blanche dans les premiers temps; elle brunit et noircit lorsqu'elle
est sur le point de se métamorphoser.

L'insecte parfait est classé dans la famille des Xylophages, dans
la tribu des Scolytides et dans le genre SCOLYTUS. Son nom entomologique est SCOLYTUS INTRICATUS, et son nom vulgaire SCOLYTE
EMBROUILLÉ, RONGEUR DU CHÊNE.

51. SCOLYTUS INTRICATUS, Fab. — Longueur, 3 millimètres. Les
antennes sont d'un fauve-pâle, courtes, terminées en massue
ovale, solide; la tête est noire, couverte sur la face d'une pubescence courte, cendrée, de laquelle sortent deux poils droits, près
de la bouche; le corselet est noir, luisant, plus étroit en devant
qu'en arrière, convexe en dessus, arrondi sur les côtés, finement
ponctué ; les élytres sont brunes ou d'un brun-ferrugineux, aussi
larges que le corselet à la base, un peu plus longues que ce
dernier, marquées de stries ponctuées, serrées, nombreuses et
semblables ; les pattes sont d'un rouge-brun, le dessous est noir ;

l'abdomen est tronqué obliquement en dessous, sans dent, ni crochet.

—

52. — Le grand Capricorne noir.

(Cerambyx heros, Lin.)

On voit fort souvent des pièces de bois de chêne de fortes dimensions percées de grands trous ou galeries qui pénètrent profondément dans leur intérieur, qui les affaiblissent et les déprécient. Lorsqu'on les débite en planches, en madriers, en solives, on est obligé de retrancher toute cette partie avariée, ce qui est une perte réelle. Ces grandes cavités sont attribuées à la larve du grand Capricorne noir qui vit dans ces arbres et se nourrit en rongeant le bois. Cet insecte se montre dans les mois de juin et de juillet. La femelle pond ses œufs au fond des gerçures de l'écorce, au moyen de son oviducte qui sort alors de l'abdomen, et elle les place dans la partie inférieure du tronc en les dispersant. Les larves qui sortent de ces œufs percent l'écorce et entrent dans le bois où chacune se fraye un chemin qui s'agrandit à mesure qu'elle croit. Elles se nourrissent des fibres qu'elles arrachent avec leurs fortes mandibules, qu'elles triturent avec leurs mâchoires et qu'elles avalent. Elles emploient trois ans à prendre toute leur croissance, prolongeant et élargissant leurs labyrinthes, vivant dans une profonde obscurité et ne recevant pas l'air extérieur, à ce qu'il semble. Dès qu'elles l'ont acquise, elles se creusent chacune une cellule ovale, proportionnée à leur taille, et y établissent une coque formée de soie et de sciure de bois, dans laquelle elles se renferment Elles s'y changent en chrysalides, puis ensuite en insectes parfaits, qui percent dans le bois un trou rond par lequel ils sortent au mois de juin ou de juillet, pour se mettre en liberté et prendre leur essor.

Cet insecte est classé dans la famille des Longicornes, dans la tribu des Cérambycins et dans le genre Cerambyx. Son nom entomologique est CERAMBYX HÉROS, et son nom vulgaire GRAND CAPRICORNE NOIR, CAPRICORNE HÉROS. C'est l'un des plus grands de nos Coléoptères.

52. CERAMBYX HÉROS, Lin. — Longueur, 40 à 54 millimètres. Il est entièrement noir ; l'extrémité seulement des élytres a une couleur brune qui se fond insensiblement avec le noir ; les antennes sont plus longues que le corps chez les mâles et plus courtes chez les femelles ; l'extrémité de chacun des articles est renflée, surtout dans les premiers ; les yeux sont en croissant, entourant la base des antennes ; la face est verticale, impressionnée ; la tête est arrondie en-dessus et sillonnée ; le corselet est renflé au milieu, plus étroit en devant qu'en arrière, couvert de rugosités très prononcées, ayant deux ou trois sillons transversaux, près de ses bords antérieurs et postérieurs et ses côtés armés d'une petite épine ; les élytres sont plus larges que le corselet à la base, cinq fois aussi longues, à épaules saillantes, fortement chagrinées, surtout à leur partie antérieure, tronquées à l'extrémité, avec l'angle sutural armé d'une petite épine ; les pattes sont noires, les cuisses légèrent ridées, les tarses de quatre articles, dont les trois premiers sont garnis d'un duvet épais testacé.

Lorsque la larve de cet insecte est parvenue à toute sa taille, elle a de 60 à 80 millimètres de longueur sur 18 millimètres de large, au premier segment ; elle est d'un blanc-jaunâtre, un peu déprimée et va en diminuant graduellement de largeur jusqu'à l'extrémité. Elle est formée de douze segments, plus un bouton anal. Le premier est très grand, en carré arrondi aux angles, et recouvert en-dessus d'une plaque écailleuse, granuleuse ; la tête ne paraît en avant que par un chaperon étroit, transversal, brun, un labre jaunâtre et deux fortes mandibules noires, cornées ; le reste de la tête est enchâssé dans le premier segment, le deuxième segment est court et un peu plus étroit que celui-ci ; le troisième est semblable au deuxième ; les suivants sont de même longueur et bien séparés les uns des autres. On voit sur le dos des segments 4-10 une plaque de rugosités qui s'élève ou s'abaisse à la volonté de l'animal. Les six pattes sont rudimentaires.

On peut nourrir cette larve avec de la sciure de bois de chêne tassée dans une boite. On fait un trou dans cette sciure pour y introduire la larve ; mais on obtient rarement l'insecte parfait par ce procédé. On pense généralement qu'elle est le Cossus des Romains qu'ils engraissaient dans la farine pour le rendre plus délicat au goût.

La chrysalide a 46 millimètres de longueur.

Le parasites du CERAMBYX HÉROS, est, selon Ratzburg :

ICHNEUMONITES..............   Ephialtes carbonarius.

—

53 à 63. — Le Capricorne musqué et autres Longicornes.

(CALLICHROMA MOSCHATA, Lat. — ASTYNOMUS ÆDILIS, Dij. — RHAGIUM BIFASCIATUM, Fab.)

Si l'on se promène vers la fin de mai et le commencement de juin, le long d'une ligne de saules plantés sur le bord d'un ruisseau, dans une prairie un peu humide, il arrive assez souvent que l'odorat est frappé d'une agréable odeur de rose qui semble s'échapper de ces arbres. Ce parfum est répandu par un Coléoptère de la famille des Longicornes qui se tient sur les saules et qui en exhale plus abondamment dans le temps des amours qu'à toute autre époque de sa vie. Après l'accouplement la femelle pond ses œufs dans les gerçures les plus profondes de l'écorce et recherche de préférence les arbres qui commencent à se carier. Les jeunes larves qui en sortent s'introduisent entre l'écorce et le bois et se nourrissent des sucs qui y circulent. Elles croissent lentement et mettent trois ans à acquérir toute leur grandeur. Elles pénètrent dans le bois et y creusent chacune une galerie dont les déblais

servent à les nourrir. Parvenues à toute leur taille, elles se retirent dans une cellule qu'elles ferment aux deux extrémités avec
des fibres de bois pressées formant des tampons et se changent en
chrysalides nues dans cette retraite, d'où l'insecte parfait sort au
mois de mai de la troisième année.

Je n'ai pas suivi le développement de cet insecte dont je n'ai pas
vu la larve et je ne peux dire sur ses mœurs et ses habitudes que
les généralités communes à toute la famille des Longicornes. On
ne peut avoir de doute sur la forme de cette larve ; elle doit ressembler à celle du grand Capricorne noir (CERAMBYX HÉROS) sauf la
taille et de légères différences dans quelques parties de la tête.

L'insecte parfait est rangé dans le genre CALLICHROMA de la fa-
mille des Longicornes. Son nom entomologique est CALLICHROMA
MOSCHATA et son nom vulgaire CAPRICORNE MUSQUÉ, CAPRICORNE DU
SAULE, CAPRICORNE A ODEUR DE ROSE.

53. CALLICHROMA MOSCHATA, Lat.. — Longueur, 28 à 32 millimètres. Il est d'une belle couleur verte, bleuâtre en dessus, cuivreuse en dessous ; les antennes sont un peu plus longues que le
corps chez le mâle, un peu plus courtes chez la femelle ; elles
vont en diminuant d'épaisseur depuis la base jusqu'à l'extrémité
et sont formées de onze articles, d'un bleu obscur, presque noires
au bout ; la tête est un peu plus étroite que le corselet ; celui-ci
est sub-cylindrique, presque aussi long que large, armé d'une épine
de chaque côté, et porte quelques tubercules en dessus qui le
rendent raboteux. Les élytres sont plus larges que le corselet à la
base, cinq fois aussi longues, atténuées et arrondies à l'extrémité,
finement chagrinées, avec deux lignes longitudinales peu élevées ;
elles sont un peu flexibles ; les pattes, surtout les postérieures,
sont assez longues ; elles sont plus bleues que le corps.

Suivant M. de la Blanchère la larve du Capricorne musqué vit
aussi dans les peupliers

Le CAPRICORNE CHARPENTIER est très remarquable par la longueur
de ses antennes, qui, chez le mâle, égalent deux ou trois fois celle

du corps, et chez la femelle sont au moins aussi longues que le
corps On le trouve pendant le mois de mai dans les bois de pins.
Vers le 15 de ce mois on peut voir la femelle posée sur le tronc
de l'un de ces arbres, faisant sortir du tuyau qui termine son abdomen un oviducte d'une notable longueur, avec lequel elle cherche les crevasses ou les fissures de l'écorce pour y pondre ses
œufs. Les petites larves, aussitôt après leur naissance, entrent
dans l'écorce et se glissent entre elle et le bois, et suçant, pour
leur nourriture, la sève qui s'y trouve. Elles prennent toute leur
croissance soit sous l'écorce, soit dans le bois qu'elles rongent. Je
ne les ai pas observées, et je ne sais si elles offrent des faits particuliers pendant cette époque de leur vie, et si elles emploient
deux ou trois années à prendre toute leur croissance. Lorsqu'elles
l'ont acquise, elles ont 25 millimètres de longueur. Elles sont sub-
cylindriques, blanchâtres, formées de treize segments, sans compter la tête, qui est petite, carrée, armée de deux fortes mandibules, d'un labre, d'un chaperon, de deux mâchoires portant chacune
un petit palpe conique de trois articles; le premier segment est
beaucoup plus large que la tête, en oval transversal, sub-coriacée,
les deuxième et troisième sont beaucoup moins longs et presque
aussi larges que le premier, les suivants sont égaux et de même
largeur que les précédents; tous portent au milieu une plaque
étroite, transversale, rugueuse qui sert au mouvement de reptation
de la larve privée de pattes; le dernier ou treizième segment est
très petit, arrondi au bout; les stigmates sont au nombre de neuf
paires, dont la première occupe le bord latéral antérieur du deuxième segment et les autres le milieu des côtés latéraux des
autres segments, à partir du quatrième; les deux derniers en
sont privés. Elles se changent en chrysalides dans une cellule
pratiquée dans leur galerie et tamponnée aux deux bouts avec des
fibres de bois pressées.

La chrysalide est blanchâtre à sa naissance, longue de 15 millimètres et de 23 millimètres en comptant le tube anal qui la
termine, lequel est formé de deux articles. Les longues antennes

sont couchées sur les côtés, pliées en deux et remontent jusqu'à la tête. L'insecte parfait perce un trou rond du diamètre de son corps pour se mettre en liberté et prendre son essor au mois de mai.

Il est classé dans la famille des Longicornes, la tribu des Lamiaires et dans le genre Astynomus, Dej, ou dans celui d'Ædilis, Serv. Son nom entomologique est Astynomus Ædilis montana, et son nom vulgaire Capricorne charpentier, Lamie Charpentière.

54. Astynomus Ædilis, Dej., Ædilis montana, Serv. — Longueur, 12-17 millimètres. Tout le corps est d'un gris cendré plus ou moins nébuleux et parsemé de points ou de taches obscurs ; les antennes sont simples, grêles, trois fois aussi longues que le corps chez le mâle, au moins aussi longues que ce dernier chez la femelle, d'un gris-cendré, avec le bout de chaque article noir ; elles sont formées de onze articles ; le premier grand, en massue linéaire, le deuxième très petit et les autres très longs, cylindriques et de plus en plus grêles ; le corselet est armé d'une épine de chaque côté ; le dessus est un peu déprimé et on y voit quatre points jaunes formés par des poils courts et placés sur une ligne transversale ; les élytres sont d'un gris nébuleux, déprimées, atténuées à l'extrémité, plus larges que le corselet à la base, quatre à cinq fois aussi longues, traversées par deux bandes plus obscures, un peu ondées ; les cuisses sont grosses, un peu renflées ; les pattes et l'abdomen sont d'un gris-clair finement pointillé ; la femelle porte, à l'extrémité de l'abdomen, une espèce de queue ou tarière d'où sort, au moment de la ponte, un oviducte membraneux notablement long.

La Rhagie bi-fasciée se montre fréquemment dans les bois de sapins dans lesquels se trouvent de vieilles souches ou des arbres qui commencent à se carier ; sa larve se nourrit de ce bois en décomposition, se tenant ordinairement sous l'écorce, qui est peu adhérente au bois ; elle met plusieurs années à prendre toute sa

8

croissance, probablement trois, comme plusieurs larves des Longicornes. Je ne l'ai pas suivie dans tout son développement, mais
j'en ai trouvé de différente taille à la même époque. Dans le mois
de novembre de la deuxième année elle a 20 millimètres de longueur et est sub-cylindrique, allant en s'atténuant un peu vers son
extrémité postérieure, d'un blanc-jaunâtre. La tête est grande,
transverse, arrondie sur les côtés ; on y distingue le chaperon,
le labre, et les mandibules noirâtres ; les mâchoires sont jaunes,
accompagnées d'un petit palpe conique ; elle est en-dessus, de
consistance écailleuse, jaunâtre et impressionnée au milieu ; le
derrière est engagé dans le premier segment qui est transverse et
plus grand que les autres ; les autres segments, au nombre de
onze, sont d'un blanc-jaunâtre, bien séparés et portent sur le dos
et sous le ventre chacun deux mamelons contigus qui servent à la
reptation ; les trois premiers segments sont pourvus chacun d'une
paire de pattes rudimentaires impropres à la marche ; lorsque
cette larve est jeune on voit une ligne rougeâtre tout le long du
dos indiquant le tube intestinal.

Elle se change en chrysalide dans une cellule tamponnée à ses
extrémités, avec des fibres de bois pressées ; l'insecte parfait sort
au printemps, après avoir percé un trou dans l'écorce pour se
mettre en liberté. Il est à remarquer que l'on rencontre, au mois
de novembre, des femelles cachées dans les vieilles souches, d'où
elles ne sortent qu'au printemps suivant pour s'accoupler et faire
leur ponte.

L'insecte se classe dans la famille des Longicornes, la tribu des
Lamiaires et dans le genre RHAGIUM. Son nom entomologique est
RHAGIUM BI-FASCIATUM, et son nom vulgaire RHAGIE BI-FASCIÉE.

55. RHAGIUM BI-FASCIATUM, Fab. — Long, 20-22 millimètres. Le
corps est d'un noir bronzé ; les antennes sont filiformes, courtes,
ferrugineuses, ayant leurs premiers articles noirs ; la tête est
grosse, dégagée, un peu plus large que le corselet, presque
carrée, couverte d'un duvet grisâtre, sillonnée dans son milieu,

fortement ponctuée à sa partie postérieure ; le corselet est légèrement velu, presque lisse, plus étroit en devant qu'en arrière,
inégal en dessus, avec un tubercule épineux de chaque côté ; les
élytres sont plus larges que le corselet à la base, quatre fois
aussi longues que ce dernier, un peu atténuées à l'extrémité qui
est arrondie, ayant leur partie latérale et leur extrémité rougeâtres, avec trois lignes élevées longitudinales sur chacune, et deux
petites bandes obliques d'un jaune-pâle, l'une placée vers leur
tiers antérieur et l'autre un peu au-delà de leur milieu ; le dessous
du corps est noir, pubescent ; le dernier segment de l'abdomen
est roussâtre ; les pattes sont fortes, noires, avec la base des
cuisses et les tibias roussâtres.

La larve de la Rhagie bi-fasciée vit aussi dans les vieilles
souches de chêne.

La RHAGIE CHERCHEUSE se montre pendant le mois de mai, et la
femelle pond ses œufs dans les fissures des écorces des épiceas,
des sapins, des pins et des mélèzes malades ou sur les souches
de ces arbres qui restent dans la forêt après l'abattage ; les larves
qui en sortent entrent dans l'écorce et vivent entre cette dernière
et le bois, se nourrissant de la sève et des fibres qu'elles détachent avec leurs fortes mandibules ; elles creusent de grandes
galeries irrégulières dans la partie interne de l'écorce, dans lesquelles s'accumule derrière elles le résidu de leur digestion sous
la forme de vermoulure pressée ; elles mettent probablement trois
années à prendre leur entière croissance et lorsqu'elles l'ont
acquise, elles se construisent chacune une sorte de nid ovale
enveloppé de fibres de bois qu'elles détachent avec leurs mandibules, au milieu duquel elles se changent en chrysalides. Ce nid
est placé dans une partie de leur vaste galerie qu'elles ont choisie
et les isole du vide environnant.

La larve, après avoir acquis toute sa taille, a 25 millimètres de
longueur ; elle est sub-cylindrique, d'un blanc légèrement jaunâtre,
formée de douze segments sans compter la tête, qui est grande,

transversale, écailleuse, jaunâtre, impressionnée au milieu, présentant un chaperon, un labre et deux mandibules noires ; les mâchoires sont jaunâtres et pourvues d'un petit palpe de deux ou trois articles ; on voit près de la base des mandibules une petite antenne qui parait composée de trois articles ; le premier segment est grand, transverse, sub-écailleux ; les deux suivants sont plus petits, un peu moins larges ; les autres sont un peu plus longs, sensiblement égaux entre eux, tous sont coriaces et portent en-dessus et en-dessous deux mamelons contigus rétractiles qui servent à la reptation ; les trois premiers sont pourvus de six pattes rudimentaires impropres à la marche.

La chrysalide a 17 millimètres de longueur. Elle est blanchâtre à sa naissance et présente quelques poils sur la tête, sur les côtés et à l'extrémité de l'abdomen ; les antennes et les membres sont placés et pliés comme à l'ordinaire.

L'insecte parfait est de la même famille et du même genre que le précédent. Son nom entomologique est RHAGIUM INDAGATOR, et son nom vulgaire RHAGIE CHERCHEUSE.

56. RHAGIUM INDAGATOR, Fab. — Longueur, 15-17 millimètres. Le corps est noir, couvert en dessus d'un duvet ras d'un gris-jaunâtre ; les antennes sont filiformes, un peu plus longues que la tête et le corselet, d'un gris-cendré ; la tête est saillante, un peu rétrécie en arrière ; le corselet est rétréci en devant, renflé au milieu et armé d'une épine de chaque côté, placée sur un tubercule ; il est ponctué et pubescent ainsi que la tête ; les élytres sont plus larges que le corselet à la base, quatre fois aussi longues que ce dernier, un peu atténuées à l'extrémité, d'un cendré-rougeâtre, ayant chacune trois lignes longitudinales élevées, quelques petites taches noires et deux ou trois bandes transversales de cette dernière couleur ; le dessous du corps est couvert de petits poils fauves peu serrés ; les pattes sont brunes, variées par du duvet grisâtre ; les cuisses sont un peu renflées.

Les parasites de l'ASTYNOMUS ÆDILIS sont, d'après Ratzburg :

ICHNEUMONIDES... { Xorides filicornis.
                  {   — irrigator.

BRACONITES..... { Bracon initiator.
                 {   — præcisus.

Ceux du RHAGIUM INDAGATOR sont, suivant le même auteur :

ICHNEUMONIDES..   Xorides irrigator.

BRACONITES .... { Bracon leucogaster.
                 { Spathius radzayanus.

—

57. — La Saperde chagrinée.

(SAPERDA CARCHARIAS, Fab.)

La Saperde chagrinée est un assez gros Coléoptère dont la larve fait quelquefois beaucoup de tort aux peupliers et aux trembles, qu'elle envahit dans les années où elle est abondante. L'insecte parfait se montre en juin ou en juillet, et dépose ses œufs dans les gerçures des différentes espèces de peupliers, et surtout des trembles. Les petites larves sorties de ces œufs percent l'écorce et pénètrent à une assez grande profondeur dans le bois et le percent, en général, jusqu'au cœur. Elles se nourrissent des fibres qu'elles détachent avec leurs mandibules et qu'elles broyent avec leurs mâchoires, et de la sève que renferment ces fibres. Elles minent principalement les troncs des peupliers et des trembles qui ne sont pas âgés de plus de 20 ans. Elles attaquent aussi les semis de la cinquième ou sixième année et les scions de la troisième ; les blessures qu'elles font ne sont pas précisément mortelles, mais les tiges faibles étant traversées en tous sens par les galeries qu'elles y creusent et presque toutes les couches ligneuses étant attaquées, ces tiges sont exposées à être renversées par le vent. Le dommage qu'elles causent dans les coupes de tremble est souvent très sensible. On reconnait les arbres attaqués par les

larves aux fibres ou petits copeaux encore humides qui se trouvent
à l'entrée d'un trou assez grand qui conduit à leurs galeries ; elles
emploient deux ans à prendre toute leur croissance, et se changent en chrysalides dans une partie de leur galerie rapprochée de
l'écorce et bourrée de fibres détachées avec leurs dents.

La larve parvenue à toute sa taille a 32 millimètres de longueur
et 8 millimètres de largeur. Elle est d'un blanc-jaunâtre, déprimée,
épaisse, atténuée à son extrémité postérieure, formée de treize segments, sans compter la tête qui est petite, écailleuse, armée de
deux fortes mandibules noirâtres et entourée de poils ; le premier
segment est très grand, arrondi sur les côtés et en arrière, sub-
écailleux, bordé de poils, les deuxième et troisième segments sont
très courts, moins larges que le premier ; les suivants sont un
peu plus longs, de la même largeur que les deux précédents ; les
derniers vont en diminuant de largeur et le treizième n'est qu'un
bouton ; ils sont arrondis et garnis de poils sur les côtés, mame-
lonnés sur le dos. Il n'y a pas de pattes ni d'antennes.

La chrysalide est longue de 27 millimètres et présente toutes
les parties de l'insecte parfait pliées et placées comme on les voit
sur les chrysalides des Coléoptères ; elle est lisse, sans épines à
son extrémité, et placée dans une cellule tamponnée avec des
fibres de bois aux deux bouts.

L'insecte parfait est classé dans la famille des Longicornes, dans
la tribu des Lamiaires, et dans le genre SAPERDA. Son nom entomologique est SAPERDA CARCHARIAS, et son nom vulgaire SAPERDE
CHAGRINÉE, CAPRICORNE DU PEUPLIER.

57. SAPERDA CARCHARIAS, Fab. — Longueur, 27 millimètres. Elle
est d'un jaune-brunâtre ; le corps est couvert en entier d'un duvet
court, d'un fauve-clair-grisâtre ; les antennes sont de la longueur
du corps, formées de onze articles, d'un gris-cendré, avec l'extrémité de chaque article noire ; la tête est un peu rentrée dans le
corselet ; la face est verticale, avec un sillon sur le front ; les
palpes et les mandibules sont noirs et les yeux réniformes ; elle

est ponctuée de noir ; le corselet est cylindrique, aussi long que
large, ponctué de noir ; les élytres sont plus larges que le corselet
à la base, cinq fois aussi longues et vont en s'atténuant jusqu'à
l'extrémité qui est arrondie ; elles sont couvertes d'une multitude
de petits points noirs saillants qui les rendent chagrinées ; les
pattes sont fortes et les tarses composés de quatre articles.

    Pour s'opposer à la propagation de ce Coléoptère il faut avoir
soin d'enlever promptement les tiges qu'il a envahies en les
abattant aussitôt qu'on s'aperçoit que les larves y sont établies.
On préserve les peupliers et les trembles en enduisant leur tronc
jusqu'à la hauteur de 1 mètre 70 centimètres au-dessus du sol
avec une couche de terre glaise pétrie avec de la bouse de vache.

    Les parasites de la SAPERDA CARCHARIAS sont, selon Ratzburg :

    ICHNEUMONIDES....... Xorides cornutus.

——

58. — La Saperde du Peuplier.

(SAPERDA POPULNEA, Fab.)

    La Saperde du Peuplier est beaucoup moins grande que la
Saperde chagrinée, mais elle n'est pas moins nuisible que cette
dernière aux peupliers et aux trembles. Elle envahit surtout les
jeunes trembles sans vigueur qui croissent sur des terrains maigres. Elle n'attaque pas les tiges ; elle s'adresse aux branches
âgées de deux, trois et quatre ans ; elle y produit des nodosités,
des déviations de direction qui les empêchent de croître et de
s'allonger et le plus souvent les font mourir. On voit ordinairement plusieurs de ces nœuds les uns à la suite des autres, séparés
par des distances plus ou moins grandes et le plus communément
sur chacun d'eux un trou irrégulier rempli de sciure et de fibres
de bois. Tous ces accidents sont dus à la présence d'une larve qui
habite les branches.

    La Saperde du Peuplier se montre dès la fin de mai et dans le mois de juin. La femelle pond ses œufs sur les branches des trembles, sur les points qui lui paraissent convenables ; les jeunes larves qui en sortent entrent dans le bois et pénètrent jusqu'au cœur ; elles le rongent et y creusent chacune une galerie longitudinale plus large qu'elles et séjournent de préférence dans certains points où elles pratiquent une sorte de chambre ronde en s'approchant de l'écorce, mais elles ont soin de laisser toujours une mince couche de bois au-dessous de celle-ci, ce qui oblige ce point à grossir, à former une bosse tout autour de la chambre ; elles percent un trou dans cette nodosité pour rejeter une partie des fibres qu'elles détachent et qu'elles broyent ainsi que leurs excréments. Cette larve emploie deux ans à prendre toute sa croissance et ce n'est qu'au printemps de la deuxième année, au mois de mai, qu'elle se change en chrysalide.

Cette larve, examinée au mois de novembre, a 9 à 10 millimètres de longueur. Elle est cylindrique, d'un blanc-jaunâtre, formée de treize segments sans compter la tête qui est petite, rentrée en partie et enchâssée dans le premier. Cette tête est représentée au-dehors par un bord antérieur écailleux et brun, par deux fortes mandibules noires et par des palpes labiaux, petits, coniques, articulés ; le premier segment est grand, orbiculaire, coriacé, et couvert de très courtes spinules rousses ; les deuxième et troisième segments sont étroits, moins larges que le premier ; les suivants sont égaux entre eux en longueur, de la même largeur que les deuxième et troisième, le dernier est un simple bouton ; sur le dos de chaque segment, à partir du quatrième, s'élève un mamelon rétractile, coriacé, et en dessous un mamelon garni de deux rangs transversaux de spinules rousses ; les stigmates sont au nombre de neuf paires, la première entre les premier et deuxième segments, les autres sur les segments à partir du quatrième ; on ne voit ni pattes ni antennes.

Lorsqu'elle a acquis toute sa croissance, au mois d'avril suivant, elle tamponne avec des fibres de bois les deux extrémités de la galerie dans laquelle elle veut se changer en chrysalide ; celle-ci est d'un blanc-jaunâtre, longue de 11 millimètres, sans épines à l'extrémité de l'abdomen. L'insecte parfait commence à se montrer vers le 23 mai.

Il est de la famille des Longicornes, de la tribu des Lamiaires, et du genre SAPERDA. Son nom entomologique est SAPERDA POPULNEA, et son nom vulgaire SAPERDE DU PEUPLIER.

58. SAPERDA POPULNEA, Fab. — Le corps est cylindrique, d'un brun-noirâtre ; les antennes sont de la longueur du corps, à premier article plus gros que les autres, garni de poils ; le deuxième noir, très petit ; les neuf autres sont annelés de gris et de noir ; la tête est couverte d'un duvet jaunâtre ; la face est verticale ; les yeux, les mandibules, le labre et les palpes sont noirs ; le corselet est cylindrique, un peu plus long que large, marqué de trois raies longitudinales jaunâtres, couvert de poils hérissés, comme la tête ; les élytres sont plus larges que le corselet à la base, quatre fois aussi longues, fortement ponctuées, ayant chacune cinq ou six petites taches jaunâtres ; le dessous du corps est couvert d'un duvet jaunatre ; les pattes sont revêtues d'un duvet court et gris.

Cet insecte a des ennemis naturels qui lui font une guerre vigoureuse : ce sont deux parasites, l'un de la tribu des Ichneumoniens, l'autre de celle des Tachinaires. Ces parasites détruisent un grand nombre de ses larves. Le premier parvient, à l'aide de sa tarière, à introduire un de ses œufs dans le corps de la larve cachée dans sa galerie. La larve qui sort de cet œuf ronge celle de la Saperde intérieurement, et lorsqu'elle l'a complètement dévorée elle se renferme dans un cocon ovale placé dans la galerie.

Cette larve est un gros ver blanc, mou, ovale, allongé, glabre, apode, formé de treize segments sans compter la tête qui est ronde, rentrée presque en entier dans le premier segment ; on y distingue des traits fins, brunâtres, indiquant les parties de la bouche. L'insecte parfait perce son cocon, puis ensuite la galerie, pour sortir de sa prison, et se montre vers le 26 mai. C'est un Ichneumonien du genre CRYPTUS, qui se rapporte à l'espèce appelée BRACHYCENTRUS.

CRYPTUS BRACHYCENTRUS, Grav. *Femelle.* — Longueur, 11 millimètres (sans la tarière). Il est noir; les antennes sont noires, courbées à l'extrémité, de la longueur du corps, ayant les dixième, onzième et douzième articles blancs; la tête est noire, luisante, avec le labre blanc, une petite ligne interrompue au bord supérieur des yeux et un point au bord postérieur blanc; le corselet est noir, marqué d'un point blanc à la base des ailes; l'extrémité de l'écusson est blanche, on voit un point blanc au-dessous; le dos du métathorax est rugueux et ses côtés sont ponctués et marqués d'un point blanc; l'abdomen est noir, plus long que la tête et le thorax; le premier segment est rétréci en pédicule court; les autres sont déprimées au milieu, un peu relevés sur les bords; les quatrième, cinquième, sixième et septième segments portent une petite tache au bord de chaque côté; les hanches et les trochanters sont noirs; les cuisses et les tibias antérieurs et moyens, fauves; les cuisses postérieures sont fauves. à extrémité noire; les tibias sont fauves, avec l'extrémité noire sur une notable longueur; les tarses sont noirs, avec les troisième et quatrième articles des postérieurs blancs; les ailes sont hyalines à nervures et stigma noirs, ce dernier marqué d'un point blanc à la base; la cellule radiale est allongée et atteint presque le sommet de l'aile; l'aréole est petite, sub-carrée, ouverte du côté du sommet; l'écaille alaire est blanchâtre et la tarière est droite, de la moitié de la longueur de l'abdomen.

Le deuxième parasite se montre vers le 8 juin. C'est une mouche de la tribu des Tachinaires dont la larve vit dans le corps de celle de la Saperde du Peuplier jusqu'à sa complète croissance et qui en sort alors pour se changer en pupe dans la galerie creusée par cette dernière dans le cœur des branches du tremble. Il est assez difficile de comprendre comment la femelle de cette

mouche s'y prend pour pondre sur le corps des larves de la
Saperde, cachées dans leurs galeries, puisqu'elle ne possède pas
d'oviducte perforant, à l'aide duquel elle peut les atteindre, et
guère plus facile à concevoir comment la mouche peut elle-même
sortir de sa prison, puisqu'elle n'a pas de mandibules pour faire
un trou. Mais ces difficultés seraient levées et ces opérations
paraîtraient des plus simples si on avait l'occasion d'observer la
mouche quand elle les exécute.

Cette mouche entre dans le genre TACHINA, Macq, et je lui ai
donné le nom provisoire de TREMULINA.

TACHINA TREMULINA, G. —Longueur, 8 millimètres. Elle est noire :
les antennes sont noires et ne descendent pas jusqu'à l'épistome,
ayant leur troisième article ovale, large, deux fois aussi long que
le deuxième et surmonté au milieu de son bord supérieur d'une
soie tomenteuse ; vue au microscope, la face est concave, d'un
blanc-argenté et nue ; l'épistome est bordé de soies courtes ; les
yeux sont écartés, rouges (vivant) ; la bande frontale est noire et
les côtés du front ont des reflets blancs ; les palpes sont noirs à
extrémité fauve ; le vertex est hérissé de soies ; le thorax est
cendré, de la largeur de la tête, avec trois raies noires, garni de
soies inclinées en arrière ; l'écusson est cendré, bordé de soies ;
l'abdomen est de la longueur de la tête et du thorax, noir, à reflets
cendrés, formant des taches variables ; le bord postérieur des
segments est garni de longues soies ; deux sur le premier, quatre
sur le deuxième, nombreuses sur les troisième et quatrième ; le
dessous est noir, à reflets cendrés ; les pattes sont noires, ciliées ;
les ailes sont divergentes, hyalines, un peu grises, à nervures
noires, la première cellule postérieure est presque fermée près du
sommet ; sa nervure transversale est concave du côté du sommet ;
la deuxième nervure transversale tombe aux 2|3 de la première
cellule postérieure.

Les parasites de la SAPERDA POPULNEA sont, d'après Ratzburg :

ICHNEUMONIDES.............	Ephialtes continuus. — manifestator. — populneus. Ichneumon suspicax.
BRACONITES.................	Alysia gedanensis. Bracon multiarticulatus. Chelonus lævigator.
CHALCIDITES	Entedon chalybxus. Pteromalus æneicornis. Torymus macrocentus.

—

59. — La Chrysomèle du Peuplier.

(CHYSOMELLA POPULI, Lin.)

Lorsque l'on parcourt un taillis de deux ou trois années, dans lequel croissent des rejets de tremble, de saule-marsault, de peuplier, on remarque ordinairement que leurs feuilles sont rongées, desséchées, réduites en dentelles et ne présentent plus qu'un squelette. Celles qui ne sont pas entièrement rongées sont couvertes de larves en plus ou moins grand nombre, occupées à les brouter et à enlever le parenchyme compris entre les nervures. Ces larves sont sorties d'œufs pondus par un Coléoptère d'une taille moyenne, qui se montre dans le mois de mai et qui dépose ses œufs sur la surface supérieure de ces feuilles. Ces œufs sont ovales, rougeâtres, placés les uns à côté des autres. Dès qu'ils sont éclos, les petites larves se mettent à brouter et ne quittent la feuille sur laquelle elles se trouvent que quand elle est entièrement rongée ; elles passent ensuite sur une autre feuille qu'elles traitent de la même manière ; puis sur une troisième jusqu'à ce qu'elles aient pris tout leur accroissement, ce qui a lieu à la fin de juillet. Elles vivent aussi sur les feuilles de saule.

Cette larve a alors 9 millimètres de longueur sur 3 millimètres

de largeur ; elle est sub-cylindrique et va en s'atténuant vers l'extrémité postérieure ; la tête est plus petite que le premier segment, arrondie, noire, luisante, aplatie sur le front, pourvue de
deux mandibules noires et deux petites antennes coniques. Le
corps est formé de douze segments blancs, chargés de tubercules
noirs. Le premier porte un grand écusson noir, luisant, qui occupe presque tout le dessus, avec une tache blanche au milieu ; le
deuxième présente quatre points noirs verruqueux sur le dos, plus
un semblable de chaque côté et un mamelon saillant au bord latéral ; le troisième porte le même nombre de tubercules que le
deuxième ; tous les autres n'ont qu'une rangée transversale de ces
tubercules, dont les latéraux sont plus gros et saillants ; les pattes
sont au nombre de trois paires placées sous les trois premiers
segments, d'un noir luisant. Elle est encore munie d'un mamelon
anal, rétractile, faisant l'office d'une septième patte. Lorsqu'on la
touche elle fait sortir de chacun de ses mamelons latéraux une
goutte de liqueur blanche, comme laiteuse, très fétide, dont l'odeur
reste pendant quelque temps sur les doigts qui l'ont touchée. Ces
gouttes de liqueur rentrent bientôt après dans les mamelons sans
laisser aucune trace. Au-dessous du corps on voit aussi plusieurs
rangées de taches noires.

Lorsqu'elles doivent subir leur métamorphose elles se fixent sous
les feuilles au moyen d'une humeur qui suinte du mamelon anal
et qui les colle solidement. La peau de la larve est repoussée à
l'extrémité du corps. La chrysalide est jaunâtre et présente plusieurs lignes de taches noires. La tête est noire, les élytres et les
pattes sont bigarrées de noir. Au bout de quelques jours, vers le
30 juillet ou le 1er août, l'insecte parfait se dégage et se montre
dans toute sa fraîcheur.

Il est classé dans la famille des Cycliques, dans la tribu des
Chrysomélines et dans le genre CHRYSOMELA. Son nom entomolo-
gique est CHRYSOMELA POPULI, et son nom vulgaire CHRYSOMÈLE DU
PEUPLIER.

59. CHRYSOMELA POPULI, Lin. — Longueur, 11 millimètres. Elle

est ovale. Les antennes sont filiformes, composées de onze articles allant un peu en grossissant à partir du sixième ; les cinq
premiers bleus, les six derniers noirs ; la tête, le corselet, le dessous du corps sont d'un vert-bleu-noirâtre, foncé ; la première est
impressionnée sur le front, le deuxième est transversal, ponctué,
impressionné sur les côtés, échancré circulairement eu devant pour
recevoir la tête jusqu'aux yeux ; l'écusson est de la couleur du corselet, petit, arrondi au bout et lisse ; les élytres sont plus larges
que le corselet à la base, à épaules un peu saillantes, à côtés sub-
parallèles, arrondies au bout, d'un fauve-rougeâtre, couvertes de
petits points enfoncés, portant une petite tache bleuâtre commune
à l'extrémité, débordant un peu l'abdomen ; les pattes sont de la
couleur de l'abdomen et les tarses de quatre articles.

On détruit une grande quantité de ces insectes en les récoltant
sur les feuilles au moyen d'une grande poche en toile adaptée à
un cerceau emmanché d'un bâton, que l'on place sous les feuilles
qui en sont chargées et en frappant ces feuilles avec une baguette,
ce qui les fait tomber dans la poche. Cette opération doit être faite
en mai et en juin, puis encore en août et en septembre.

Les larves ont un ennemi redoutable dans une mouche parasite
de la tribu des Tachinaires, qui pond un œuf sur chacune d'elles et
en atteint autant qu'elle a d'œufs à déposer. Les petites larves qui
en sortent s'introduisent dans le corps de celles de la chrysomèle,
où elles se nourrissent de la substance graisseuse qu'il contient.
Lorsqu'elles sont parvenues à toute leur grandeur, elles se changent en pupes dans la peau de cette larve. La mouche en sort
vers le 15 août.

Cette mouche fait partie de la famille des Athéricères, de la tribu
des Muscides, de la sous-tribu des Tachinaires et du genre EXORISTA.
Son nom entomologique est EXORISTA DUBIA, et son nom vulgaire
TACHINE DOUTEUSE.

EXORISTA DUBIA, *Femelle.* — Long., 5 millimètres. Elle est d'un
cendré flavescent. Les antennes sont noires et descendent presque

jusqu'à l'épistome; le troisième article est au moins double du
deuxième et surmonté d'un style de trois articles, dont les deux
premiers sont courts et le troisième très long, renflé jusqu'au milieu, s'effilant ensuite; la face est un peu oblique et blanche, le
front saillant et la bande frontale d'un brun-velouté; les côtés du
front sont d'un cendré-blanchâtre; les cils faciaux s'élèvent jusqu'au tiers de la face et les cils frontaux descendent un peu au-
dessous de la base des antennes; les yeux sont nus et rouges; les
palpes sont d'un fauve-pâle et le derrière de la tête est blanchâtre;
le thorax est cendré, rayé de noir; l'écusson est cendré; l'abdomen est de la longueur de la tête et du corselet, ovoïde, atténué à
l'extrémité, cendré, avec le premier segment, le bord postérieur
des deuxième et troisième et une ligne dorsale noirs; le deuxième
segment porte deux cils médians et deux cils apicaux; le troisième,
deux cils médians et une rangée de cils apicaux; les pattes sont
noires, ciliées; les ailes sont hyalines, un peu grises, à nervures
noires, elles sont divergentes et dépassent l'abdomen; la première
cellule postérieure est fermée tout près du sommet; sa nervure
transversale est légèrement arquée, la deuxième nervure transversale est flexueuse et tombe aux deux tiers de la première cellule
postérieure; les cuillerons sont blancs.

Le mâle est semblable à la femelle, mais plus grand (longueur,
6 millimètres). Les yeux sont rapprochés et la bande frontale est
étroite; les palpes sont noires; les ailes sont noirs et vont en s'é-
claircissant de la base à l'extrémité.

Les deux sexes présentent des reflets noirs sur l'abdomen, au
bord postérieur des segments, et, ce qui est peu commun, leurs
palpes sont de différentes couleurs ainsi que les ailes.

On trouve sur les mêmes arbres où vit la Chrysomèle du peuplier
une autre espèce appelée Chrysomèle du Tremble (CHRYSOMELA TRE-
MULÆ) entièrement semblable à la première, sauf que l'extrémité
des élytres ne présente pas la tache bleuâtre que l'on a signalée.
Elle paraît à la même époque, les deux larves sont semblables et
vivent de la même manière, en sorte que l'histoire de l'une est

celle de l'autre. Peut-être la seconde est-elle une variété de la première.

Les parasites de la CHRYSOMELA POPULI sont, selon Ratzburg :

CHALCIDITES.......... Pteromalus Sieboldi.

—

60. — La Galéruque de l'Aulne.

(GALERUCA ALNI, Fab.)

La Galéruque de l'Aulne a la plus grande analogie, sous le rapport des mœurs, avec la Chrysomèle du Peuplier, dont l'histoire a été donnée avec détail dans un chapitre précédent. Elle se montre dans les mois de mai et de juin et pond ses œufs les uns à côté des autres, sur les feuilles d'Aulne (ALNUS GLUTINOSUS.) Ces œufs sont petits, ovales et jaunes. Les petites larves, répandues en groupes plus ou moins nombreux sur la surface supérieure de ces feuilles, en broutent le parenchyme, les réduisent en dentelle, et les trouent; elles continuent à manger et à croître pendant une partie de l'été, faisant un tort sensible aux arbres dont les feuilles, réduites à leur squelette, ne peuvent plus remplir leurs fonctions respiratoires. Ces larves sont entièrement noires. Parvenues à toute leur taille, elles ont 10 millimètres de longueur; elles sont cylindriques; la tête est petite, arondie, un peu impressionnée sur le front, armée de deux mandibules et pourvue de deux petites antennes coniques; le premier segment porte en dessus un écusson qui en occupe presque toute l'étendue ; les deuxième et troisième présentent chacun deux rangs transversaux de petits tubercules dont ceux des bords latéraux sont les plus saillants; les autres segments n'ont qu'un seul rang de tubercules ; le douzième est pourvu d'un mamelon anal qui fait l'office de patte pour soutenir la partie postérieure du corps; les pattes sont au nombre de six, placées sous les trois premiers segments, et sont d'un noir luisant ; les tubercules ou mamelons latéraux portent des poils divergents ; en dessous les segments abdominaux montrent un rang transversal de tubercules d'un noir luisant.

Aussitôt que ces larves n'ont plus à croître, elles descendent de l'arbre sur lequel elles ont vécu et s'enterrent à son pied. C'est dans la terre qu'elles subissent leurs métamorphoses et elles en sortent au mois de mai de l'année suivante sous la forme d'insecte parfait.

Ce dernier fait partie de la famille des Cycliques, de la tribu des Chrysomélines et du genre GALERUCA. Son nom entomologique est GALÈRUCA ALNI, et son nom vulgaire GALÉRUQUE DE L'AULNE ; CHRYSOMÈLE DE L'AULNE.

60. GALERUCA ALNI, Fab. — Longueur, 6 à 7 millimètres. Elle est ovale, d'un bleu-violet, brillant ; les antennes sont noires, filiformes, un peu plus longues que la moitié du corps, formées de onze articles ; la tête est petite, arrondie, bleue, ayant le front profondément imprimé ; les yeux sont grands, saillants : le corselet est court, transverse, arrondi sur les côtés et en arrière, bleu, très finement ponctué ; l'écusson est triangulaire, d'un noir-bleu ; les élytres sont plus larges que le corselet à la base, six fois aussi longues, ayant les côtés parallèles, arrondies en arrière, d'un bleu-violet brillant, finement ponctuées ; le dessous est d'un noir-bleu ; les cuisses sont bleues, les tibias et les tarses noirs ; ces derniers ont quatre articles.

Si l'on tient à diminuer le nombre de ces insectes on peut se servir de la poche en toile adaptée à un cerceau, dont on a parlé à l'article de la Chrysomèle du Peuplier, et l'employer comme on l'a indiqué pour récolter ce Coléoptère.

Les larves de la Galéruque de l'Aulne qui vivent en plein air sur les feuilles de cet arbre sont facilement trouvées par les insectes parasites, qui pondent leurs œufs sur leur peau ou qui la percent avec leur tarière pour les introduire dans leur corps. Les larves sorties de ces œufs vivent de la substance grasse que renferme la larve nourrice laquelle est continuellement fournie par la digestion. Cette dernière croît comme si elle était parfaitement saine, entre dans la terre pour y subir ses métamorphoses ; mais elle périt avant d'arriver à la dernière, et l'on voit un parasite sortir de terre, au lieu d'un Coléoptère qu'on attendait.

L'un de ces parasites est un Ichneumonien du genre MESOCHORUS, qui se montre vers le 5 septembre.

MESOCHORUS THORACICUS, Grav. — *Mâle.* Longueur, 5 1/2 millimètres. Il est noir. Les antennes sont noires, filiformes, de la longueur du corps, brunes en dessous, à partir du troisième article ; la tête est noire en dessus, avec la face brune, le chaperon et les mandibules d'un fauve-brun, les yeux noirs et leur orbite interne blanc ; le thorax est rouge ferrugineux, excepté le dessus du métathorax qui est noir et ses côtés qui sont brun-rougeâtre ; l'abdomen est d'un noir-luisant, deux fois aussi long que le thorax, allant en augmentant d'épaisseur depuis le pédicule jusqu'à l'extrémité terminée par deux appendices filiformes ; les hanches et les pattes sont fauves ; les ailes sont amples, hyalines, de la longueur de l'abdomen, à nervures et stigma un peu jaunâtres; l'aréole est grande, quadrilatère.

La tarière de la femelle est de la longueur du quart de l'abdomen.

Un autre parasite de la larve de la Galéruque de l'Aulne est une mouche qui dépose ses œufs au nombre de deux à cinq sur la peau de cette larve, à laquelle ils sont solidement collés. Les petits vers qui en sortent s'introduisent dans son corps, où ils prennent tout leur développement. Ils se changent ensuite en pupes dans la terre où la larve s'est cachée, et les mouches se montrent vers le 2 septembre.

Cette mouche fait partie de la famille des Athéricères, de la tribu des Tachinaires et du genre MASICERA. Son nom est MASICERA PROXIMA.

MASICERA PROXIMA, Egger. — Longueur, 5 millimètres. Elle est
d'un cendré-flavescent. Les antennes sont noires, descendant près de
l'épistome ; le troisième article est triple du deuxième, surmonté
d'un style nu, ayant ses deux premiers articles courts, le troisième
épais jusqu'au milieu, s'effilant ensuite ; les cils frontaux descendent jusqu'à la base du troisième article antennaire ; le front
est saillant et gris ; la face est oblique et blanche, garnie de soie
à la partie inférieure ; les palpes sont noirs ; les yeux écartés et
nus ; la bande frontale est d'un noir-brun ; le thorax est d'un
cendré-flavescent rayé de noir ; l'écusson est de la même couleur ;
L'abdomen est ové-conique, de la longueur de la tête et du thorax, d'un cendré-jaunâtre, avec deux soies dorsales au milieu des
deuxième et troisième segments, deux soies au bord postérieur
des premier et deuxième, et une rangée complète au bord postérieur du troisième ; les pattes sont noires, ciliées ; les ailes sont
transparentes, légèrement grises, avec la base plus obscure et les
nervures noires ; la première cellule postérieure est fermée près
de l'extrémité, sa nervure transverse est presque droite ; la deuxième transversale est sinuée et tombe aux deux tiers de la longueur de la première cellule postérieure.

---

61. — La Galéruque du Saule-Marsault.

(GALERUCA CAPREÆ, Fab.)

Le petit Coléoptère qui porte le nom de Galéruque du Saule-
Marsault dévaste non seulement les feuilles de cet arbre, mais
encore celles du bouleau, du tremble, etc., qu'il dépouille de
leur parenchyme et réduit en dentelle. On pourrait se dispenser
de lui consacrer un article spécial, car son histoire est la même que
celle de la Galéruque de l'Aulne. Cette espèce se montre, comme
cette dernière, dans les mois de mai et de juin, et la femelle
pond sur les feuilles du saule-marsault ou sur celles du bouleau

en les distribuant par groupes. Les petites larves qui en sortent
broutent la surface supérieure et enlèvent, pour se nourrir, la partie verte comprise entre les mailles du réseau formé par les nervures, ce qui réduit ces feuilles à une sorte de dentelle entièrement sèche. Elles mangent et croissent pendant une partie de
l'été et lorsqu'elles sont parvenues à toute leur taille, elles descendent de l'arbre sur lequel elles ont vécu et entrent dans la
terre pour se changer en chrysalides, puis ensuite en insectes parfaits qui se montrent en septembre.

La larve parvenue à toute sa croissance a 9 millimètres de longueur; elle est sub-cylindrique et paraît entièrement noire, ayant
le corps grisâtre chargé de tubercules noirs, comme la larve de la
Galéruque de l'Aulne; elle est pourvue de six pattes pectorales et
d'un mamelon anal.

L'insecte parfait est de la même famille, de la même tribu et
du même genre que le précédent. Son nom entomologique est
GALERUCA CAPREÆ, Fab., et son nom vulgaire GALÉRUQUE DU SAULE-
MARSAULT, GALÉRUQUE DU BOULEAU.

61. GALERUCA CAPREÆ, Fab. — Longueur, 5 millimètres. Les
antennes sont filiformes, un peu plus longues que la moitié du
corps, composées de onze articles ; le premier est noir à la base,
testacé à l'extrémité ; les deuxième, troisième et quatrième sont
testacés avec l'extrémité noirâtre, les autres noirâtres ; la tête est
petite, noire, ayant le front sillonné longitudinalement et transversalement, et les mandibules brunes ; le corselet est court, transversal, d'un gris-jaunâtre, ponctué, marqué de trois taches noires
dont les deux latérales enfoncées ; l'écusson est petit, noir ; les
élytres sont beaucoup plus larges que le corselet à la base, quatre
fois au moins aussi longues, à côtés parallèles, arrondies au bout,
d'un gris-jaunâtre, ponctuées ; le dessous et les cuisses sont noirs ;
les tibias et les tarses jaunâtres.

62. — La Galéruque de l'Orme.

(Galeruca Calmariensis, Geof.)

Les ormes sont quelquefois, surtout au commencement de l'automne, tout couverts de Galéruques qui vivent particulièrement sur ces arbres, et dont elles ont emprunté le nom. Les feuilles sont criblées de leurs morsures. Aux premiers froids qui se font sentir l'insecte cherche à les éviter; il se réfugie et pénètre dans les maisons auprès desquelles il se trouve. On peut voir quelquefois les croisées qui regardent le midi couvertes de ces Galéruques. Au printemps, la femelle pond ses œufs sur les feuilles de l'orme ; ils sont blancs, oblongs, rangés par bandes serrées et forment des groupes. Je n'ai pas eu l'occasion de voir la larve de cette espèce qui, je crois, n'a pas été décrite. Elle doit ressembler, par la forme et par les tubercules qui couvrent son corps, à celle des Galéruques de l'aulne et du saule-marsault et doit se montrer à la même époque de l'année, puisque les insectes parfaits de ces espèces se voient en même temps. Les larves doivent se trouver en nombre plus ou moins considérable sur les feuilles de l'orme et les réduire au réseau de leurs nervures en broutant tout le parenchyme interposé et leur faire beaucoup de tort, au moins autant que leur en font les insectes parfaits. Après avoir pris toute leur croissance, elles descendent de dessus l'arbre qui les a nourries et entrent dans la terre pour subir leur transformation en chrysalides, puis ensuite en insectes parfaits qui montent sur les ormes et achèvent d'en ronger les feuilles, ou qui augmentent les dégâts produits par les larves.

Cette espèce est de la même famille, de la même tribu et du même genre que les précédentes. Son nom entomologique est GALERUCA CALMARIENSIS et son nom vulgaire GALÉRUQUE DE L'ORME.

61. GALERUCA CALMARIENSIS, Geof. — Longueur, 6 millimètres.

Les antennes sont filiformes, noirâtres en dessus, de la moitié de la longueur du corps et jaunâtres en dessous ; la tête est jaunâtre, marquée d'une tache noire en dessus à la partie postérieure. Le corselet est d'un jaune-obscur, transverse, court, et présente une tache noire longitudinale au milieu et une autre de chaque côté ; ces taches paraissent enfoncées ; l'écusson est petit, de la couleur du corselet ; les élytres sont plus larges que le corselet à la base, quatre à cinq fois aussi longues, à côtés parallèles, arrondies en arrière, d'un gris-jaunâtre, avec une bande noire près du bord extérieur et quelquefois une petite ligne courte, noire, à la base, entre cette bande et la suture ; les pattes sont d'un jaune-obscur ; le dessous du métathorax est noir, ainsi que la base des segments de l'abdomen dont le bord est jaunâtre.

—

63. — Le Taupe-Grillon.

(Gryllo-Talpa vulgaris, Lat.)

La COURTILLIÈRE ou TAUPE-GRILLON fait souvent autant de dégâts dans les couches de semis de pins et de sapins-rouges que les vers blancs ou larves de hannetons. Non-seulement une grande quantité de racines sont coupées et dévorées par elle, mais les canaux dont cet animal mine le terrain dans toutes les directions soulèvent au-dessus du sol les graines qui ont germé, et leur exposition à l'air les dessèche et les fait périr. Elle n'est pas moins nuisible aux semis de toutes les espèces d'arbres à feuilles plates et de toutes les espèces de plantes. Elle se plaît dans les terrains sablonneux et légers qu'elle fouille facilement et qu'elle parcourt avec peu de fatigue. Ses galeries de mine sont situées à 27 millimètres environ de profondeur, et avec de l'attention on peut les distinguer à la surface du sol, qui est un peu relevée sur leur direction, et par les herbes et les plantes qui jaunissent sur leur trajet.

C'est dans le cours du mois de juin ou le commencement de celui de juillet qu'on peut faire ces remarques, qui sont plus apparentes quand il a plu. On peut alors introduire le doigt dans la galerie, la suivre et s'emparer de l'animal qui s'y trouve. Si l'on rencontre un lieu où la galerie forme un cercle de 16 à 32 centimètres de diamètre et s'enfonce un peu plus profondément que de coutume, on doit s'attendre à trouver le nid. On s'apercevera que la terre du milieu de ce cercle est plus ferme qu'ailleurs, ce qui fait présumer que l'insecte expectore une salive abondante qui lie et aglutine la terre qui en est imprégnée. Si on brise cette croûte, on arrive à une cavité qui est le nid, où se trouvent cent cinquante à trois cents œufs d'un blanc-jaunâtre et de la grosseur d'un grain de chènevis. Le nid est une motte de terre au centre de laquelle se trouve une cellule de 5 centimètres de longueur sur 2 1/2 centimètres de largeur, laquelle contient les œufs.

Les jeunes larves éclosent au bout de huit à quinze jours et se séparent bientôt les unes des autres, puis elles passent l'hiver sous le sol dans des mottes fermes et arrondies de terre, d'herbes ou de fumier.

Il est à remarquer que la femelle, après avoir pondu ses œufs, revient souvent à son nid et qu'elle le visite encore plusieurs fois, quoiqu'il ait été dévasté. D'ordinaire elle se tient en embuscade à 27 millimètres environ de son nid dans un trou de 4 centimètres de profondeur.

A leur naissance, les jeunes larves ressemblent à leurs parents, mais elles sont privées d'ailes ; elles sont blanches et ont quelque analogie de forme avec les fourmis avec lesquelles on est porté à les confondre ; elles grandissent et lorsqu'elles ont atteint 35 à 40 millimètres de longueur les rudiments des ailes se montrent ; elles sont alors passées à l'état de nymphes, et conservent leur agilité ; elles mangent et croissent comme auparavant jusqu'à ce qu'elles aient subi leur cinquième mue, à la suite de laquelle elles deviennent insectes parfaits et adultes, ce qui arrive à la fin du printemps. Ces insectes vivent pendant l'été, s'accouplent et pondent leurs œufs dans des nids construits, comme on l'a dit plus haut. Pendant la saison de l'amour, le mâle fait entendre le soir une stridulation assez forte et aiguë pour appeler la femelle. C'est en frottant ses élytres l'une sur l'autre qu'il produit ce bruit.

La Courtillière fait partie de l'ordre des Orthoptères, de la famille des Sauteurs, de la tribu des Grillons et du genre GRYLLO-TALPA. Son nom entomologique est GRYLLO-TALPA VULGARIS et son nom vulgaire COURTILLIÈRE, TAUPE-GRILLON.

63. GRYLLO-TALPA VULGARIS, Lat. — Longueur, 45 millimètres, sans compter la queue qui en a au moins 25 ; il est soyeux, de couleur brune, mais plus ocreux en dessous qu'en dessus ; la tête est conique et peut rentrer sous le corselet ; elle porte deux yeux proéminents entre lesquels sont deux petits yeux lisses ; les antennes sont deux fois aussi longues que la tête, droites, composées d'un très grand nombre d'articles ; les mandibules sont fortes, cornées, allongées, courbées et aiguës, armées de deux ou trois dents au côté interne ; les palpes sont longs et portés en avant ; le thorax est deux fois aussi large que la tête, convexe, ovale, à bord antérieur concave ; les élytres sont courtes, d'un blanc-jaunâtre extérieurement et brunes intérieurement, se recouvrant l'une l'autre dans le repos, avec beaucoup de nervures obliques et transverses ; les deux ailes sont pliées en long, étendues sur le dos, dépassant l'abdomen ; celui-ci est deux fois aussi long que le thorax, très épais, mou, cylindrique, composé de trois segments ; de chaque côté de son extrémité sortent deux filaments velus, comme une queue de rat, aussi longs que les antennes, mais plus épais ; les six pattes sont très robustes, particulièrement les premières, qui sont comprimées et dilatées et les dernières faites pour sauter ; les cuisses antérieures sont courtes et larges avec une dent aiguë, semi-ovale à la base interne ; les postérieures, épaisses et longues ; les tibias des premières sont trigones, palmés, ayant l'extrémité découpée en quatre dents très fortes et tranchantes ; les tarses sont articulés ; les antérieurs comprimés et

trigones, attachés au côté extérieur des tibias ; le premier article
est large, formant, avec le deuxième, deux dents cornées, aiguës ;
le troisième petit, ovale, terminé par deux angles inégaux et droits.

C'est à l'aide de ses pattes antérieures palmées que la Courtillière fouit la terre, creuse ses galeries et coupe les racines des
plantes.

Ces insectes pernicieux sont très voraces ; ils se mangent les
uns et les autres, lorsqu'ils peuvent s'attraper ; la mère dévore un
grand nombre de ses petits, et on pense que sur cent il n'en
reste pas plus de huit. On dit que le fumier de cheval les attire et
que celui de cochon les éloigne. Des gazons frais arrosés les attirent sous eux pendant la nuit et forment un piége qu'on peut leur
tendre. On en prend un grand nombre en enfonçant des pots à fleur
dans la terre à cinq centimètres au dessous de la surface ; les insectes y tombent en courant et ne peuvent en sortir. On ne doit
pas négliger de détruire leurs nids et de prendre l'insecte dans sa
galerie lorsque l'occasion s'en présente. Les corbeaux, les pie-
grièches et d'autres oiseaux carnassiers en dévorent un grand
nombre, et lorsque la pie-grièche en prend plus qu'elle n'en peut
manger dans le moment, elle embroche sa proie dans une épine
d'un buisson pour la conserver et la reprendre une autre fois.

---

64 à 71. — LES PUCERONS.

(APHIS.)

Tout le monde connait les Pucerons qui se trouvent en troupes
nombreuses sur les feuilles et sur les jeunes pousses des arbres
et des plantes, dont ils pompent, avec leur petit bec, la sève pour
se nourrir ; chacun a pu voir qu'il y en a parmi eux qui ont des
ailes, et d'autres qui n'en ont pas. Quelques-uns de ces derniers
présentent sur les côtés du corselet des reliefs indiquant des ailes
qui se développeront plus tard ; ce sont des nymphes. Les autres

ont le corselet uni et parmi eux on en voit de toutes les tailles, depuis le petit qui sort du ventre de sa mère jusqu'aux plus grands. Les mâles possèdent toujours des ailes et sont assez rares. Les femelles sont aptères ou ailées et accouchent plusieurs fois par jour. Les petits qu'elles mettent bas sortent de leur corps le derrière le premier et sont tous des femelles qui croissent rapide‑ment et produisent des petits sans le concours du mâle, ce qui se reproduit tant que dure l'été, pendant sept ou huit générations et même plus. Les mâles paraissent au printemps pour féconder les femelles, écloses comme eux, d'œufs pondus en automne.

Les Pucerons ne causent pas, en général, un notable dommage aux grands arbres, et la sève qu'ils absorbent pour vivre ne parait pas leur nuire. Il y a cependant des espèces qui produisent de notables altérations sur les feuilles, qui les déforment et les désorganisent, et qui les mettent hors d'état d'exécuter leurs fonctions respiratoires, et ceux-là, s'ils sont nombreux, sont fort préjudiciables à ces végétaux.

Tous les Pucerons font partie de l'ordre des Hémiptères, de la section des Homoptères, de la famille des Aphidiens et du genre APHIS qui a été divisé en plusieurs autres et est devenu une tribu dans la famille.

---

64 à 66. — Les Pucerons de l'Orme.

(SCHIZONEURA PROPINQUA, G.; — ULMI, Ratz.; — LANUGINOSA, Ratz.)

On rencontre très fréquemment des Ormes dont les feuilles sont déformées et altérées par des pucerons: Ce sont ordinairement ceux qui végètent avec peu de vigueur, qui croissent dans un mauvais terrain ou qui ont quelque maladie, ou dont la végétation est contrariée par les intempéries, dont les feuilles sont le plus attaquées. Les branches basses sont plus exposées que les supérieures, les rejets du pied plus que les branches inférieures et les buissons le sont autant que les rejets.

Au commencement du mois de juin on peut voir des feuilles d'ormes roulées d'une manière particulière et en même temps décolorées. Une seule moitié est roulée en tuyau dans le sens de la longueur, la surface inférieure étant en dedans; la surface supérieure, qui forme l'extérieur du rouleau, est gaufrée en spirale ressemblant à une vis. Toute cette moitié roulée est épaissie et d'un blanc sale ou un peu verdâtre. Si on ouvre le rouleau on voit que l'intérieur est occupé par une famille de pucerons composée de quelques pucerons ailés, de pucerons aptères noirs arrivés à toute leur croissance et de petits pucerons verts; les gros sont couverts d'un duvet cotonneux blanc qui commence à se montrer sur les petits; ces derniers ont presque tous une gouttelette d'un liquide blanc, limpide, attaché à leur derrière; on voit des globules plus ou moins gros de ce même liquide qui roulent dans le nid à travers le court duvet cotonneux qui l'encombre; ces globules sont formés des gouttelettes rendues par les pucerons et sont le résultat de leur digestion. Chaque insecte, en piquant la feuille et suçant la sève, oblige cette feuille à se courber, à s'élever en bosse en dessus, à se creuser en dessous et à se décolorer; c'est par cette action incessante qu'elle se roule en tuyau et qu'elle se gaufre à l'extérieur.

Le Puceron qui produit cette déformation n'a pas été signalé, à ma connaissance, par les entomologistes français qui l'ont probablement confondu avec l'APHIS LANUGINOSA, auquel il ressemble presque complètement, mais dont il diffère par la déformation qu'il produit sur les feuilles; je lui donnerai le nom de PROPINQUA et son nom entomologique sera APHIS (SCHIZONEURA) PROPINQUA et son nom vulgaire PUCERON DES FEUILLES ROULÉES ET GAUFRÉES DE L'ORME(1).

64. APHIS (SCHIZONEURA) PROPINQUA, G.— *Ailé.* Longueur, 2 millimètres; avec les ailes, 4 millimètres. Les antennes sont noires, filiformes, composées de six articles; les deux premiers courts,

(1) De Géer en a parlé sous le nom de Puceron de l'Orme.

plus gros que les autres; le troisième très long, annelé, ses nombreux anneaux bien séparés; les trois derniers plus grêles, égaux, étant ensemble un peu plus longs que le troisième; la tête et le corselet sont noirs, luisants; ce dernier ayant ses lobes dorsaux bien marqués; l'abdomen est d'un brun presque noirâtre, de la largeur du corselet, plus long que la tête et ce dernier réunis, sans cornicules ni appendice caudal; les pattes sont noires, avec la base des cuisses verdâtre; les ailes sont hyalines, dépassant beaucoup l'abdomen, ayant le stigma et les nervures bruns ; les supérieures sont pourvues d'une cellule radiale fermée et lancéolée, d'une nervure cubitale émettant un rameau, et de deux autres nervures parallèles à la cubitale.

Aptère. Longueur, 2 millimètres. Il est d'un brun-verdâtre, presque noir ; les gaines des ailes de la nymphe sont d'un blanc-jaunâtre ; le jeune est entièrement vert.

On voit sur les feuilles d'orme, à la même époque, c'est-à-dire dans le mois de juin, des espèces d'excroissances en forme de petite poire qui s'élèvent sur la surface supérieure, et qui sont portées sur un pédoncule épais. Le gros bout situé en haut est quelquefois tourné en crosse. Cette excroissance est creuse; c'est une sorte de vessie dont la surface extérieure est lisse, verte, mais d'un vert plus pâle que la feuille ; on en rencontre qui sont nuancées de rougeâtre et de jaunâtre. Il y a souvent sept ou huit de ces vessies sur une feuille, et les points où elles sont comme implantées ainsi que les environs sont épaissis, décolorés et sont d'un blanc-jaunâtre. Elles paraissent entièrement fermées dans leur jeunesse, mais à la fin de juin il s'y fait un trou sur le côté par lequel s'échappent les habitants de cette prison. Si on ouvre une de ces excroissances on voit dans son intérieur une famille de pucerons, les uns ailés, les autres aptères, avec des petits flocons de coton blanc dans lesquels se remuent les jeunes pucerons. Ceux qui sont parvenus à peu près à leur taille sont simplement poudrés de cette matière cotonneuse qui est sécrétée par la peau,

et qui se tire en filaments lorsque la sécrétion est abondante. Le
coton blanc du puceron des feuilles gaufrées est de même sécrété
par la peau.

Ces vessies, ces espèces de galles qui paraissent n'avoir aucune
ouverture, sont formées chacune par une seule femelle qui parvient à se renfermer dans cette prison. Elle se place sur la surface
inférieure de la feuille et enfonce son petit bec dans l'épiderme
pour sucer la sève qui afflue autour de la blessure. Il se produit
une protubérance au point correspondant de la surface supérieure
et un petit enfoncement sous le Puceron. La protubérance augmente chaque jour par l'action d'un sucement continu et finit par
devenir une vessie plus ou moins volumineuse. Les bords de
l'excavation dans laquelle se trouve le Puceron se rapprochent
de plus en plus à mesure que la galle s'élève, et finissent par se
rejoindre, ne laissant aucune ouverture apparente. La femelle,
enfermée dans sa maison, met bas des petits qui travaillent à
l'agrandir; elle devient d'autant plus volumineuse que la famille
est plus considérable. Plus tard, la vessie s'ouvre d'elle-même sur
un point affaibli et les pucerons peuvent s'échapper par cette
porte.

L'espèce qui produit les galles sur les feuilles porte le nom
entomologique de Schizoneura Ulmi, et le nom vulgaire de Puceron de l'Orme.

65. Aphis Schizoneura Ulmi, Ratz. — *Ailé.* Longueur, 2 milli-
mètres; avec les ailes, 3 1|2 millimètres. Il ressemble presque
entièrement au Puceron lanugineux. Les antennes sont noires, filiformes, composées de six articles dont le troisième est très long
et lisse; les trois derniers pris ensemble sont aussi longs que le
troisième; le dernier, terminé en pointe, porte un talon; la tête
et le corselet sont noirs; l'abdomen est noir, sans cornicules ni
appendice caudal; les pattes sont noirâtres, avec la base des
cuisses d'un vert-pâle; les ailes sont hyalines à stigma brun et
nervures brunâtres; les supérieures sont pourvues d'une cellule

radiale fermée à l'extrémité de l'aile et lancéolée; la nervure cubitale est simple ; les deuxième et troisième nervures partent du même point de la sous-costale; la deuxième émet un rameau ou est simple.

Aptère. Longueur, 1 et 1[2 millimètre. Il est d'un vert-bronzé-noirâtre, avec des petites touffes de coton blanc sur le corps; les antennes sont plus courtes que chez les individus ailés ; le corps est oblong ; la nymphe a le corselet et les fourreaux des ailes blanchâtres.

Une troisième espèce de Puceron de l'Orme est encore plus remarquable que les deux espèces précédentes par les excroissances qu'elle produit sur les rameaux de cet arbre. Ces excroissances sont des espèces de vessies de la grosseur d'une petite pomme et même de celle d'une pomme de moyenne taille ; elles sont placées à l'extrémité d'une jeune pousse ou sur l'emplacement d'un bouton d'où devaient sortir des feuilles; leur surface n'est pas unie, on y voit des enfoncements profonds dans différentes directions formant des espèces de lobes irréguliers ; c'est pourquoi on peut les appeler des vessies lobées ; leur couleur est un vert-blanchâtre dans leur jeunesse; elles se colorent ensuite en rouge et en jaune, couleurs qui se fondent ensemble ; leur surface est velue, c'est-à-dire couverte de petits poils ; elles sont ordinairement solitaires; quelquefois on en voit deux ou trois partant du même point; elles sont molles et si on les ouvre on aperçoit dans leur intérieur une nombreuse famille de petits Pucerons poudrés d'une matière blanche et se remuant dans une sorte de duvet cotonneux blanc très court ; on y remarque en outre une goutte ou une larme plus ou moins grosse d'un liquide visqueux, limpide et blanc, qui roule au milieu du nid de ces Pucerons ; cette grosse larme est formée de la réunion de petites gouttelettes qu'ils rendent par le derrière.

Ces vessies, qui paraissent à la fin du mois de juin, sont quelquefois très nombreuses sur les branches des ormes ; elles sont

exactement fermées pendant leur jeunesse, mais lorsque les Pucerons sont devenus grands et que quelques-uns ont acquis des
ailes, elles se fendent sur le côté pour leur livrer passage et leur
permettre de sortir.

Cette excroissance monstrueuse est commencée par une mère
puceronne qui, en piquant une feuille naissante, l'oblige à se courber, à devenir concave, puis enfin à prendre la forme d'une petite
vessie ; les petits qu'elle met bas, piquant à leur tour la feuille
pour se nourrir, joignent leur action à celle de leur mère et augmentent la grandeur du logement commun qui devient d'autant
plus spacieux que la famille est plus nombreuse.

Le nom entomologique de cette espèce est Schizoneura lanuginosa et son nom vulgaire Puceron des vessies lobées de l'Orme.

66. Aphis (Schizoneura) lanuginosa, Lin. — *Ailé.* Longueur,
2 millimètres. Il est entièrement noir. Les antennes sont filiformes, composées de six articles, les deux premiers gros et courts,
le troisième très long, formé d'anneaux pressés les uns contre les
autres, mais bien séparés, et plus long que les trois derniers
réunis ; le quatrième est plus long que chacun des deux suivants;
la tête est petite et noire ; le corselet est plus gros que cette
dernière, presque globuleux ; l'abdomen est oblong, de la largeur
du thorax, plus long que ce dernier et la tête réunis, noir, sans
cornicules ni appendice anal ; les ailes sont hyalines, dépassant
l'abdomen de la longueur du corps ; les supérieures ont la nervure
sous-costale noire et le stigma gris ; la cellule radiale est fermée
à l'extrémité et la nervure cubitale est fourchue ; les pattes sont
noires.

Aptère. Il est noir, semblable au précédent, sauf que le corselet
n'est pas lobé.

On rencontre des individus ailés dont la nervure cubitale, selon
M. Ratzburg, est deux fois fourchue.

On voit par cette description que l'Aphis lanuginosa est presque
entièrement semblable à l'Aphis propinqua. Il faut beaucoup d'at-

tention pour les distinguer l'un de l'autre, car la seule différence
qu'on y remarque, c'est que le quatrième article des antennes du
LANUGINOSA est plus long que chacun des suivants, tandis qu'il est
égal à chacun d'eux dans le PROPINQUA. Mais ce qui ne permet pas
de les confondre ce sont les formes si différentes des excroissances
qu'ils produisent sur les ormes. On remarque que les vessies
lobées ne se montrent qu'un peu de temps après la sortie des
Pucerons des feuilles roulées et gaufrées.

M. Ratzburg parle d'une autre espèce de Puceron de l'Orme
auquel il donne le nom de TETRANEURA ALBA. Il produit à la base
des feuilles une galle de la grosseur d'une noisette, à parois
épaisses et velues. La larve et la nymphe ne sont pas d'une couleur aussi foncée que chez les espèces précédentes, mais d'un
blanc-jaunâtre. Je n'ai pas rencontré ce Puceron à Santigny et je
ne puis entrer dans aucun détail à son sujet. Le Puceron ailé,
suivant le même auteur, est semblable au SCHIZONEURA ULMI. Cependant, faisant partie du genre TETRANEURA, il a les antennes
de six articles, point de nervure fourchue aux ailes antérieures,
et deux nervures aux ailes postérieures.

—

67. — Le Puceron du Hêtre.

(LACHNUS FAGI, Ratz.)

On rencontre quelquefois des feuilles de Hêtre dont le revers
est couvert de flocons de coton très blanc et allongé ; ces flocons
sont si abondants sur certaines feuilles que la surface entière en
est couverte ; sur d'autres on ne voit que de petits flocons isolés.
Cette toison à longue soie remue par moment, et souvent on
remarque une de ces petites toisons qui se détache de la masse,
traverse l'air, comme si le vent l'emportait et vient se poser sur
une feuille voisine du même arbre ou d'un autre arbre de même
espèce. Ces feuilles ne sont généralement pas déformées ; on en

trouve cependant de courbées. Si l'on détourne ou si l'on enlève
ces filaments cotonneux, on observe qu'ils recouvrent le corps
d'un Puceron, qu'ils sont sécrétés par sa peau, qu'ils lui forment
un vêtement, une longue fourrure dont les poils sont couchés de
l'avant à l'arrière, dépassant beaucoup le corps et se divisant en
deux queues terminées en pointe ; ce qu'on a aperçu traversant
l'air, c'est un Puceron qui quitte une feuille pour se porter sur une
autre, laissant flotter sa longue toison terminée par deux queues
ondulées de diverses formes. Tous les Pucerons n'ont pas cette
longue chevelure cotonneuse; il y en a qui l'ont beaucoup plus
courte et même qui en sont momentanément privés ; ce qui arrive
au moment où ils viennent de changer de peau et où elle n'a pas
eu le temps de se former et de croître. Les hêtres dont la végétation est faible, les rejets au pied des arbres sont plus exposés
aux atteintes de ces insectes que les sujets vigoureux. Ce Puceron
se montre dans la première quinzaine de juin.

Les antennes de ce Puceron sont formées de six articles dont le
dernier est petit et porte ordinairement un talon ; les ailes antérieures ont la nervure cubitale deux fois fourchue ou émettant
deux rameaux ; ces caractères le placent dans le genre LACHNUS ;
son nom entomologique est LACHNUS FAGI, et son nom vulgaire
PUCERON COTONNEUX DU HÊTRE.

67. APHIS (LACHNUS) FAGI, Ratz. — *Ailé.* Longueur, 2 millimètres
(avec les ailes 3 1/2 millimètres) Les antennes sont filiformes,
grêles, un peu plus longues que le corps, ayant les deux premiers
articles et la base du troisième d'un vert-pâle ; les autres noirâtres ; les yeux sont noirs ; la tête est verte ainsi que le corselet ;
celui-ci est marqué sur le dos d'une tache noire entre les ailes ;
l'abdomen est vert-pâle, de la longueur de la tête et du thorax,
sans cornicules, ni appendice caudal ; les pattes sont grêles, noirâtres, avec la base des cuisses d'un vert-pâle ; les ailes sont
hyalines, blanches, fines, à stigma légèrement brun et nervures
fines et pâles ; les supérieures sont pourvues d'une cellule radiale

fermée à l'extrémité de l'aile ; d'une nervure cubitale émettant deux rameaux, et de deux autres nervures parallèles à la cubitale ; elles dépassent l'abdomen de la longueur de l'insecte.

Aptère. Longueur, 1 et 1[2 millimètre. Entièrement d'un vert-pâle un peu jaunâtre ; les yeux sont noirs ; les antennes sont un peu plus courtes que chez l'individu ailé ; forme oblongue, arrondie aux deux extrémités ; point de cornicules.

—

68 à 69. — Les Pucerons du Peuplier.

(PEMPHIGUS BURSARIUS, Lin. ; — APHIS POPULI, Lin.)

On peut voir à la fin de juin et pendant les mois de juillet et d'août, sur les différentes espèces de Peupliers, des excroissances, des espèces de galles, qui méritent de fixer l'attention. Cette galle est attachée aux jeunes pousses. Elle est arrondie, subsphérique ou ovoïde, de la grosseur d'une noisette et même d'une noix. Elle est fixée à la branche sur l'emplacement d'un bouton d'où devait sortir une feuille ou un bourgeon. Sa couleur est verte, un peu pâle, quelquefois avec une nuance rouge d'un côté et des taches blanches irrégulières ou des bandes blanches qui diversifient la surface. Ce qu'elle présente de remarquable c'est une fente transversale à son sommet, dont les bords sont assez épais et représentent grossièrement deux lèvres ou l'ouverture d'une bourse à fermoir. Cette galle est creuse et ses parois sont épaisses. Elle renferme dans sa cavité une famille de Pucerons dont le nombre d'individus est proportionné à la capacité de l'habitation, et ces petits animaux se remuent sous une masse de duvet cotonneux, court et très blanc, qui remplit leur logement. On y voit encore une larme d'un liquide limpide, visqueux et légèrement sucré, plus ou moins grosse, qui roule dans ce logement. Au 20 juin on n'y voit pas encore de Pucerons ailés, mais on y trouve une mère subglobuleuse, fort grosse, ayant 3 millimètres de longueur sur

2 1|2 de largeur, poudrée de coton blanc, ayant la tête très petite, les antennes courtes, de quatre articles apparents ; son corps est formé de neuf segments au moins, et probablement d'un plus grand nombre, car ils sont difficiles à compter. Sa couleur est verte, mais les tibias, les tarses et le bout du bec sont d'un vert-noirâtre. Elle n'a ni cornicules ni appendice caudal à l'abdomen.

Autour d'elle se trouvent des petits Pucerons d'un vert-pâle, presque blanc, d'une forme oblongue un peu allongée, ayant les antennes formées de six articles dont le dernier porte un talon.

Dès le 22 juin cette galle contient quelques Pucerons ailés, mais pendant le mois de juillet et celui d'août elle en est remplie, et ces insectes peuvent sortir de leur prison par la bouche entr'ouverte à l'extrémité de la galle. Leurs antennes sont composées de six articles ; l'aile antérieure n'a pas de nervure fourchue et l'aile inférieure est pourvue de trois nervures. Ces caractères placent ce Puceron dans le genre PEMPHIGUS. Son nom entomologique est PEMPHIGUS BURSARIUS, et son nom vulgaire PUCERON DU PEUPLIER, PUCERON BURSAIRE.

68. PEMPHIGUS BURSARIUS, Lin. — *Ailé*. Longueur, 2 millimètres, avec les ailes 3 millimètres. Il est noir, poudré de matière blanche cotonneuse : les antennes sont noires, filiformes, de la longueur de la tête et du corselet, formées de six articles dont le troisième est moins long que les trois derniers réunis : ceux-ci sont à peu près de même longueur entr'eux, et le dernier présente un petit talon ; la tête et le corselet sont noirs, celui-ci est lobé en-dessus ; l'abdomen est noir, de la longueur de la tête et du corselet, arrondi au bout, sans cornicules ni appendice anal ; les pattes sont noires et grêles ; les ailes sont hyalines ; la nervure sous-costale est noire, épaisse surtout à l'extrémité ; la cellule radiale est fermée au bout de l'aile ; la nervure cubitale n'atteint pas la sous-costale ; les deux autres nervures soit divergentes et partent de deux points voisins de la sous-costale.

En même temps que l'on trouve sur les peupliers les excrois-

sances ou galles subsphériques des branches on y remarque aussi
des feuilles dont le pétiole est considérablement renflé en un point
où il est tourné en spirale ou en ressort à boudin, faisant ordinairement trois tours. Les anneaux du ressort sont épais et pressés l'un contre l'autre, mais ne sont pas soudés ensemble ; on
peut les séparer en tirant en sens contraire les deux parties du
pétiole qui ont conservé leur grosseur naturelle ; alors on voit
entr'eux un vide, une cavité remplie de duvet blanc cotonneux,
et dans ce duvet de très petits Pucerons aptères de couleur verte
très-pâle qui sont couverts de ce duvet comme d'une toison. Ils
ont 1 millimètre environ de longueur et sont oblongs. On en remarque un plus gros que les autres, sub-globuleux, qui est la mère
fondatrice de l'habitation ; on voit encore des gouttelettes, des
petits globules d'un liquide blanc et visqueux qui sont le produit de la digestion de ces petits animaux. Ces petits Pucerons ont
leur antennes formées de cinq articles apparents, dont le troisième
est plus long que chacun des suivants : le dernier porte un talon ;
leurs yeux sont noirs ; le bec et les pattes sont de la couleur du
corps ; l'abdomen de la mère est ovoïde, terminé en pointe obtuse,
sans cornicules ni appendice caudal.

Pendant les mois de juin et de juillet on ne trouve pas de Pucerons ailés dans les galles des pétioles ; ce n'est que vers le 10
août qu'on commence à en voir quelques-uns ; on y voit aussi des
nymphes qui ont 2 millimètres de longueur. Elles sont oblongues,
allongées ; les antennes sont pâles, filiformes, composées de six
articles ; la tête et l'abdomen sont verts ; le corselet est testacé,
avec les côtés et les gaines des ailes pâles ; les pattes sont pâles.

Le Puceron ailé paraît entièrement le même que le PEMPHIGUS
BURSARIUS, quoique la galle qu'il produit soit très différente de
celle de ce Puceron et que les individus ailés se montrent à des
époques éloignées dans les deux galles. Ce qui peut rendre cette
identité moins surprenante, c'est que l'on rencontre des feuilles
dont le pétiole porte une galle sub-globuleuse à sa base, semblable
à celle des jeunes pousses, une galle en spirale au milieu et une

troisième galle, au point d'attache de la feuille, semblable à celle
de la base.

On trouve des feuilles de peuplier dont la nervure médiane est
renflée en-dessus sur une certaine longueur, très dilatée, formant
une sorte de galle de la grosseur d'une noisette, plus longue que
large, pointue aux deux extrémités. En dessous, la feuille n'est
pas déformée, mais il existe une fente le long de la nervure correspondante à la galle, laquelle donne accès à une cavité remplie
d'une famille de petits Pucerons couverts de duvet blanc cotonneux. Je n'ai pas rencontré sur les peupliers à Santigny cette
forme d'excroissance qui est produite par le PEMPHIGUS BURSARIUS
selon Linné, Réaumur, Ratzburg, etc.

M. Ratzburg a signalé une autre espèce de Puceron du Peuplier
désigné sous le nom de PEMPHIGUS AFFINIS, qui se tient à l'extrémité des pousses et qui applique les feuilles l'une contre l'autre
par leur face inférieure ; elles prennent une teinte maladive et
claire, et présentent sur la surface supérieure un gonflement vési-
culeux. Je n'ai pas remarqué ce Puceron à Santigny et je ne peux
entrer dans les détails de sa vie ni en donner la description.

Mais j'ai trouvé une autre espèce qui habite en troupes pressées la sommité des jeunes pousses et le revers des feuilles. Il ne
produit pas de déformation sensible et ne paraît nuire qu'en absorbant une notable quantité de sève. On le voit vers le 24 juillet
sur le Peuplier argenté (POPULUS ARGENTEA) dans tous ses états de
développement, c'est-à dire de larve, de nymphe, d'individus ailés
et d'individus aptères adultes. Cette espèce est l'APHIS POPULI,
Lin.

69. APHIS POPULI, Lin. — *Ailé*. Longueur, 1 et 1|2 millimètre ;
avec les ailes, 3 millimètres. Les antennes sont filiformes, un peu
moins longues que le corps, formées de sept articles, dont les trois
premiers sont d'un blanc-verdâtre et les autres noirs ; le dernier
est grêle ; la tête est noire ; le corselet est plus large que cette
dernière et de la même couleur ; l'abdomen est de la longueur de

la tête et du corselet, de la largeur de celui-ci, arrondi au bout, d'un noir-verdâtre en dessus, verdâtre en-dessous, pourvu de deux cornicules courtes placées sur les côtés du dos du sixième ou septième segment ; les pattes sont grêles, pâles, avec les cuisses postérieures noires ; les ailes sont hyalines ; les supérieures ont une cellule radiale fermée, la nervure cubitale deux fois fourchue et le stigma très noir formant tache à la côte.

Aptère. Longueur, 1 et 1|2 millimètre. Il est vert, avec la tête noire, ainsi que le prothorax, une bande irrégulière transverse à la base de l'abdomen et une autre bande transverse près de l'extrémité ; les antennes et les pattes sont comme chez l'individu ailé.

—

70. — Le Puceron du Frêne.

(PEMPHIGUS FRAXINI.)

On a vu à l'article des Pucerons de l'Orme que ces petits animaux sont poudrés d'une matière blanche et que leur nid est rempli d'un duvet cotonneux assez court, et à l'article du Puceron du hêtre que ce petit Homoptère est revêtu d'une longue toison blanche qui flotte au loin derrière lui. Cette matière cotonneuse est sécrétée par la peau, et est d'autant plus abondante que l'insecte prend plus de nourriture. Au moment où il vient de changer de peau son corps est entièrement glabre, mais bientôt le duvet se montre, pousse et enveloppe l'animal de toute part.

Le Puceron du frêne dont il est ici question est l'un de ces petits animaux qui sécrètent le plus abondamment la matière cotonneuse et qui se couvrent de la plus blanche et plus volumineuse toison. On le trouve vers le 22 juin. Il se place en famille nombreuse à l'extrémité d'une jeune pousse du frêne et l'enveloppe de flocons de coton blancs, nombreux et pressés les uns contre les autres, de manière à cacher l'écorce. Ce manchon a 10 à 12 centimètres de longueur, suivant le nombre des Pucerons qui composent la famille. La branche sur laquelle il se tient ne subit aucune déformation.

Les antennes de ce Puceron sont formées de six articles ; son abdomen n'a pas de cornicules ; son aile antérieure n'a pas de nervure fourchue et son aile inférieure est pourvue de trois nervures. Ces caractères le placent dans le genre PEMPHIGUS. Son nom entomologique est PEMPHIGUS FRAXINI et son nom vulgaire PUCERON DU FRÊNE.

70. APHIS (PEMPHIGUS) FRAXINI. — *Ailé*. Longueur, 4 millimètres ; largeur, 2 millimètres. Il est noir, couvert d'un épais coton blanc. Les antennes sont filiformes, grêles, composées de six articles ; la tête et le corselet sont noirs ; l'abdomen est d'un vert-noirâtre, arrondi au bout, sans cornicules, ni appendice, de la longueur de la tête et du corselet ; les pattes sont noires ; les ailes dépassent notablement l'abdomen ; elles sont blanches, fines, ayant la nervure sous-costale noire, épaisse, le stigma d'un gris-verdâtre, les autres nervures pâles ; la cellule radiale est fermée à l'extrémité ; il n'y a pas de nervure fourchue ; les trois nervures de l'aile inférieure partent du même point et du milieu de l'aile.

Aptère. Longueur, 3 millimètres. Il est ovale, épais, verdâtre ; les yeux sont noirs, ainsi que l'extrémité du bec et des antennes ; celles-ci sont formées de six articles dont le troisième est le plus long. Il n'y a ni cornicules, ni appendice à l'abdomen ; les pattes sont vertes. Il est enveloppé dans une épaisse toison de coton blanc.

Geoffroy parle d'un Puceron du frêne qui est l'un des plus petits du genre, lequel doit différer de celui-ci, qui est l'un des plus grands. Nous ne l'avons point observé.

—

71. — Le Puceron du Bouleau.
(Vacuna Betulæ, Ratz.)

Le Puceron du Bouleau se montre vers le 14 juillet et s'établit à l'extrémité des jeunes pousses de cet arbre les mieux abreuvées de sève. Il se tient en masse et les individus sont serrés et pressés les uns contre les autres, de manière à cacher l'écorce. Par les piqûres qu'il fait à ces pousses, pour en tirer la sève dont il se nourrit, il les oblige à se courber en crosse et les feuilles de l'extrémité sont elles-mêmes voûtées. M. Ratzburg dit que ce Puceron n'est pas rare et qu'il est très nuisible aux jeunes bouleaux ; ce que je n'ai pas été à même de vérifier, parce que cet arbre n'est pas commun dans le pays que j'habite et qu'il ne s'y trouve que dans quelques plantations particulières. Ce Puceron ayant cinq articles à ses antennes et sa nervure cubitale fourchue, a été placé dans le genre Vacuna. Son nom entomologique est Vacuna Betulæ et son nom vulgaire Puceron du Bouleau.

71. Aphis (Vacuna) Betulæ, Ratz. — *Ailé.* Longueur, 1 millimètre ; avec les ailes 3 millimètres. Il est oblong, d'un vert-noirâtre. Les antennes sont filiformes, de cinq articles ; le troisième est long et pâle et les autres noirs ; la tête est noirâtre, plus étroite que le corselet ; celui-ci est vert-foncé et lobé en dessus ; l'abdomen est de la longueur de la tête et du corselet, vert, arrondi au bout, sans cornicules ni appendice ; les cuisses et les tarses sont d'un vert-noirâtre et les tibias blanchâtres ; les ailes dépassent l'abdomen d'une fois et demie la longueur du corps ; elles sont blanches, hyalines, à nervures noires ; la cellule radiale des antérieures est petite et fermée à l'extrémité de l'aile ; la nervure cubitale est fourchue et les deux autres nervures sont parallèles à cette dernière.

Aptère. Longueur, 1 à 1 1/2 millimètre. Il est ovale, raccourci,

atténué en devant, d'un vert-foncé. Les antennes sont filiformes,
de cinq articles; les deux premiers courts et noirs; le troisième long, blanchâtre; les deux derniers ovales, courts, noirs.
La tête et le corps sont d'un vert foncé, avec une raie blanche
dorsale et deux raies blanches transversales sur l'abdomen, n'atteignant pas la raie dorsale et une troisième raie sur le corselet
faiblement marquée; le dessous est entièrement vert; les cuisses
sont vertes, les tibias blanchâtres et les tarses noirâtres. Dans
l'état du repos le Puceron ailé porte ses ailes couchées horizon-
talement sur le dos et non relevées verticalement sur les côtés,
comme la plupart des autres Pucerons.

Les Pucerons sont excessivement nombreux en espèces et doués
d'une telle fécondité qu'ils couvriraient et feraient périr les végétaux si la nature n'avait mis obstacle à cette excessive multiplication en leur suscitant de nombreux ennemis qui leur font une
chasse incessante pour s'en nourrir ou pour approvisionner les nids
dans lesquels ils pondent leurs œufs, et où leurs larves doivent
vivre et se développer. Je ne puis faire ici l'histoire détaillée de
tous les insectes destructeurs des Pucerons, je me contenterai de
rappeler que, parmi les Coléoptères la nombreuse famille des
Coccinelliens est une des plus redoutables. Ce sont de jolis insectes, d'une forme presque hémisphérique, ayant leur surface
lisse et luisante, d'une couleur rouge avec des points noirs, ou
jaune avec des points blancs, ou noire avec des taches rouges.
On les voit sur les plantes où ils cherchent des pucerons pour les
manger. Ce sont surtout leurs larves qui s'en nourrissent et qui
en font une grande destruction. On doit citer particulièrement la
Coccinelle à sept points (COCCINELLA 7-PUNCTATA, Lin.), l'une des
plus grosses, comme un ennemi des plus dangereux pour les
Pucerons.

Parmi les Hémiptères on doit faire mention d'une petite espèce
de la famille des Géocorises, de la tribu des Ligéens et du genre
ANTHOCORIS, l'ANTHOCORIS NEMORUM, Fall., qui est particulièrement

dangereux pour les Pucerons qui vivent dans les galles, les vessies
et autres lieux cachés, comme les vessies des feuilles d'orme, les
galles des bourgeons des peupliers, les bourses des feuilles du même
arbre. Elle s'introduit dans ces nids à l'état de larve, ce qui lui est
facile à cause de sa petite taille et de sa forme déprimée, et en
dévore les habitants ; elle y grandit et s'y change en nymphe ; puis
en insecte parfait qui vit également de Pucerons. Lorsqu'elle a détruit tous les habitants d'un nid, elle entre dans un autre qu'elle
traite de la même manière. On la trouve à l'état parfait dans les
vessies de l'orme, vers le 25 juin, et dans les galles des bourgeons
du peuplier vers le 20 juillet.

ANTHOCORIS NEMORUM, Fall. — Longueur, 4 millimètres ; largeur, 2 millimètres. Les antennes sont filiformes, noires, de quatre articles dont le deuxième plus long que les autres, est jaunâtre
sur les trois quarts de sa longueur à partir de la base ; la tête est
petite, noire, prolongée en pointe entre les antennes ; les yeux
sont saillants ; le corselet est noir, triangulaire, s'élargissant du
sommet, qui est de la largeur de la tête, jusqu'à la base qui est aussi
large que les élytres ; l'écusson est noir, en triangle isocèle ; les
hémélytres sont quatre fois aussi longues que le corselet, à côtés
parallèles, d'un blanc-roussâtre de la base jusqu'au milieu, noires
ensuite ; la membrane qui les termine est noire, traversée par une
bande blanche au milieu ; l'abdomen est noir ; les pattes ont les
cuisses brunes et les tibias sont d'un fauve obscur.

Cette espèce varie beaucoup par les couleurs.

L'ordre des Névroptères renferme le genre HEMEROBIUS, de la
famille des Planipennes, dont les espèces, à l'état du larve, détruisent un grand nombre de Pucerons et sont appelées LIONS DES
PUCERONS, tant à cause de cet appétit qu'à cause de leur forme qui
rappelle celle du Fourmi-lion. Ces larves se promènent sur les
végétaux chargés de ces petits Homoptères, les saisissent entre les
pointes de leurs longues mandibules et les sucent dans un instant.
Les insectes parfaits, appelés vulgairement DEMOISELLES TERRES-

TRES, sont remarquables par leurs ailes de la délicatesse de la gaze la plus fine, leur couleur verte et leurs yeux d'or.

L'ordre des Hyménoptères renferme un grand nombre d'espèces qui font la guerre aux Pucerons et qui s'en emparent pour approvisionner les nids dans lesquels ils pondent leurs œufs; leurs larves se nourrissent de ces approvisionnements. Ces Hyménoptères font partie de la famille des Fouisseurs et de la tribu des Craboniens: tels que le CROSSOCERUS NIGER, le PEMPHREDON LUGUBRIS, le CEMONUS UNICOLOR, le PASSALÆCUS GRACILIS, le DIODONTUS MINUTUS. Ce dernier établit son nid dans la terre; les autres placent le leur dans le bois sec ou dans les tiges sèches de la ronce ou d'autre bois à tuyau médulaire un peu grand.

D'autres Hyménoptères d'une très petite taille se développent dans le corps même des Pucerons; ce sont leurs parasites dont on donnera la liste plus bas.

Les Diptères de la tribu des Syrphides, particulièrement ceux du genre SYRPHUS, sont, à l'état de larves, de grands destructeurs de Pucerons. On voit ces larves ramper sur les feuilles et les branches chargées de ces petits Homoptères, et les dévorer avec une incroyable rapidité. Quelques-unes, ayant leur abdomen terminé par une tube caudal, s'introduisent dans les vessies et les galles qui en contiennent une famille, la détruisent entièrement, puis se changent ensuite en une Syrphide du genre PIPIZA (Pipiza cœrulescens).

Les autres parasites des Pucerons sont, selon Ratzburg:

BRACONITES . . . .

Aphidius aceris.
— aphidivorus.
— exoletus.
— infulatus.
— laricis.
— obsoletus.
— pictus.
— pini.
— protæus.
— salicis.
— varius.

CHALCIDITES.........	Asaphes vulgaris.
	Ceraphron clandestinus.
	— fuscipes.
	Chrysolampus æneus.
	— æneicornis.
	— aphidiphagus.
	— aphidivorus (Forst).
	Eneyrtus flavomaculatus.
	Eurytoma signata.
	Pteromalus aphidivorus (Forst).
	Tridymus aphidum.

72 à 78. — Les Chermès du Sapin (1).

(CHERMES COCCINEUS, Ratz.; — VIRIDIS, Ratz.)

Les Chermès sont de petits Homoptères de la famille des Aphidiens, qui ont beaucoup d'analogie avec les Pucerons mais qui s'en distinguent par leurs antennes qui n'ont que cinq articles ; ils n'ont jamais de cornicules à l'abdomen, ni de petite queue ; les mâles et les femelles possèdent des ailes dont les antérieures sont pourvues de trois nervures transversales simples, c'est-à-dire, n'émettant pas de rayon et dont celle de l'extrémité forme la cellule radiale. Ils prennent leur nourriture par le moyen d'un petit bec placé au dessous de la tête, entre les jambes antérieures. La femelle pond ses œufs sur les feuilles, les couvre de son corps et périt dans cette position. Les larves sont ovales, presque tout d'une venue ; on distingue cependant sur leurs corps des traces de segments. Chez les nymphes, les segments du thorax sont apparents, ainsi que les gaines des ailes.

On signale deux espèces de ce genre comme nuisibles aux sapins ; ce sont le Chermès écarlate et le Chermès vert.

(1) Les Chermès du Sapin sont des insectes très différents de ceux auxquels Geoffroy, Olivier, Latreille donnent le nom générique de CHERMÈS. Ces derniers font aujourd'hui partie du genre LECANIUM.

Le Chermès écarlate se tient à la base des bourgeons de l'Epicéa et les empêche de se développer; il les fait tuméfier et produit une espèce de galle en forme de pomme de pin, de la grosseur d'une noisette ou d'une noix, de couleur verte et rougeâtre, sur la surface de laquelle paraissent des pointes peu élevées sortant chacune du sommet d'une sorte de tubercule ; les insectes, en suçant et piquant les feuilles naissantes, les empêchent de s'allonger, les font épaissir et se coller ensemble, d'où résulte une sorte d'artichaut ou de pomme de pin dont toutes les pointes sont les extrémité des feuilles.

Le nom entomologique de cette espèce est CHERMÈS COCCINEUS, et son nom vulgaire CHERMÈS ÉCARLATE.

72. CHERMUS COCCINEUS, Ratz. — Longueur, 1 1/4 millimètre; envergure, 4 millimètres. Il est d'un beau rouge écarlate. Les antennes sont courtes, de cinq articles, un peu plus épaisses chez le mâle que chez la femelle ; le corps est sub-cylindrique ; le thorax est formé de deux segments et l'abdomen de neuf, dont le dernier est arrondi à l'extrémité. On voit deux points obscurs sur la tête de la femelle, quatre sur le prothorax, deux sur le mésothorax et une ligne de points sur chaque côté du dos de l'abdomen ; le mâle n'a pas de points obscurs sur le corselet ; ses ailes dépassent beaucoup l'abdomen ; les antérieures présentent une bande d'un vert d'herbe pâle le long du bord antérieur.

La larve et la nymphe sont ovales, d'un beau rouge ; cette dernière a 1 millimètre de longueur et présente les fourreaux des ailes.

La femelle pond ses œufs en un tas sur une feuille de sapin et les couvre de son corps.

Je n'ai pas vu cette espèce et je la décris d'après la figure qu'en donne Ratzburg.

Le CHERMÈS VERT. Cet insecte produit sur les sapins des galles semblables à celles du Chermès écarlate. Elles sont placées à la base des bourgeons qu'elles empêchent de se développer. On en

voit le long des jeunes branches et à leur extrémité, au point où
un bourgeon devait pousser. Elles enveloppent la branche et présentent une forme elliptique ou ovoïde longue de 25 millimètres
sur 15 millimètres de diamètre ; il y en a cependant de plus petites. Elles sont formées de tubercules collés ensemble et de chacun desquels sort une sorte de feuille élargie et épaissie à la base,
pointue au sommet. Elles sont vertes dans leur jeunesse et ressemblent à des petites pommes de pin ; mais lorsqu'elles sont
vieilles, elles deviennent noirâtres ; les tubercules se sont fendus
en temps opportun et ouverts suivant la suture qui les réunissait
pour donner issue à la nichée d'insectes ; elles ressemblent alors à
des pommes de pin dont les écailles se sont séparées pour laisser
tomber les graines placées entr'elles. Si on ouvre un de ces tubercules encore vert, à la fin du mois d'août, on trouve qu'il est creux
et rempli par une famille de petites insectes aptères, farineux,
d'une couleur testacée et d'une forme ovale, longs de 1 millimètre
environ, et l'on en distingue quelques-uns qui ont des fourreaux
d'ailes. Ce sont ces insectes qui, en piquant le bourgeon et suçant
la sève avec leur petit bec, produisent la galle ; lorsque leurs
nids sont nombreux sur une branche, elle en souffre beaucoup ;
son feuillage devient maigre, d'un vert pâle et elle finit par se
dessécher. Dès la fin d'août, on remarque des galles qui commencent à se décolorer, à passer du vert-foncé à un vert-blanc et
qui s'ouvrent ; alors les insectes en sortent et se répandent sur les
rameaux pour pondre sur les feuilles des œufs qui produiront de
nouvelles colonies.

Le nom entomologique de cette espèce est CHERMÈS VIRIDIS et
son nom vulgaire CHERMÈS VERT. Il a reçu ce nom à cause de la
couleur vert-pâle du bord antérieur de ses ailes supérieures et
de celle de leur stigma, d'un vert plus foncé.

73. CHERMÈS VIRIDIS, Ratz. — Longueur, 1 millimètre. Il est
d'un jaune d'ocre un peu brun. Les antennes sont filiformes, courtes de cinq articles, blanchâtres ; les yeux sont noirs ; la tête est

assez forte; le corselet est plus large que la téte, d'un jaune-brun, formé de deux segments, le deuxième ayant les sutures dorsales bien marquées; l'abdomen est de la longueur et de la largeur du corselet; arrondi au bout, formé de neuf segments, d'un jaune-d'ocre; les pattes sont d'un blanc-jaunâtre; les ailes sont blanches, hyalines, dépassant beaucoup l'abdomen, les supérieures ayant le bord antérieur d'un vert-pâle, le stigma d'un vert plus foncé, et trois nervures transversales, dont celle du bout forme la cellule radiale.

La nymphe a 1 millimètre de longueur; elle est ovale, d'un jaune d'ocre. Les antennes sont blanchâtres, les yeux noirs; le corselet est distinct, de deux segments; les fourreaux des ailes sont obscurs et les segments de l'abdomen apparents.

—

74. — La Gallinsecte du Sapin.

(LECANIUM RACEMOSUM, Ratz.)

Cette Gallinsecte s'attache aux rameaux de l'Epicéa (ABIES PICEA) aux points d'où sortent les bourgeons ou jeunes pousses dont elle entoure la base, s'y tenant en masses pressées les unes contre les autres; elles y forment des espèces de grappes d'où est venu à l'insecte le nom latin de RACEMOSUS. L'insecte éclôt au mois de mai et aussitôt les jeunes larves, extrêmement petites, n'ayant qu'un 1|2 millimètre de longueur, vont se fixer au lieu qui leur convient, y enfoncent leur petit bec pour sucer la sève qui les nourrit. Elles sont ovales, sans distinction marquée de tête, de thorax et d'abdomen. On y voit au microscope deux antennes de six articles dont le troisième est le plus long; elles portent quelques poils et sont terminées par un bouquet de cinq ou six poils. Les pattes sont au nombre de six; les deux antérieures dirigées en avant; les quatre autres dirigées en arrière; le bec naît entre les hanches antérieures. L'abdomen est terminé par deux soies. Cette larve grandit et perd bientôt toute trace de segments et finit par acquérir une forme ovale bombée en-dessus, ayant 3 à 4 millimètres de longueur sur 2 à 2 1|2 millimètres de largeur. Elle passe l'hiver en cet état.

Parmi ces larves il s'en trouve de plus étroites et plus allongées que les autres, ayant environ 1 millimètre de longueur, qui se changent en chrysalides sous leur peau et dont les insectes sortent au printemps le derrière le premier de dessous cette peau. Ces insectes, qui sont les mâles, sont pourvus de deux ailes et leur abdomen est terminé par deux longues soies. Ils voltigent alors autour des grosses galles qui sont les femelles, se posent sur leur dos et s'accouplent. Ces dernières augmentent sensiblement de volume et secrètent une matière cotonneuse blanche qui borde le contour de leur corps, s'épaissit de plus en plus autour de la partie postérieure et la soulève tellement que la galle ne semble tenir à la branche que par un point du bord antérieur. Elle est alors occupée à pondre ses œufs qui passent sous son corps et qui reposent sur un lit de coton sécrété par le ventre ; elle meurt en achevant sa ponte et la peau du ventre collée à celle du dos forme un couvercle qui garantit les œufs qui se trouvent dans un nid de coton blanc. Ces œufs éclosent dans le mois de mai pour produire une nouvelle génération.

Cet insecte se classe dans i'ordre des Hémiptères, la section des Homoptères, de la famille des Gallinsectes et dans le genre LECANIUM. Son nom entomologique est LECANIUM RACEMOSUM, et son nom vulgaire COCHENILLE DU SAPIN, GALLINSECTE DU SAPIN.

74. LECANIUM RACEMOSUM, Ratz. — *Mâle.* Longueur, 1 millimètre ; envergure, 3 millimètres. Il est d'un brun-jaune, avec le dessus du thorax un peu plus foncé ; les antennes sont d'un rose pâle, formées de neuf articles et insérées devant les yeux ; ceux-ci sont noirs et placés immédiatement derrière les antennes, à l'arête de la tête où finit la ligne fourchue ; les deux points de la bouche sont noirs, ainsi que le voisinage des yeux ; les deux soies caudales sont plus longues que le corps ; la verge épaissie à

la base est de la longueur de l'abdomen ; les ailes sont d'un blanc-rougeâtre et présentent une nervure fourchue rougeâtre ; les pattes sont d'un jaune-brunâtre.

Femelle. Longueur, 3 à 4 millimètres ; largeur, 2 à 2 1|2 milli-mètres. Elle est ovale, convexe en-dessus, d'un brun légèrement rougeâtre, sans aucune apparence de segments. Les œufs sont très petits, très nombreux, d'un rouge-pâle.

Les parasites du Coccus (Lecanium) racemosus sont, selon Ratzburg :

CHALCIDITES...........
{
Encyrtus cephalotes.
—   coccorum.
—   duplicatus.
—   parasema.
—   tenuis.
—   testaceipes.
—   testaceus.
Entedon turionum.
Elophus coccorum.
Pteromalus muscarum.
—   racemosi.
}

75 à 77. — Les grandes Mouches-à-Scie ou grandes Tenthrèdes du Pin.

(Lyda pratensis, Fab.; — campestris, Fab.; — erythrocephala, Fab.)

Les trois Mouches-à-scie ou Tenthrédines dont il est ici question ne causent aucun dommage aux Pins pendant leur vie d'insecte parfait, mais à l'état de larve ou de fausse-chenille elles en dévorent les feuilles et leur nuisent en proportion de leur nombre. Les deux premières, les Lyda pratensis et campestris se montrent sous leur forme de Mouche-à-Scie dans le mois de juin, et pondent leurs œufs sur la surface des feuilles aciculaires de la pousse de l'année les plus voisines du sommet. Ces œufs sont d'un blanc-

11

verdâtre et tordus comme des graines de cumin. La larve, en sortant de l'œuf, se file une toile pour se couvrir et avance la tête et la partie antérieure du corps pour atteindre les feuilles aciculaires et les ronger. Ses excréments, en forme de petits grains noirs, sont fixés dans le tissu de la toile. La larve descend vers la base de la pousse de mai et mange les feuilles qu'elle trouve sur son chemin, ayant toujours le soin de prolonger sa toile et de la couvrir de ses excréments. Cette toile est un véritable sac ou un large fourreau qui va en s'élargissant à mesure qu'elle descend et qu'elle grossit, et qui est tout recouvert de ses crottes. Elle arrive à toute sa croissance en août, quelquefois en juillet et quitte alors son fourreau pour descendre à terre, s'y enfoncer de 5 à 16 centimètres et se coucher en cercle dans une cellule qu'elle se pratique. Elle reste immobile dans cette situation jusqu'au printemps suivant et se change en chrysalide sans filer de cocon. L'insecte parfait sort de terre environ 15 jours après, c'est-à-dire, dans le mois de juin.

Les larves des LYDA ont une forme différente de celles de la plupart des Tenthrédines, qui ressemblent, comme on sait, à des chenilles. Elles sont cylindriques, un peu déprimées, formées de douze segments, sans compter la tête qui est dégagée, arrondie, armée de deux mandibules et pourvue de deux petites antennes coniques de six articles ; elles ont six pattes thoraciques, point de pattes abdominales et le dernier segment présente de chaque côté un petit filet droit, membraneux, conique, triarticulé, dirigé en dehors, qui remplace les pattes anales ; le corps est glabre et ordinairement d'une couleur uniforme.

Les insectes parfaits se classent dans la famille des Porte-scie, dans la tribu des Tenthrédines et dans le genre LYDA. Le nom entomologique de la première espèce est LYDA PRATENSIS, et son nom vulgaire MOUCHE-A-SCIE DES PRAIRIES, TENTHRÈDE DES PRAIRIES.

75 LYDA PRATENSIS, Fab. — Longueur, 13-14 millimètres. Les antennes sont filiformes, de la longueur du corps, composées d'un

grand nombre d'articles, jaunes, avec le premier article noir ; la
tête est grande, presque carrée, jaune en devant et noire en dessus ;
on voit sur le vertex quatre taches jaunes dont les deux latérales
sont demi-circulaires, et sur le front deux petites lignes descendant à la base des antennes ; le corselet, de la longueur de la tête,
est noir, bordé d'une ligne transversale jaune en devant, en arrière
de laquelle se trouve une tache cordiforme de la même couleur ; l'écusson est entouré de trois taches jaunes et le métathorax
en présente deux ; l'abdomen est large, déprimé, un peu plus
long que la tête et le thorax, de la largeur de ce dernier à la base,
en ovale-allongé, noir en-dessus, jaune le long des bords et jaunâtre en-dessous ; les pattes sont jaunes ; les ailes sont hyalines,
flavescentes, à nervures testacées ; les supérieures sont pourvues
de deux cellules radiales et de quatre cellules cubitales dont les
deuxième et troisième reçoivent chacune une nervure récurrente.

La larve de cette espèce, lorsqu'elle est parvenue à toute sa
croissance, à 20 millimètres de longueur. Elle est brune en-dessus
et porte une raie dorsale blanchâtre, qui s'étend depuis le premier
jusqu'au dernier segment ; la partie antérieure du premier segment est de la même nuance blanchâtre ; la couleur brune, très-
foncée contre la raie dorsale, va en s'éclaircissant sur les côtés et
finit en gris-rougeâtre ; la tête est fauve. La toile dans laquelle
elle s'enveloppe n'est pas très chargée de crottes.

Le nom entomologique de la deuxième espèce est Lyda campestris et son nom vulgaire Mouche-a-scie champêtre, Tanthréde
champêtre.

76. Lyda campestris, Fab. — Longueur, 17 millimètres. Les antennes sont filiformes, un peu moins longues que le corps, composées
d'un grand nombre d'articles, jaunes ; la tête est presque carrée,
un peu transverse, noire, marquée d'une tache jaune devant les
yeux ; le corselet est noir, de la largeur de la tête et présente une
tache cordiforme blanche en devant, et une tache carrée de la
même couleur à l'écusson ; l'abdomen est de la largeur du corse-

let à la base, aussi long que ce dernier et la tête réunis, en ovale déprimé, ayant les deuxième, troisième, quatrième, cinquième et la base du sixième segment jaunes et les autres noirs ; les pattes sont jaunes et les cuisses noires ; les ailes sont hyalines, jaunes, avec l'extrémité brune ; les cellules sont comme dans l'espèce précédente.

La larve de la Lyda campestris est de la couleur jaune dans sa jeunesse et devient verte par la suite ; lorsqu'elle est parvenue à toute sa taille elle a 20 millimètres de longueur ; elle est d'un vert légèrement jaunâtre sur le dos, s'éclaircissant en s'approchant des côtés qui présentent une ligne presque jaune ; la tête est verte comme le corps. La toile sous laquelle elle se tient est entièrement couverte de crottes.

La Lyda Erythrocephala, qui est la troisième espèce, se montre déjà dans le mois d'avril et pond ses œufs sur les aiguilles de l'année précédente. Sa larve s'enferme aussi dans un sac de soie recouvert de ses crottes. Ce sac est allongé, cylindrique, et dans son tissu on voit moins de crottes que dans les fourreaux des deux espèces précédentes. Elle se nourrit de feuilles aciculaires plus anciennes que celles choisies par ces dernières. Elle descend de l'arbre lorsqu'elle a pris toute sa croissance et se cache dans la terre où elle passe l'automne et l'hiver ; elle se change en chrysalide vers la fin de mars, et l'insecte parfait sort de terre dans le mois d'avril.

La larve parvenue à toute sa taille a 18 millimètres de longueur. Elle est d'un vert-foncé, avec la raie dorsale presque noire et les bords latéraux d'un gris-jaunâtre ; la tête et les pattes sont d'un vert-jaunâtre.

Le nom entomologique de cette espèce est Lyda erythrocephala, et son nom vulgaire Mouche-a-Scie ou Tenthrède a tête rouge.

77. Lyda erythrocephala, Fab. — Longueur, 11 à 13 milli-

mètres. Elle est d'un bleu d'acier ; le corps est oblong, déprimé ; les antennes sont filiformes, au moins de la longueur du corps, composées d'un grand nombre d'articles, de couleur brune ; la tête est grande, transverse, presque carrée, d'un rouge-fauve ; les mandibules sont d'un noir-bleu à l'extrémité ; les stemmates sont de la même couleur ; le corselet est de la largeur de la tête, un peu plus long que large, d'un bleu-noirâtre ; l'abdomen est large, déprimé, ovale, de la longueur de la tête et du corselet, d'un bleu-noirâtre ; les pattes sont d'un noir-bleu, sauf les tibias antérieurs et une partie supérieure des cuisses, qui sont d'un rouge-fauve ; les ailes sont noirâtres ; les supérieures sont pourvues de deux cellules radiales, et de quatre cellules cubitales dont les deuxième et troisième reçoivent chacune une nervure récurrente.

Le mâle est semblable à la femelle, mais sa tête est d'un noir-bleu avec la bouche ferrugineuse. Son abdomen est moins large que celui de cette dernière.

Les tibias moyens et postérieurs sont armés de trois épines chez toutes les espèces du genre Lyda.

On fait la chasse à ces insectes en arrachant et en écrasant les sacs dans lesquels se tiennent leurs larves, partout où on peut les atteindre ; on se sert pour cette opération d'un crochet ou d'un rateau à dents de fer emmanché d'un long bâton. Le meilleur moyen de détruire les larves est de conduire des porcs au pied des arbres sur lesquels elles ont vécu ; ces animaux en fouillant la terre, les trouvent et les mangent. Le temps convenable pour les conduire à cette pâture est l'automne et l'hiver.

Les parasites des Lyda, sans distinction d'espèces, sont, selon Ratzburg :

ICHNEUMONIDES	{ Exetastes fulvipes.
	{ Mesochorus lydæ.
	{ Tryphon involutor.

BRACONITES............ { Sigalphus tenthredinarum.
Spathius clavatus.

CHALCIDITES.......... Entedon ovulorum.

—

78. — La petite Mouche-à-Scie ou petite Tenthrède du Pin.

(LOPHYRUS PINI, Lat.)

La petite Mouche-à Scie ou Tenthrède du Pin ne vit que sur le Pin, et doit être mise, la plupart du temps, au nombre des insectes les plus communs et en même temps les plus nuisibles à cet arbre. Elle a une prédilection marquée pour les bois mal venus et pour les boqueteaux. On la trouve d'abord sur les petites branches étouffées ou dans les bois rabougris, et sur les jeunes élèves des champs croissant sur une terre stérile, ou bien encore sur les lisières des chemins. Elle disparait promptement, à moins que des circonstances favorables ne lui permettent de gagner les branches voisines et de se porter sur les arbres bordant la forêt et exposés au soleil. Lorsqu'elle pénètre dans l'intérieur des futaies elle préfère les lieux où la pousse est mauvaise. Dans les coupes d'ensemencements elle attaque principalement les arbres à semence isolés de trop bonne heure.

Ce n'est pas la mouche elle-même qui produit le dégât, mais c'est la larve dont elle provient. Les femelles pondent en avril et en mai, puis une deuxième fois à la fin de juillet et une troisième fois en septembre ou en octobre sous la mousse. On les voit courant sur les rameaux ou posées sur les feuilles aciculaires, occupées à percer et à ouvrir, par le côté, l'une de ces aiguilles au moyen de leur tarière en forme de scie, afin de déposer un œuf dans la blessure. La plaie se referme ensuite d'elle-même. La place où elles ont pondu est difficile à découvrir, car elle se trouve presque toujours au sommet des arbres, et elle n'est reconnaissable qu'au vert plus pâle des feuilles non attaquées.

Lorsque les œufs sont éclos, les petites larves se répandent sur les feuilles voisines pour les ronger et se nourrir. Elles grandissent assez rapidement puisque la Mouche produit trois générations dans l'année. Ces larves sont d'un vert-jaunâtre sale, cylindriques, glabres, formées de douze segments, sans compter la tête qui est arrondie, d'un brun-rougeâtre, armée de deux mandibules et pourvue de deux petites antennes et de deux points oculaires ; les pattes sont au nombre de vingt-deux, dont les six thoraciques sont cerclées d'anneaux noirs, et dont les abdominales sont marquées au-dessus de leur base d'une tache noire imitant un point-virgule ; leurs crottes sont petites, d'un vert-sale, en tronçons rhomboïdaux collés ensemble.

Lorsqu'elles sont arrivées à toute leur taille elles se filent un cocon de soie d'un tissu ferme, coriace, en forme de petit baril arrondi aux deux bouts, d'un gris-blanchâtre en été et d'un brun sale en hiver. Ceux de l'été sont fixés sur l'arbre contre les branches, ceux de l'hiver sont placés sur la terre sous la mousse. L'insecte parfait, pour sortir de sa prison, coupe une calotte au bout qui touche sa tête.

Il entre dans la famille des Porte-Scie, dans la tribu des Tenthrédines et dans le genre LOPHYRUS. Son nom entomologique est LOPHYRUS PINI, et son nom vulgaire PETITE TENTHRÈDE DU PIN.

78. LOPHYRUS PINI, Lat. — *Femelle.* Longueur, 8 à 10 millimètres. Les antennes sont noires, dentées en scie, composées d'un grand nombre d'articles, de la longueur de la tête et de la moitié du corselet, ayant les deux articles basilaires pâles ; la tête est noire, avec les parties de la bouche d'un jaune-pâle ; le corselet est d'un jaune-testacé clair, marqué sur sa surface de quatre ou cinq taches noires ; l'abdomen est jaune, avec une large bande transversale irrégulière noire ; les pattes sont jaunes ; les ailes sont hyalines ayant la base des nervures pâle et le reste des nervures noir ; les supérieures sont pourvues d'une grande cellule radiale et de trois cellules cubitales presque égales entre elles ; les

deux premières reçoivent chacune une nervure récurrente ; le corps est large, ramassé, en ovale allongé.

Mâle. Longueur, 6 millimètres. Il est noir, moins épais relativement que la femelle ; il porte deux antennes bipectinées à longs rameaux, qui lui font un beau panache; ses cuisses sont noires, mais les genoux, les tibias et les tarses sont jaunes ; les ailes sont comme chez la femelle ; le stigma est noir à la base et brunâtre à l'extrémité.

On a remarqué que les larves, pendant les trois premières semaines de leur vie, n'attaquent que les feuilles aciculaires de l'année précédente ; ce n'est que forcées par le besoin qu'elles rongent celles de la pousse de juin. Arrivées à moitié de leur taille elles dévorent les aiguilles tout entières, et comme elles restent rassemblées en paquet serré on peut les apercevoir sur les arbres quoiqu'elles soient de la couleur du feuillage. Lorsqu'on touche la branche sur laquelle elles se tiennent elles trahissent aussitôt leur présence par un mouvement rapide du haut du corps en arrière.

Les fausses-chenilles étant rases et nues, sont facilement détruites par le mauvais temps. L'époque à laquelle on peut écheniller avec avantage est en mai et en juin, puis en août et septembre, car elles sont alors réunies en groupes. Lorsqu'on peut les atteindre avec la main on casse la branche qui les porte et on la secoue dans une corbeille ; si on ne peut les atteindre on frappe les branches avec le revers de la hache pour les faire tomber, et on les ramasse sur le sol. Pendant l'hiver on récolte les cocons sous la mousse au pied des arbres sur lesquels elles ont vécu ; ces cocons gisent à nu sur le sol ou sont réunis plusieurs ensemble et collés par un peu de terre. Dès qu'on remarque que les fausses-chenilles commencent à descendre pour filer leurs cocons sur la terre il faut sur-le-champ amener des porcs au pied des arbres pour les dévorer ; ces animaux ne mangent pas les cocons et celles qui ont pu se renfermer sont épargnées.

On a remarqué qu'une partie de la génération n'éclôt pas à

l'époque ordinaire, mais qu'elle reste en réserve pour l'année suivante, et même qu'elle ne se montre que la seconde année.

Les fausses-chenilles de la petite Tenthrède du Pin ont un très grand nombre d'ennemis naturels, tels que les oiseaux de proie, le Coucou, le Geai, le Loriot, l'Etourneau, les Corneilles, le Tette-Chèvre, le Martinet, les Hirondelles, la plupart des oiseaux chanteurs et beaucoup d'oiseaux granivores lorsqu'ils ont des petits. Les Souris et les Ecureuils mangent en hiver beaucoup de larves qu'ils tirent adroitement de leurs cocons. Parmi les insectes les Carabes et les Brachélytres ou Staphylins, d'une taille un peu forte, leur font la chasse pour s'en nourrir. Une foule d'Ichneumoniens et de Tachinaires les recherchent pour pondre leurs œufs sur ou dans leur corps.

Les parasites du LOPHYRUS PINI sont, selon Ratzburg :

ICHNEUMONIDES . . . .

Campoplex argentatus.
—   carbonarius.
—   retusus.
Cryptus flavilabris.
—   incertus.
—   leucomerus.
—   leucosticticus.
—   nubeculatus.
—   punctatus.
Hemiteles areator.
—   crassipes.
Mesochorus areolaris.
—   aricis.
—   scutellatus.
Metopius scrobiculatus.
Ophion merdarius.
Pezomachus cursitans.
Phygadeuon Pteronorum.
—   pugnax.
Pimpla rufata.
Tryphon adspersus.
—   calcarator.
—   hæmorrhoicus.

ICHNEUMONIDES............ {
Tryphon impressus.
—   leucosticus.
—   lophyrorum.
—   lucidulus.
—   marginatorius.
—   oriolus.
—   rennenkompffli.
—   scutellatus.
—   triangulatorius.

CHALCIDITES.......... {
Eulophus lophyrorum.
Pteromalus lugens.
—   subfumatus.
Torymus obsoletus.

Suivant Robineau-Desvoidy, les Tachinaires parasites du Lophyrus Pini sont :

Spinolia inclusa (Tachina inclusa, Hart.)
Tachina larvarum, Lin.
Schaumia bimaculata (Tachina bimaculata, Hart.)

—

79 à 82. — Les autres petites Mouche-à-Scie du pin.

(Lophyrus pallidus, Klug.; — virens, Klug.; — rufus, Klug.; — Frutetorum, Klug.)

Il existe d'autres petites Mouches à scie ou Tenthrèdes du Pin, du genre Lophyrus, qui sont signalées comme nuisibles. Leurs larves vivent en nombre quelquefois considérable sur les pins, dont elles rongent les feuilles aciculaires. Ces espèces ont les mêmes mœurs que le Lophyrus Pini dont on vient de parler, c'est-à-dire que les femelles pondent leurs œufs sur les aiguilles, que les larves qui en sortent se nourrissent de ces feuilles, et que parvenues au terme de leur croissance, chacune d'elles s'enferme dans un cocon de soie ovale attaché aux feuilles ou aux branches.

L'insecte parfait en sort à l'époque fixée pour chaque espèce. Parmi ces Tenthrèdes on peut citer les suivantes :

LOPHYRUS PALLIDUS, Klug. — L'insecte se montre dès le commencement du printemps, et l'on voit les larves sur les feuilles des pins pendant les mois de juillet, d'août et de septembre. Elles construisent leurs cocons à la fin d'août ou au milieu de septembre ; ce cocon est ovale, oblong, d'une longueur de 7 millimètres sur 3 millimètres de diamètre. Il est d'abord d'une couleur blanchâtre-testacée ; puis il brunit ensuite; son tissu est serré et ferme.

Lorsque la larve a atteint toute sa taille, elle a 14 à 20 millimètres de longueur. Elle est cylindrique, verdâtre, sans taches, mais marquée d'une raie dorsale et d'une raie latérale au-dessus des pattes d'un vert foncé ; la tête est très brillante, d'un noir de poix, ainsi que les pattes pectorales ; les pattes abdominales sont de la couleur du corps. Elle change beaucoup de couleur dans son dernier âge, c'est-à-dire dans celui qui précéde l'état de chrysalide ; car elle est alors d'un testacé verdâtre, uni, ou d'un vert-jaunâtre, elle a perdu ses raies colorées ; ses pattes sont au nombre de vingt-deux.

L'insecte parfait éclôt, comme on l'a dit, au commencement du printemps ; son nom vulgaire est LOPHYRE PALE.

79. LOPHYRUS PALLIDUS, Klug. — *Femelle*. Longueur, 7 millimètres ; envergure, 15 millimètres. Les antennes sont courtes, filiformes, d'un noir-brun en dessous, testacées en dessus, de dix-huit à dix-neuf articles ; la tête est testacée, avec les yeux et la région des stemmates d'un brun-noir ; le corselet est testacé, excepté trois taches dorsales noires dont la médiane est quelquefois coupée brusquement et terminée par deux lignes longitudinales ; le premier segment de l'abdomen est testacé en dessus, avec les bords latéraux noirs ; les segments de deux à sept sont noirs, avec les côtés testacées ; le huitième et le neuvième sont testacés, bordés de noir en dessus ; les pattes et le dessous sont testacés ; les ailes sont hyalines, à nervures d'un testacé-brun ou pâle.

Mâle. Il est un peu plus petit que la femelle ; il est noir, un peu déprimé et ovale. Le dessous de l'abdomen est d'un testacé-roussâtre ; les pattes sont pâles ; les antennes sont lancéolées, de la longueur du corselet, bi-pectinées ; les dix-huit à vingt ou vingt-un premiers articles de la tige émettent chacun deux rameaux ; les trois derniers articles sont simples. Le labre et les palpes sont testacés, et les mandibules d'un brun-roux ; les ailes sont comme chez la femelle.

LOPHYRUS VIRENS, Klug. — L'insecte parfait se montre au commencement de juin pour pondre sur les feuilles des pins ; les larves qui sortent des œufs rongent ces feuilles pour se nourrir ; lorsqu'elles ont pris toute leur croissance, elles ont 20 à 22 millimètres de longueur sur 3 millimètres de diamètre ; elles sont d'un vert assez foncé. On en voit dont les stigmates sont marqués par des points d'un blanc-jaunâtre, et qui présentent une ligne de la même couleur entre les stigmates et les pattes, d'autres portent une ligne dorsale d'un vert-noirâtre et une latérale de la même couleur ; on voit en outre une raie blanche au-dessus des pattes ; ces dernières sont vertes, au nombre de vingt-deux ; la tête est verte, avec une ligne noirâtre, courbe, demi-elliptique, allant d'un œil à l'autre en passant sur le front. Le cocon dans lequel elles se renferment a 7 à 8 millimètres de longueur ; il est d'un testacé-brun, presque double, car il est enveloppé d'une sorte de réseau mollet de fils d'un brun-noirâtre ; il est fixé contre les feuilles ou contre le tronc ou les branches de l'arbre sur lequel elles ont vécu ; l'insecte parfait en sort au commencement de juin de l'année suivante. Son nom vulgaire est LOPHYRE VERDATRE.

80. LOPHYRUS VIRENS, Klug. — *Femelle.* Longueur, 8 millimètres ; envergure, 18 millimètres. Elle est épaisse, ovée-cylindrique, d'un testacé-verdâtre ; les antennes sont de la longueur du corselet, un peu fusiformes, d'un testacé-brun, plus brunes en dessous, composées de dix-huit à vingt articles ; les palpes sont testacés, les

mandibules d'un brun-roux à base noire; le labre est testacé; la
face porte une bande noire entre les yeux;les stemmates sont brillants, rangés en ligne droite transverse; le corselet, vu en dessus,
est noir, marqué d'une tache d'un jaune-verdâtre en avant des ailes
formant collier, d'une ligne demi-circulaire au milieu de la partie
antérieure, d'une ligne latérale à la base des ailes et de l'écusson,
d'un jaune-verdâtre; le premier segment de l'abdomen est souvent
tout noir, à peine bordé de jaune; les autres sont noirs, bordés
finement de jaune en avant; le dernier est bordé de jaune antérieurement et marqué d'un point jaune de chaque côté; les ailes
sont obscures, à nervures noires, et les pattes testacées.

Mâle. Il est un peu plus petit que la femelle, ové-oblong et
noir; les antennes sont d'un brun-noir, à peine de la longueur du
thorax, bi-pectinées, les articles dix-huit, dix-neuf, vingt premiers de la tige émettent de chaque côté un long rameau; les
trois derniers articles sont simples; le corselet est marqué d'une
tache citrine en avant des ailes; les palpes sont testacés, le labre
a la même couleur; les mandibules sont d'un brun-roux, à base
noire; l'abdomen est noir en dessus; le dessous, les côtés et l'anus
sont d'un ferrugineux-jaunâtre, les pattes sont d'un jaune-paille,
avec l'extrémité des tibias et des articles des tarses obscure; les
ailes sont comme chez la femelle.

Lophyrus rufus, Klug — On voit cette espèce dans les forêts
de pins, en juin et en septembre. Elle pond ses œufs sur les feuilles
de ces arbres qui sont rongées par les larves qui en sortent;
Ces dernières diffèrent de taille et de couleur, selon leur âge et le
nombre de mues qu'elles ont subies; c'est ce qui arrive à la plupart des Tenthrédines; on en voit d'un gris-verdâtre avec une raie
dorsale noire et une ligne latérale à la hauteur des stigmates formés
de taches noires presque contiguës; d'autres qui sont d'un vert
presque noir, avec une raie dorsale d'un vert-bleuâtre et une bande
latérale au-dessus des pattes de même couleur; la tête est noirâtre ainsi que les pattes écailleuses; les abdominales sont d'un

vert-bleuâtre ; enfin on en voit d'un gris-jaunâtre sur le dos et
cendrées sur le ventre, avec la tête fauve et les yeux noirs, les
pattes thoraciques noires et les abdominales cendrées. Ces dernières, qui ont près de 20 millimètres de longueur, paraissent avoir
acquis toute leur taille. Le cocon dans lequel elles se renferment
est long de 7 millimètres sur 3 millimètres de diamètre ; il est ovale,
arrondi et fixé aux branches de l'arbre sur lequel les larves ont
vécu. L'insecte parfait en sort au mois de juin. Son nom vulgaire
est LOPHYRE ROUX.

81. LOPHYRUS RUFUS, Klug. — *Femelle*. Longueur, 7 millimètres ;
envergure, 20 millimètres. Les antennes sont un peu plus longues
que le thorax, de couleur noirâtre, formées de vingt-trois articles ;
la tête, le corselet et l'abdomen sont d'un testacé-roux ; les yeux
sont noirs, la région des stemmates noirâtre ; quelquefois on aperçoit deux ou trois taches brunes sur le dos du corselet ; le premier segment de l'abdomen et la base du deuxième sont noirs ;
les ailes sont hyalines et les nervures d'un brun-testacé.

Mâle. Longueur, 6 1/2 millimètres. Il est noir ; les antennes sont
une fois et demie aussi longues que le thorax, en forme d'épée,
émettant de chaque côté vingt à vingt-quatre rayons ; les palpes
et les pattes sont d'un testacé-roux ; le dessous de l'abdomen est
d'un testacé-roux avec l'extrémité noire ; les ailes sont hyalines ;
les nervures sont testacées à la base et brunes à l'extrémité.

LOPHYRUS FRUTETORUM, Klug. — Cette Tenthrédine se montre
dans les forêts de pins pendant les mois de juin et de juillet, et sa
larve ronge les feuilles de ces arbres ; elle se renferme dans son
cocon dans la deuxième quinzaine de juillet ; elle est cylindrique,
longue de 22 à 24 millimètres, d'un beau vert sans taches ou
marquée d'une raie dorsale simple ou double, blanchâtre, et d'une
ligne simple ou double de la même couleur de chaque côté du
corps ; la tête est d'un testacé-brun, arrosée de brun-noirâtre sur
la bouche et le vertex. Le cocon est sub-cylindrique, arrondi aux

deux bouts, d'un testacé-brun, long de 8 millimètres. Le nom vulgaire de l'insecte parfait est LOPHYRE DES BROUSSAILLES.

82. LOPHYRUS FRUTETORUM, Klug. — *Femelle*. Longueur, 8 millimètres; envergure, 21 millimètres. Les antennes sont noires, moins longues que le corselet, fusiformes; la tête est noire, avec le bord postérieur jaune; le corselet est noir, marqué d'une tache jaune aux épaules, et d'une ligne brisée en forme de V sur le dos de la partie antérieure. L'abdomen est noir, avec le bord postérieur des segments jaune; les pattes sont de cette dernière couleur; les ailes sont hyalines, à nervures et stigma bruns.

Mâle. Il est un peu plus petit que la femelle, noir, ayant les antennes lancéolées, bi-pectinées, pourvues de dix-huit rayons de chaque côté et les quatre derniers articles simples; le corselet est noir, marqué d'une très fine tache jaune au collier. L'abdomen est en dessus d'un noir-pourpre avec les quatrième, cinquième, sixième, septième segments marqués d'une petite tache jaune au bord latéral; les pattes sont d'un jaune testacé, avec la base des cuisses noires; les ailes sont comme chez la femelle.

Les femelles dans le genre LOPHYRUS ont le corps court, épais, ramassé, et paraissent des insectes lourds. Les mâles, au contraire, sont sveltes, ont le corps cylindrique et se font remarquer par leurs antennes qui forment un beau panache.

Les parasites des LOPHYRUS sont, selon Ratzburg:

Pour le L. PALLIDUS :

ICHNEUMONIDES..............
{
Campoplex argentatus.
—   semidivisus.
Cryptus abscissus.
Tryphon hæmorrhoicus.
—   impressus.
—   leucostictus.
—   lophirorum.
—   variabilis.
}

Pour le L. VIRENS :

ICHNEUMONIDES........ {
Tryphon leueostictus.
— scutulatus.
— succinctus.
— transiens.

Pour le L. RUFUS :

ICHNEUMONIDES........ {
Campoplex argentatus
Mesoleptus evanescens.
Paniscus oblongo-punctatus.
Phygadenon pteronorum.
Pimpla angens.
Tryphon adspersus.
— eques.

CHALCIDITES.......... Pteromalus puparum.

Pour le L. FRUTETORUM :

ICHNEUMONIDES........ {
Cryptus leucosticticus.
Pimpla angens.
Tryphon frutetorum.
— marginatorius.
— oriolus.
— rugosus.

Suivant Robineau-Desvoidy, les parasites du LOPHYRUS RUFUS sont :

Schaumia bimaculata (Tachina bimaculata).

Ceux du LOPHYRUS FRUTETORUM sont :

Exorista janitrix (Tachina janitrix).

---

83. — La Mouche-à-Scie du Frêne.

(SELANDRIA FRAXINI, Leach.)

La Mouche-à-Scie du Frêne ou Tenthrède du Frêne se multiplie quelquefois d'une manière si prodigieuse, qu'elle devient un véritable fléau pour l'arbre dont elle porte le nom. Elle se montre dans

la première quinzaine de mai et disparaît vers la fin de ce mois
ou le commencement de juin. Elle pond ses œufs sur l'extrémité
des rameaux du frêne, à ce que je présume, et les petites larves
n'en sortent qu'au printemps suivant, pendant le mois d'avril ou
le commencement de mai, au moment où les feuilles commencent
à se développer. Elles les rongent avec une extrême voracité, et
ne cessent de manger jusqu'à ce qu'elles aient pris leur entier
accroissement, ce qui arrive en assez peu de temps, car elles commencent à descendre de l'arbre et à s'enterrer dès le 15 mai ; mais
ce peu de temps leur suffit pour exercer les plus grands ravages.
En 1831 et 1832 elles ont complétement dépouillé de leurs feuilles
les frênes des promenades et des remparts de Besançon, de telle
sorte que ces arbres étaient aussi nus qu'au mois de janvier. On
pouvait se faire une idée de leur nombre en entendant tomber
leurs crottes sur les feuilles comme une pluie continue et en
voyant la terre couverte de grains noirs au pied des arbres.

Cette larve ressemble presque entièrement à une chenille. Lorsqu'elle a pris toute sa taille, elle a 15 à 16 millimètres de longueur. Elle est cylindrique, glabre et a 2 millimètres de diamètre ;
sa couleur générale est vert-pomme ; elle porte de chaque côté du
vaisseau dorsal deux raies blanchâtres ou d'un vert très-pâle qui
comprennent entre elles une raie de la couleur du fond, sous laquelle
on voit très bien les pulsations du cœur ou vaisseau dorsal ; la
tête est ronde et verte, armée de deux mâchoires de la même
couleur, ayant la pointe brune. Les pattes sont au nombre de
vingt-deux, de la couleur du corps.

Dès qu'elle a pris toute sa croissance, vers le 15 mai, elle descend de l'arbre sur lequel elle a vécu pour entrer dans la terre à
une profondeur de 4 ou 5 centimètres et s'y construire une coque
dans laquelle elle doit passer l'été, l'automne et l'hiver et se trans-
former en chrysalide à la fin d'avril, et en insecte parfait au commencement de mai. Lorsque les larves descendent de l'arbre,
elles s'accumulent sur la partie inférieure du tronc jusqu'à la
hauteur de 1 à 2 mètres, de manière à y former un tapis con-

tinu, et restent dans cette position pendant un ou deux jours. La coque dans laquelle elles se renferment est composée de parcelles de terre liées ensemble par un liquide verdâtre que la larve rend par la bouche ou par l'anus ; elle est ovale, longue de 8 millimètres sur 4 millimètres de diamètre, grossière en dehors et lisse en dedans, assez épaisse pour protéger la larve pendant le temps qu'elle doit y passer. Lorsqu'elle s'est vidée, elle a perdu la moitié de sa longueur ; elle reste immobile jusqu'au moment de sa métamorphose en chrysalide qui s'opère à la fin d'avril. Elle reste environ huit ou dix jours sous cette forme, et l'insecte parfait commence à sortir de terre vers le 7 mai.

Il est classé dans la famille des Porte-scie, dans la tribu des Tenthrédines et dans le genre SELANDRIA. Son nom entomologique est SELANDRIA FRAXINI, et son nom vulgaire MOUCHE-à-SCIE DU FRÊNE, TENTHRÈDE DU FRÊNE.

83. SELANDRIA FRAXINI, Leach. — Longueur, 6 millimètres. Les antennes sont noires, filiformes, de la longueur de la tête et du corselet, formées de neuf articles ; la tête est noire, transverse, armée de mandibules testacées ; le corselet est entièrement noir ; l'abdomen est noir, de la largeur du corselet et de la longueur de celui-ci et de la tête réunis, arrondi au bout ; les pattes sont noires, sauf les tibias antérieurs et intermédiaires qui sont blanchâtres en devant ; les ailes sont transparentes, noirâtres, avec le stigma et les nervures noires ; les antérieures sont pourvues de deux cellules radiales et de quatre cellules cubitales, dont les deuxième et troisième reçoivent chacune une nervure récurrente.

La larve de cette Tenthrédine est exposée aux atteintes d'un parasite qui en détruit un grand nombre et finit par la faire disparaître. C'est un Ichneumonien du genre CRYPTUS dont la femelle pique la larve avec sa tarière et pond un œuf dans son corps ; le ver sorti de l'œuf ronge intérieurement la larve de la Tenthrédine et se change en chrysalide dans la coque de celle-ci ; il se montre à l'état parfait dans le temps où les fausses chenilles sont

sur les arbres ; on le voit voltiger sur celles qui descendent le long
du tronc pour aller s'enterrer, sur celles qui sont déjà à terre, et
même on le voit courir sur la terre où elles sont entrées, cherchant
à les atteindre avec sa tarière.

Cet Ichneumonien a beaucoup d'analogie avec le CRYPTUS PERS-
PICILLATOR dont le mâle seul est décrit par Gravenhorst; mais
n'étant pas assuré qu'il le soit réellement, je le décrirai sous le
nom de BICOLOR.

CRYPTUS BICOLOR, G. — *Mâle.* Longueur, 8 millimètres. La tête
et les antennes sont noires ; ces dernières sont filiformes, longues,
droites, formées de trente articles environ ; les palpes, l'orbite interne des yeux sont blanchâtres ; le thorax est noir, l'écusson est
noir à la base, blanchâtre à l'extrémité; le sous-écusson est marqué d'une petite ligne blanchâtre; l'abdomen est fauve, allongé,
menu, arrondi à l'extrémité, avec le pédicule noir, sauf sa petite
extrémité; les pattes sont fauves, avec les hanches, les cuisses et
les tibias postérieurs noirâtres; les tarses sont fauves, sauf les postérieurs qui ont les deux premiers articles bruns; les ailes sont
hyalines, un peu obscures, à nervures et stigma noirâtres; l'aréole
est pentagonale.

Femelle. Longueur, 7 millimètres. La tête est noire, les palpes
sont obscurs ; les antennes sont noires, avec les six à dix articles
blancs, et sont roulées en cercle à l'extrémité; le corselet est noir ;
l'abdomen est ovale, fauve, avec le pédicule noir, sauf l'extrémité ;
la tarière est noire, un peu moins longue que l'abdomen; les
pattes antérieures et moyennes sont fauves, avec les hanches
noires; les postérieures sont noirâtres; les ailes sont comme chez
le mâle; l'écaille alaire est blanchâtre chez les deux sexes.

On peut détruire cette espèce dangereuse en écrasant les larves
sur le tronc des frênes, lorsqu'elles descendent pour s'enterrer, ou
les écraser lorsqu'elles commencent à entrer dans le sol en le
battant avec une dame ou en y conduisant des porcs ou même
des poules qui chercheront dans le sol et les mangeront.

84. — La Mouche-à-Scie septentrionale.

(NEMATUS SEPTENTRIONALIS, S. F.).

La larve ou fausse-chenille qui produit la Mouche-à-Scie septentrionale vit sur le bouleau, dont elle ronge les feuilles. Elle se
trouve quelquefois en famille nombreuse sur cet arbre et y produit
un assez grand dégât. Elle y paraît dans le mois de juin et arrive à
sa croissance complète vers le 20 juillet. Elle ronge les feuilles en
les tenant par le bord entre ses pattes et les échancrant profondément avec ses dents. Elle prend des attitudes bizarres, tantôt
relevant la moitié postérieure de son corps qu'elle ramène sur la
moitié antérieure ; tantôt elle la recourbe en bas en forme de crochet. Ces positions ne lui sont pas particulières ; elles lui sont
communes avec les larves du même genre qui vivent en famille
sur le saule, le groseillier et sur d'autres arbres.

La larve du NEMATUS SEPTENTRIONALIS, selon Ratzburg, est longue de 22 millimètres. Elle est verte sur le dos, sauf le devant du
premier et les trois derniers segments qui sont jaunes ; elle porte
de chaque côté une ligne de onze taches ou gros points noirs, et
au-dessus des pattes une autre ligne de taches noires allongées ;
l'espace compris entre ces lignes est blanc ; la tête est noire ainsi
que les six pattes antérieures, les quatorze autres sont jaunâtres.

Lorsqu'elle est parvenue à toute sa taille et qu'elle a subi sa
dernière mue, elle a 20 millimètres de longueur. Elle est cylindrique,
entièrement d'un noir-luisant, ayant l'apparence visqueuse, excepté
les pattes et les stigmates qui sont jaunes ; elle est pourvue de
vingt pattes ; n'ayant plus à croître, elle descend de l'arbre sur lequel elle a vécu et entre dans la terre où elle se construit une
coque ovale, de 14 millimètres de longueur sur 5 millimètres de
largeur, formée de parcelles de terre agglutinées par une sorte de
liquide gommeux qu'elle rend. Cette coque est brute à l'extérieur,
lisse et luisante à l'intérieur, tapissée d'un enduit assez épais et

assez solide pour être imperméable à l'humidité. C'est dans ce réduit qu'elle se change en chrysalide, puis ensuite en insecte parfait qui sort de terre vers le 13 août; mais une assez grande partie de la génération passe l'hiver dans le sol à l'état de larve et n'éclôt que dans les premiers jours de mai pour pondre bientôt après sur les feuilles du bouleau et donner les larves que l'on voit en juin. L'insecte se classe dans la famille des Porte-Scie, dans la tribu des Tenthrédines et dans le genre NEMATUS. Son nom entomologique est NEMATUS SEPTENTRIONALIS, et son nom vulgaire MOUCHE-A-SCIE SEPTENTRIONALE, TENTHRÈDE SEPTENTRIONALE.

84. NEMATUS SEPTENTRIONALIS, S.-F. — *Mâle.* Longueur, 10 millimètres. La tête et les antennes sont noires, la première est transverse; les secondes sont filiformes, composées de neuf articles qui vont en diminuant de grosseur de la base de la tige jusqu'à l'extrémité; le corselet est noir; l'abdomen est deux fois aussi long que la tête et le corselet, aussi large que ce dernier, et sessile; le premier segment est noir, les deuxième, troisième et quatrième sont fauves et les suivants noirs; le dernier est terminé par deux appendices courts, filiformes, noirs et droits; les hanches antérieures et moyennes sont noires, les postérieures blanches, les cuisses sont noires, avec l'extrémité des antérieures et la base des postérieures fauves; les tibias sont blancs, mais l'extrémité des antérieurs est fauve et l'extrémité des postérieurs et moyens noire, celle-ci est dilatée; les tarses antérieurs et moyens sont noirâtres et les postérieurs noirs, avec le premier article dilaté en palette allongée; les ailes sont hyalines, à nervures et stigma noirs; les antérieures sont pourvues d'une longue cellule radiale et de quatre cellules cubitales; la première, petite et ronde, la deuxième allongée recevant les deux nervures récurrentes.

Les parasites du NEMATUS SEPTENTRIONALIS sont, selon Ratzburg :

ICHNEUMONIDES........
- Campoplex argentatus.
- — chrysostictus.
- Pimpla angens.
- Polysphincta areolaris.
- Tryphon gibbus.
- — septentrionalis.
- — 6-litturatus.

BRACONITES..........
- Ichneutes reunitor.
- Microgaster alvearius.

---

85 à 87. — Les Mouches-à-Scie du Saule.

(NEMATUS PAVIDUS, S. F.; — SALICIS, S. F.; — CAPREÆ, S. F.)

Les larves ou fausses-chenilles de la Mouche-à-Scie craintive vivent en nombreuse famille sur le saule-osier (SALIX VIMINALIS) et très probablement sur les autres espèces de saules. Elles en rongent complétement les feuilles, ne laissant que la nervure médiane et les nervures secondaires; en sorte que l'arbre est plus ou moins dépouillé de sa verdure, selon que le nombre des larves est plus ou moins considérable. On les voit, dans le mois d'août, occupées à dévorer les feuilles, à les déchiqueter et à manger presque continuellement; elles les saisissent par la tranche entre leurs pattes et les entament profondément avec leurs mandibules. Elles prennent de temps à autre des attitudes bizarres, relevant verticalement la partie antérieure de leur corps, ou relevant la partie postérieure et la ramenant sur leur dos, ou bien l'abaissant et la courbant en forme de crochet. Elles parviennent au terme de leur croissance vers le 24 août. Alors elles ont 10 millimètres de longueur. Elles sont d'un vert-jaunâtre; leur tête est noire, luisante et ronde, armée de deux mandibules; le premier segment est d'un jaune-safran; les autres, jusqu'au dernier, sont de la couleur générale, et portent sur le dos trois raies noires continues, et de plus une ligne de chaque côté formée par des taches noires placées à la hauteur des stigmates; les pattes sont au nombre de vingt, dont les six antérieures sont écailleuses et les quatorze autres membraneuses, et toutes d'un vert-jaunâtre. Ayant pris toute leur croissance, elles quittent l'arbre sur lequel elles ont vécu, entrent dans la terre à son pied et se construisent chacune un cocon sub-cylindrique, arrondi au deux bouts, d'une couleur verte blan-châtre, brillante, paraissant un peu duvéteux à l'extérieur, d'une longueur de 9 millimètres sur 4 1/2 millimètres de diamètre. Je conjecture que la larve, après l'avoir filé, dégorge une humeur verdâtre et visqueuse qui l'enduit intérieurement, pénétre à tra-vers le tissu dont il est formé, le consolide et le met à l'abri de l'humidité qui ne peut le traverser. L'insecte parfait en sort vers le 27 septembre. Il est classé dans la famille des Porte-Scie, dans la tribu des Tenthrédines et le genre NEMATUS. Son nom entomo-logique est NEMATUS PAVIDUS et son nom vulgaire MOUCHE-à-SCIE CRAINTIVE, TÉNTHRÈDE CRAINTIVE.

85. NEMATUS PAVIDUS, S. F. — *Femelle*. Longueur, 9 millimè-tres. Les antennes sont noires, filiformes, composées de neuf arti-cles, diminuant de grosseur depuis la base de la tige jusqu'à l'extré-mité; la tête est transverse, noire en dessus et en arrière, jaune en dessous et sur la face; les yeux et l'extrémité des mandibules sont noirs; les palpes sont jaunes; le thorax est noir en dessus, jaune en dessous et sur les épaules, avec deux points noirs à la base des hanches antérieures et la médi-poitrine noire très luisante; l'abdomen est sessile, ovalaire, de la longueur de la tête et du thorax, de la largeur de ce dernier, d'un jaune-testacé, avec le premier segment marqué d'une grande tache noire sub-carrée; les hanches et les pattes sont jaunes; les tibias postérieurs sont d'un jaune-brunâtre, et leurs tarses sont noirâtres; les ailes sont hyalines, avec les nervures et le contour du stigma d'un brun-jaunâtre; elles sont pourvues d'une grande cellule radiale et de quatre cellules cubitales; la première petite, ronde; la deuxième

longue recevant les deux nervures récurrentes ; la troisième petite, carrée ; la quatrième fermée au bout de l'aile. Le mâle est semblable, mais il présente une teinte noirâtre indéterminée sur l'abdomen.

Les larves de cette Mouche-à-Scie sont atteintes par deux parasites, dont le premier est un Ichneumonien qui pond un œuf dans le corps de chacune de celles qu'il choisit. De cet œuf sort un ver qui ronge intérieurement la larve blessée sans l'empêcher de filer son cocon, et le parasite sort de ce cocon, vers le 26 septembre. Il me paraît se rapporter au genre Tryphon et à l'espèce appelée EXTIRPATORIUS. Je ne donne cependant cette détermination qu'avec doute.

TRYPHON EXTIRPATORIUS? Grav. — *Mâle*. Longueur, 6 millimètres. Les antennes sont noires, filiformes, moins longues que le corps ; la tête est noire, avec la face d'un blanc-jaunâtre, marquée de trois points noirs ; le premier à la base des antennes, les deux autres enfoncés près de la base des mandibules ; le labre est fauve ; les mandibules sont jaunâtres, à l'extrémité noire ; les palpes sont jaunâtres ; le corselet est noir ; l'écusson est creux à la base, noir à cette base et jaune à extrémité ; l'abdomen est ovale-allongé, beaucoup plus long que la tête et le corselet ; le premier segment est élargi à la base, déprimé, canaliculé, noir sur les trois quarts de sa longueur, rouge-ferrugineux à l'extrémité ; le deuxième est rouge-ferrugineux, avec deux points noirâtres à sa base ; le troisième est rouge-ferrugineux ; le quatrième de la même couleur à la base et noir à l'extrémité ; les autres sont noirs ; les pattes sont d'un rouge-ferrugineux ; les hanches postérieures sont noires, les intermédiaires noires à la base ; les antérieures blanchâtres ; les ailes sont hyalines, à nervures et stigma bruns ; l'aréole est petite, sub-carrée, courtement pétiolée ; l'écaille alaire est blanchâtre ; la tarière de la femelle est à peine saillante.

La largeur de la base du premier segment de l'abdomen, la

forme et la coloration de ce dernier donnent à cet Ichneumonien
l'apparence d'un Bassus et on pourrait le placer à côté du Bassus
RUFIVENTRIS, Grav. qui fait le passage de ce genre aux TRYPHONS.

Le deuxième parasite se montre vers le 24 septembre. C'est une
Mouche de la tribu des Tachinaires, qui me paraît se rapporter au
genre MASICERA, Macq., tel qu'il a été constitué, en dernier lieu,
par Macquart, qui y a joint une partie de ses LYDELLA (suites à
Buffon) et qui a de l'analogie avec la LYDELLA PALLIDIPALPIS, mais
qui en diffère probablement. Je lui donne le nom provisoire de
MEDIA.

MASICERA MEDIA, G. — Longueur, 5 millimètres. Les antennes
sont noires et descendent jusqu'à l'épistome ; le troisième article
est triple ou quadruple du deuxième et surmonté d'un style nu ;
le front est peu saillant ; l'épistome est garni de deux soies ; la face
est blanche, la bande frontale noir de velours ; les côtés du front
sont gris ; les yeux rougeâtres (vivant) ; les palpes sont testacés ;
le thorax est gris, rayé de noir ; l'écusson est noir à la base, gris à
l'extrémité ; l'abdomen est sub-cylindrique, noir, luisant, à reflet
blanchâtre à la base des segments qui portent chacun deux soies
sur le dos ; il n'y a pas de taches fauves sur les côtés ; les pattes
sont noires, garnies de quelques cils ; les ailes sont hyalines, à
nervures noires. La première cellule postérieure est fermée à l'extrémité de l'aile ; la deuxième nervure transversale est un peu sinueuse et tombe aux deux tiers de la première cellule postérieure.

Une autre espèce du même genre, appelée NEMATUS SALICIS et
vulgairement MOUCHE-A-SCIE DU SAULE, mérite d'être signalée. Sa
larve vit en nombreuse société sur les saules dont elle dévore les
feuilles. Elle ressemble à la précédente par la taille et les habitudes ; elle est d'un blanc-verdâtre, marquée sur le dos de deux
raies longitudinales noires et de chaque côté d'une ligne de taches
noires au-dessus des stigmates ; elle est pourvue de vingt pattes ;
elle entre dans la terre pour filer son cocon, et l'insecte parfait en

sort en automne; mais une partie de la génération passe l'hiver dans les cocons à l'état de larves et ne se change en chrysalide qu'au printemps suivant, et quelques jours après en insecte parfait.

86. NEMATUS SALICIS, S. F. — Longueur, 8 millimètres. Les antennes sont noires en dessus, testacées en dessous; la tête est d'un jaune-pâle, avec le dessus noir; le corselet est d'un jaune testacé, avec le dos, et quelquefois le sternum, noir; l'abdomen est entièrement d'un jaune-testacé; les pattes sont d'un jaune-pâle et les tarses postérieurs bruns. Les ailes sont hyalines, à nervures brunes.

On peut encore citer le NEMATUS CAPREÆ, vulgairement MOU-CHE-A-SCIE ou TENTHRÉDE DU SAULE-MARSAULT, dont les larves vivent en société sur les saules et en rongent les feuilles. Sa larve a les mêmes habitudes que les précédentes et n'est pas moins nuisible à ces arbres.

87. NEMATUS CAPREÆ, S. F. — La tête est jaune, avec le dessus noir; le corselet est jaune, avec le dos noir; l'abdomen est noir en dessus et jaune en dessous; les pattes sont jaunes; les ailes sont hyalines, à nervures jaunes.

Pour débarrasser les saules de ces larves, on peut les secouer dès le matin, avant que le soleil les ait réchauffées et les recevoir sur des nappes. Lorsqu'elles commencent à descendre pour s'enterrer, on peut conduire au pied des arbres des cochons ou des poules qui les mangeront.

Les parasites du NEMATUS SALICIS sont, selon Ratzburg :

ICHNEUMONIDES........	Pimpla instigator.
	— scanica.
	Tryphon 6-lituratus.
CHALCIDITES.........	Entedon arcuatus.

ceux du NEMATUS CAPREÆ sont, selon le même auteur :

ICHNEUMONIDES............   Tryphon extirpatorius (Drew).
BRACONIDES..........   Bracon caudatus.

---

88 à 90. — **Les Sirex ou Urocères.**

SIREX JUVENCUS, Fab.; — SPECTRUM, Fab.; — GIGAS, Fab.

Les Sirex, nommés aussi Urocères, sont des Hyménoptères d'une grande taille dont l'abdomen cylindrique est réuni au corselet dans toute sa largeur sans aucun étranglement entr'eux, et qui est terminé, chez les femelles, par une tarière droite, notablement longue, et par une petite queue qui se voit aussi chez les mâles. Ces insectes prennent leur essor dans le mois de juin ou de juillet, et après s'être accouplée, la femelle va pondre ses œufs dans les arbres résineux, les pins, les sapins et les mélèzes. Elle choisit ceux qui sont abattus, ou ceux qui, étant debout, sont faibles, malades ou tarés et ceux qui sont nouvellement écorcés. Elle enfonce dans le bois sa tarière jusqu'à la base et dépose ses œufs dans la blessure ; les larves qui en sortent s'insinuent dans l'arbre à une assez grande profondeur ; elles y tracent des canaux serpentants qui deviennent de plus en plus larges à mesure qu'elles grandissent. Elles se nourrissent des parcelles de bois imprégnées de sève qu'elles détachent avec leurs mandibules, qu'elles mâchent, qu'elles avalent et qu'elles rendent sous forme de vermoulure, remplissant leurs galeries derrière elles. Elles mettent près de deux ans à acquérir toute leur croissance et lorsqu'elles l'ont prise, elles creusent chacune une cellule à l'extrémité de leur galerie, d'une dimension plus vaste que cette dernière, dans laquelle elles se changent en chrysalides, puis ensuite en insectes parfaits. Ces derniers, après s'être rafermis pendant quelques jours, percent le bois pour se mettre en liberté et y laissent chacun un trou rond comme le ferait une petite balle de fusil.

La larve de ces insectes est grande, d'une taille proportionnée

à l'espèce qu'elle doit produire. Elle est cylindrique, épaisse, blan
che, formée de douze segments, sans compter la tête, molle et
glabre. La tête est arrondie, armée de deux fortes mandibules; les
trois segments thoraciques portent en dessous chacun une paire
de pattes courtes et grosses; les neuf suivants en sont privés et
le dernier se termine par une petite queue pointue, un peu relevée
en dessus.

L'insecte parfait prend son essor dans les mois de juin et de
juillet de la deuxième année. Il est classé dans la famille des
Porte-Scie ou Porte-Tarière, dans la tribu des Siriciens ou Urocé-
rides et dans le genre SIREX, Lin. ou UROCERUS, Geoff.

Après ces généralités, il ne reste plus qu'à décrire les trois espèces que l'on trouve dans nos forêts d'arbres verts. La première
vit dans l'épicéa, les sapins et les pins.

88. SIREX JUVENCUS, Fab. — Longueur, 27-33 millimètres. Le
corps est cylindrique, d'un bleu-violacé foncé. Les antennes sont
filiformes, plus longues que la moitié du corps, testacées depuis
la base jusque vers le milieu, brunes ensuite; la tête est demi-
globuleuse, de la largeur du thorax, un peu échancrée en arrière,
armée de deux mandibules tri-dentées et pourvue de trois yeux
lisses sur le vertex; le corselet est velu, très fortement ponctué,
ayant les angles antérieurs très saillants; l'abdomen est cylindrique, de la largeur du corselet, réuni à ce dernier sans étranglement, trois fois aussi long que le thorax, terminé par une queue
triangulaire, pointue; les ailes sont transparentes, lavées de jaune,
atteignant l'extrémité de l'abdomen; les supérieures sont pourvues de deux cellules radiales; la première petite, ovale; la deuxième très grande et de quatre cellules cubitales; la première
petite, la deuxième très longue recevant la première nervure
récurrente; la troisième en parallélogramme recevant la deuxième
récurrente, la quatrième fermée par le bord de l'aile; les pattes
sont d'un jaune-roussâtre et les cuisses fauves. La tarière est
noire et peu longue.

Le mâle est beaucoup plus petit, n'ayant que 18 millimètres environ de longueur. Il est vert au lieu d'être violet ; les antennes sont fauves à la base ; la tête, le corselet et les trois premiers segments de l'abdomen sont verts et les suivants, sauf le dernier, sont rouges. Les pattes postérieures sont noires avec les tibias et les tarses, surtout le premier article, très aplatis.

Le nom vulgaire de cet insecte est SIREX BOUVILLON, SIREX DU PIN, UROCÈRE DU PIN, UROCÈRE BOUVILLON. Sa larve vit dans l'Epicéa, les Sapins et les Pins.

89. SIREX SPECTRUM, Fab. — Longueur, 25 à 27 millimètres. Le corps est noir, brillant, les antennes sont noires, filiformes, un peu moins longues que le corps ; la tête est noire et porte une tache jaune derrière chaque œil ; le corselet est cylindrique, de la largeur de la tête et marqué d'une bande latérale jaune, à épaules saillantes ; l'abdomen est cylindrique, de la couleur générale, de la largeur du corselet et quatre fois aussi long, terminé par une queue ou corne notablement longue ; les ailes sont hyalines, très légèrement lavées de jaune, atteignant l'extrémité de l'abdomen ; les cellules sont disposées comme dans l'espèce précédente ; les pattes sont d'un jaune-testacé ; la tarière est noire, de la longueur du corps.

Le mâle est plus petit que la femelle et lui ressemble, sauf que les pattes antérieures sont fauves et légèrement tachées de noir à l'extrémité des tibias ; que les moyennes sont fauves avec la moitié inférieure des tibias noire; que les postérieures ont les cuisses fauves, ainsi que les articles des tarses 2-5.

Cette espèce porte le nom vulgaire de SIREX SPECTRE, UROCÈRE SPECTRE. Sa larve vit dans l'Épicéa.

90. SIREX GIGAS, Fab. — Longueur, 33 à 40 millimètres. Le corps est noir ; les antennes sont filiformes, un peu moins longues que le corps, d'un jaune-testacé ; la tête est demi-sphérique, velue, ponctuée, noire, ayant derrière chaque œil un renflement

brillant, d'un jaune-clair ; les palpes sont noirs ; le corselet est
noir, velu, de la largeur de la tête, cylindrique, à épaules saillantes ; l'abdomen est cylindrique, sessile, de la largeur du thorax,
quatre fois aussi long, ayant son premier segment jaune, les quatre
suivants noirs, les derniers jaunes, ainsi que la pointe terminale
notablement longue, garnie de courtes épines, ayant un peu la
forme d'une pique obtuse ; les ailes sont transparentes, luisantes,
d'un jaune légèrement violacé à l'extrémité ; les pattes sont d'un
jaune-testacé, avec les cuisses noires ; la tarière est d'un brun-
roussâtre, un peu moins longue que l'abdomen.

Le mâle est plus petit ; les antennes sont de la longueur du
corps ; les segments de l'abdomen sont jaunes, exepté le premier ;
les cuisses sont noires ; les tibias antérieurs et moyens sont fauves ; les tibias postérieurs sont noirs avec la base fauve ; le premier article de leurs tarses est noir, les autres sont fauves.

Le nom vulgaire de cette espèce est SIREX GÉANT, UROCÈRE
GÉANT. Sa larve vit dans l'épicéa et le sapin et même le hêtre.

Les larves des SIREX, quoique nuisibles aux arbres résineux,
ne les font pas mourir, mais par les galeries qu'elles creusent
dans le bois elles l'affaiblissent et lui ôtent de la valeur. On voit
fréquemment leurs trous dans les planches du sapin. Il n'est pas
rare de voir sortir les insectes parfaits de charpentes, de planches,
de lambris et de meubles de sapin construits depuis plusieurs
années, ce qui prouve que les larves ou les chrysalides peuvent y
séjourner sans inconvénient pendant plus de deux ans. On a
encore observé que si une feuille de plomb recouvre le bois qui
recèle un de ces insectes, celui-ci perce d'abord le bois, puis
ensuite le plomb pour se mettre en liberté.

Les parasites des SIREX, sans désignation d'espèce, sont, selon
Ratzburg :

ICHNEUMONIDES......... { Ephialtes mediator.
                          Rhyssa amœna.
                          — approximator.

ICHNEUMONIDES........ {
— elevata.
— curvipes.
— leucographa.
— nigricornis.
— obliterata.
— persuasoria.
— superba.

EVANIALES............   Aulacus exaratus.
CHALCIDITES ....   Pteromalus Mayerinskii.

———

91 à 96. — LES CYNIPS.

Les Cynips sont de très petits Hyménoptères, des moucherons
à quatre ailes, qui produisent, par leur piqûres, des altérations
remarquables sur les végétaux et particulièrement sur le chêne.
On reconnaît facilement au premier coup-d'œil ces insectes à leur
tête basse, à leur corselet relevé, bombé, comme bossu, à leur
abdomen comprimé, lenticulaire et à leurs ailes dépassant l'abdomen de la longueur de celui-ci. Les femelles sont armées d'une
tarière cachée dans leur corps, dont le petit bout paraît à l'extrémité de l'abdomen et est enfermé entre deux petites écailles
représentant une petite queue. Lorsque la femelle veut se servir
de cette tarière elle la fait sortir de son corps et l'enfonce dans
la partie du végétal qu'elle a choisie et laisse un œuf dans la
blessure. Chez quelques espèces la tarière est fort longue et est
roulée en spirale et cachée dans l'abdomen pendant le repos ;
chez d'autres elle est plus courte ; sa grosseur est celle d'un
cheveu ou d'un crin, selon les espèces. Chaque espèce de Cynips
a un instinct particulier qui lui fait choisir la partie du végétal
qui convient au développement des larves qui sortiront de ses
œufs. Les uns les placent sur les nervures de la face inférieure
des feuilles ; les autres sur les chatons des fleurs mâles du chêne,

d'autres à l'extrémité d'une petite branche ; d'autres dans les yeux
placés le long des branches ; il y en a qui les confient à l'écorce,
d'autres à l'aisselle des feuilles et même aux racines. La femelle
pond ses œufs quelquefois isolément, d'autres fois elle en dépose
plusieurs les uns à côté des autres ou dans le voisinage les uns
des autres. Dès que la tarière a percé le végétal et déposé un œuf
sur ou dans la blessure il se fait en ce point une grande affluence
de sève qui enveloppe l'œuf et l'enferme de toute part. Il se
produit là une sorte de pustule, une excroissance appelée galle,
dont la forme et le volume dépendent de l'espèce du Cynips et du
lieu où elle croît. L'œuf renfermé au milieu de la matière végétale
qui forme la galle, se gonfle d'abord, puis devient une petite larve
blanche pourvue de mandibules qui se nourrit en rongeant autour
d'elle, en suçant la sève, et qui se pratique une petite cellule
sphérique dans laquelle elle se tient couchée en cercle, vivant
sans rendre d'excréments. La galle tenant au végétal par un pédicule ou un simple filet, est continuellement approvisionnée de sève
nouvelle et la larve vit dans l'abondance. L'œuf d'où elle sort est
blanc, mou, formé d'un liquide visqueux, contenu dans une
membrane excessivement mince. Il absorbe la sève par imbibition, grossit et devient une larve sans qu'il y ait eu éclosion. Lorsque celle-ci a pris toute sa croissance elle se transforme en chrysalide nue dans sa cellule et ensuite en insecte parfait qui perce la
galle pour prendre son essor.

Il y a des Cynips qui ne produisent pas de galles par leurs piqûres sur les végétaux ou qui n'ont pas l'instinct de chercher à en
produire, mais qui ont celui de placer leurs œufs dans les galles
formées par d'autres Cynips. Leurs larves vivent dans ces galles
en rongeant la substance sans nuire, à ce que l'on croit, aux larves
légitimes habitantes de ces excroissances. Ces deux espèces de
larves ayant des cellules distinctes, sans communication des unes
avec les autres, peuvent se développer simultanément en vivant
à la même table. Il y a cependant des exemples de galles qui
n'ont produit que la deuxième espèce de CYNIPS et qui n'ont donné

aucun Cynips légitime, c'est-à-dire, fondateur de l'excroissance.
J'avais désigné sous le nom de CYNIPS PARASITES les espèces secondaires, celles qui pondent dans les galles produites par d'autres ;
mais M. le docteur Giraud de Vienne leur ayant donné le nom de
CYNIPS COMMENSAUX, qui me parait plus convenable, j'adopterai cette
dénomination.

Certaines espèces de Cynips présentent une particularité bien
extraordinaire et unique dans toute la série entomologique ; c'est
qu'il n'y a que des femelles dans ces espèces ; on n'a jamais vu
les mâles et on ne sait pas encore comment s'opère la fécondation
des premières.

Le nombre des espèces de Cynips est assez considérable, et
chacune d'elles produit une galle d'une forme particulière, mais
le même commensal peut se trouver dans des galles différentes.

On ne remarque pas que les Cynips soient notablement nuisibles aux arbres et les feuilles de chêne chargées quelquefois d'un
nombre prodigieux de ces excroissances ne paraissent pas en
souffrir ; elles n'en sont pas ordinairement déformées, excepté une
qui chiffonne et recoquille la feuille ; les autres ne paraissent pas
s'en ressentir, car elles conservent leur fraicheur. Il est cependant
probable qu'une aussi grande quantité de sève absorbée par ces
excroissances et détournée des rameaux et des branches, doit
nuire aux jeunes chênes faibles et languissants ; mais les arbres
âgés et vigoureux ne se ressentent guère des légères blessures
faites à leurs branches, à leurs bourgeons, à leur écorce ou à
quelques racines sortant de terre. Les Cynips qui pondent dans
les châtons nuisent manifestement à la fécondation et à la production des glands, et ceux qui les confient aux calices du gland empêchent celui-ci de se développer.

Tous les Cynips, les producteurs de galles et les commensaux,
sont compris dans la famille des Pupivores, dans la tribu des
Gallicoles et dans le genre CYNIPS de Latreille ; mais comme plusieurs d'entre eux présentent des mœurs très différentes et quelques caractères particuliers d'organisation on a divisé le genre

15

Cynips en plusieurs autres. Il est ainsi devenu une sous-tribu, celle des CYNIPSIENS dans laquelle on a conservé le genre CYNIPS pour les espèces dont on ne connait que les femelles.

Après ces généralités très succinctes on va donner l'histoire d'un petit nombre d'espèces communes qu'il parait convenable de signaler.

—

91. — Le Cynips des pommes du Chêne.

(ANDRICUS TERMINALIS, Fab.)

Les galles des pommes du chêne sont fort communes et paraissent dès le mois de mai, quelquefois avant la pousse des feuilles, et persistent pendant l'été. Elles croissent sur les rameaux, souvent à leur extrémité et sont formées par le renflement d'un bourgeon qui n'a pu se développer. On en trouve de la grosseur d'une noix. d'autres de la dimension d'une petite pomme. Les nuances de rouge, de jaune et de vert qui les parent au temps de leur jeunesse, aussi bien que leur forme, leur ont donné le nom qu'elles portent. Leur intérieur parait composé de filaments blancs, laineux, pressés et agglutinés les unes contre les autres sous une pellicule mince qui ne peut se détacher et qui semble les avoir empêchées de se développer librement. En vieillissant elles deviennent d'une couleur tannée; l'intérieur se dessèche, brunit et tombe en poussière lorsqu'on les ouvre. Au centre on trouve une agglomération de petites cellules ovoïdes, à parois ligneuses, renfermant chacune une larve qui en remplit la capacité. Quelquefois on y remarque deux larves dont l'une mange l'autre. La larve mangée est l'habitant légitime du lieu et provient d'un œuf déposé par la femelle du Cynips dans la blessure faite par sa tarière à un bouton du rameau. Cette femelle pond autant d'œufs qu'il y a de cellules dans la galle. L'œuf est très petit, blanc, mou, de forme variable ; il grossit dans la blessure et au bout de quelques jours donne des signes de vie, comme si c'était un fœtus qui serait nourri par imbibition de la sève qui l'enveloppe. Lorsque cet embryon a pris la forme de larve il se nourrit en rongeant et râpant avec ses mandibules les parois de son berceau. Parvenue au terme de sa croissance, vers le 15 ou le 20 juin, cette larve a 2 à 3 millimètres de longueur. Elle est blanche, molle, glabre, apode, sub-cylindrique, un peu atténuée à sa partie postérieure, formée de douze segments, sans compter la tête qui est ronde, rentrée en partie dans le premier et armée de deux mandibules bidentées au bout qui est brun. Elle est couchée en cercle dans sa cellule qui est très propre, ce qui fait penser qu'elle ne rend pas d'excréments. Elle se change en chrysalide vers le 20 juin sans filer de cocon. Cette chrysalide est blanche et se transforme en insecte parfait vers le 1er juillet. Celui-ci perce un petit trou rond dans la galle et prend son essor. Les nichées sont ordinairement fort nombreuses, depuis vingt jusqu'à cent cinquante individus. On y voit des mâles et des femelles ; mais certaines galles ne donnent que des mâles tous pourvus d'ailes ; d'autres galles ne produisent que des femelles ailées, ou des femelles aptères, ou des femelles à ailes tronquées.

Le nom entomologique de cette espèce est ANDRICUS TERMINALIS ou CINIPS TERMINALIS, Fab. Son nom vulgaire est CYNIPS TERMINAL ou CYNIPS DES POMMES DU CHÊNE.

91. ANDRICUS TERMINALIS, Fab. — *Femelle.* Longueur, 3 millimètres. Elle est d'un fauve-pâle ; les antennes sont filiformes, grenues, un peu moins longues que le corps, d'un fauve-pâle, composées de quatorze articles dont le troisième est droit, plus long que les autres ; la tête est de la couleur générale ; les yeux sont noirs ; le corselet est d'un fauve-pâle, marqué de deux stries sur le dos ; l'abdomen est sub-pédiculé, ovalaire, de la longueur du thorax, comprimé, lisse, luisant, d'un brun-marron ; les pattes sont d'un fauve très-pâle ; les ailes sont hyalines, flavescentes, dépassant beaucoup l'abdomen, avec les nervures d'un brun-fauve

la deuxième cellule cubitale des supérieures est triangulaire, très petite ; l'abdomen est terminé par une tarière à peine saillante.

Mâle. Longueur, 2 à 2 1|2 millimètres. Il est semblable à la femelle ; mais ses antennes sont relativement plus longues, formées de quinze articles, dont le troisième, plus long que les autres, est échancré en forme de crosse ; l'abdomen est petit, ovalaire, non comprimé, et on ne voit pas de tarière à son extrémité.

On a dit plus haut qu'il existe des Cynips qui vivent en commensaux dans les galles produites par d'autres. On en a ici un exemple, car on voit quelquefois sortir des pommes du chêne un Cynips tout différent du premier. Dans le courant du mois de juin 1848 il en a paru un assez grand nombre dans une boite où j'avais renfermé une galle en pomme récoltée dans le mois de mai précédent, et ce qui est remarquable, c'est que cette galle n'a donné aucun CYNIPS TERMINAL ; ce qui semble indiquer que ce commensal a été fort nuisible à son hôte et qu'il n'a pas permis à une seule de ses larves de se développer. Ce même commensal vit dans d'autres galles, telles que les baies ressemblant à des groseilles à maquereau qui viennent sur le revers des feuilles du chêne, les galles soyeuses et rouges, en forme de navette de tisserand, qui croissent à l'insertion des pétioles des feuilles du chêne et d'autres arbres.

Ce Cynips a reçu le nom de SYNERGUS FACIALIS et le nom vulgaire de CYNIPS FACIAL. Cette espèce présente des mâles et des femelles.

SYNERGUS FACIALIS, Hart. — *Femelle.* Longueur, 2 1|2 millimètres. Elle est noire ; les antennes sont filiformes, de la longueur du corps, composées de quatorze articles, d'un fauve-pâle à la base, brunissant en allant vers l'extrémité ; la tête est d'un fauve-pâle, avec les yeux et le vertex noirs ; le thorax est noir, chagriné, marqué de deux stries dorsales ; l'écusson est noir, rugueux, avec deux fossettes à la base ; l'abdomen est sub-pédiculé, ovalaire, comprimé, de la longueur du thorax, lisse, luisant, noir en-dessus et à l'extrémité, d'un brun-rouge plus ou moins étendu, à partir de la base, en-dessous ; les pattes sont d'un fauve-pâle ; les ailes sont hyalines, très minces, à nervures fines et pâles, presque imperceptibles ; la cellule radiale est courte, presque carrée ; l'extrémité de la tarière est apparente.

Mâle. Il est semblable à la femelle, mais le troisième article des antennes, au lieu d'être droit, comme chez cette dernière, est fortement échancré ; l'abdomen est arrondi à l'extrémité, non comprimé, et il n'y a pas de tarière.

La description du DIPLOLEPIS UMBRACULUS, Oliv., qu'on peut lire dans l'encyclopédie méthodique, lui convient parfaitement bien, et il est naturel de penser qu'il se trouve en commensal dans la galle en parasol qui croît dans les Pyrénées sur le QUERCUS PYRENAICA. Si cette conjecture est vraie, le DIPLOLEPIS UMBRACULUS, Oliv., serait le même insecte que le SYMERGUS FACIALIS, Hart.

Les pommes du chêne sont très communes dans les bois, et les nombreuses nichées du CYINPS TERMINALIS qui les habitent servent de pâture à plusieurs espèces de parasites dont on va parler succinctement. La femelle de ces parasites est pourvue d'une tarière apparente ou cachée dans son corps, avec laquelle elle perce la galle et porte un œuf dans la cellule occupée par une larve du Cynips. La petite larve éclose de l'œuf se place sur cette dernière, lui perce la peau avec ses mandibules et se met à la sucer sans quitter sa position jusqu'à ce qu'elle l'ait vidée et se soit, pour ainsi dire, substituée à elle ; après quoi elle se change en chrysalide, puis ensuite en insecte parfait, qui perce la galle et prend son essor.

Une des larves parasites les plus redoutables pour les Cynips se reconnait à sa forme ové-conique, terminée en pointe au bout postérieur. Elle est blanche, molle, apode, longue de 3 à 4 milli- mètres, formée de treize segments sans compter la tête qui est ronde, rentrée en partie dans le premier. Le dernier est très petit et renferme le germe de la tarière ; la tête est armée de deux mandibules écailleuses avec lesquelles elle saisit sa proie et en mange la peau lorsqu'elle en a sucé tous les fluides. On voit sous les premiers segments des soies rousses et raides d'une notable longueur ; il y en a quatre sur chaque segment. La chrysalide est blanche ; les ailes et les pattes sont placées comme à l'ordinaire et la tarière des femelles est étendue et couchée sur le dos. L'insecte parfait s'est montré chez moi du 6 au 18 juillet.

Il est classé dans la famille des Pupivores, dans la tribu des Chalcidites et dans le genre CALLIMOME. Son nom entomologique est CALLIMOME AURATUS, et son nom vulgaire CALLIMOME DORÉ.

CALLIMOME AURATUS, Oliv. — *Femelle.* Longueur, 2 1[2 milli-mètres. Elle est d'un vert-doré brillant ; les antennes sont coudées, noires, formées de treize articles avec le dessous du premier ou scape jaune ; la tête est verte ; les yeux sont rougeâtres (vivant) ; le corselet est vert-doré et ponctué ; l'abdomen est ovalaire, sub-pédiculé, de la longueur du thorax, lisse, luisant, d'un vert-doré ; les pattes sont jaunes et les hanches vertes ; les crochets des tarses sont noirs ; les ailes sont hyalines, avec les nervures pâles ; elles dépassent l'abdomen ; la tarière est noire, un peu plus lon-gue que l'abdomen et ascendante.

Mâle. Longueur, 2 millimètres. Il est semblable à la femelle, mais les cuisses postérieures sont vertes, sauf l'extrémité qui est jaune ; le milieu des tibias postérieurs est brun.

On trouve une variété de la femelle dont le deuxième segment de l'abdomen est jaune, mais le premier, formé d'une sorte d'é-caille qui recouvre le dos du deuxième, ne laisse paraitre qu'en dessous et sur les côtés la ceinture jaune. Je n'ai jamais rencontré de mâles ayant cette ceinture.

Un deuxième parasite du Cynips terminal provient d'une larve entièrement semblable à la première pour la taille, la forme, la couleur et les soies abdominales, mais dont les mandibules sont

brunâtres. Elle passe l'automne dans la cellule qu'elle a usurpée
et se change en chrysalide à la fin de cette saison. Cette dernière
est d'un vert-noirâtre et remarquable par la longueur de sa tarière
couchée sur le dos. Elle se transforme en insecte parfait dès la fin
de février ou au commencement de mars de l'année suivante. Ce
dernier est un Chalcidite du genre CALLIMOME ; comme le précédent
et il est désigné sous le nom d'ADMIRABILIS par Forster.

CALLIMOME ADMIRABILIS, Forst. — *Femelle.* Longueur, 4 millimètres. Elle est d'un bleu-verdâtre brillant ; les antennes sont
noires, composées de treize articles, avec le scape vert ; les yeux
sont rougeâtres ; la tête et le thorax sont d'un bleu-verdâtre et
ponctués ; l'abdomen est ovalaire, de la longueur du thorax, lisse,
luisant, sub-sessile, d'un bleu-verdâtre ; les hanches et les cuisses
sont de la même couleur ; les tibias sont bleuâtres ; les genoux et
les extrémités des tibias antérieurs et moyens sont blanchâtres ;
les tarses sont de cette dernière couleur, avec l'extrémité noire ;
les ailes sont hyalines, à nervures et stigma bruns ; la tarière est
noire, filiforme, deux fois aussi longue que le corps.

Mâle. Il est semblable à la femelle, d'une taille un peu plus
petite, d'un bleu-verdâtre plus foncé.

Un troisième parasite qui se nourrit des larves du CYNIPS TER-
MINAL est une larve d'un blanc-jaunâtre, d'une forme ovoïde, allongée, formée de douze segments qui vont en s'atténuant un peu en
allant vers l'extrémité postérieure et qui sont garnis de quelques
poils blancs isolés ; elle est apode et molle ; la tête est ronde,
rentrée en partie dans le premier segment, armée de deux mandibules écailleuses, brunes ; elle peut faire sortir, à volonté, un
mamelon dorsal de chacun des cinq ou six segments intermédiaires de son corps et, comme elle se tient courbée en cercle
dans sa cellule, ces mamelons lui servent à se mouvoir dans cette
étroite demeure. Cette larve est un parasite extérieur qui se tient
sur sa proie, ayant ses mandibules engagées dans la peau de cette

dernière et la suçant à son aise. Elle se change en chrysalide nue dans son habitation et ensuite en insecte parfait qui perce la galle et prend son essor vers le 15 juillet.

Il se range dans la tribu des Chalcidites, comme les précédents, et dans le genre EURYTOMA de Nées d'Esembeck, lequel a été partagé en plusieurs autres dont l'un, désigné sous le nom de DECA-TOMA, le reçoit ; son nom entomologique est DECATOMA QUERCICOLA, Gir.

DECATOMA QUERCICOLA, Gir.— *Femelle*. Longueur, 3 millimètres. Elle est noire ; la tête et le thorax sont noirs, fortement ponctués ; les antennes sont coudées, noirâtres en dessus, brunes en dessous, formées de dix articles et filiformes ; le corselet est marqué d'une tache jaune en avant des ailes ; l'abdomen est ovalaire, comprimé, lenticulaire, noir, lisse, luisant, de la longueur du thorax auquel il est attaché par un pédicule gros et court ; les pattes antérieures et moyennes sont pâles, avec la base des cuisses noire ; les postérieures sont noires, avec les articulations pâles ; les tarses sont pâles ; les ailes sont hyalines ; les supérieures présentent une tache lunulée noire au milieu, qui s'éclaircit en approchant du bord interne ; l'abdomen est terminé par une très courte tarière.

Mâle. Il est semblable à la femelle ; mais la face est jaune ; les antennes sont jaunâtres à la base et à l'extrémité ; l'abdomen est plus petit, sub-globuleux, attaché au thorax par un pédicule notablement long.

La femelle est armée d'une longue tarière, menue comme un cheveu, roulée en spirale et cachée dans l'intérieur de l'abdomen, dont l'extrémité est couverte par deux demi fourreaux très courts qui font saillie au dehors.

Un quatrième parasite vit encore des larves du CYNIPS TERMINAL et contribue, pour sa part, à la destruction de cet insecte ; c'est un Chalcidite, comme les précédents, mais je n'ai pas remarqué la larve ; mais comme on trouve sa chrysalide dans les cellules du

Cynips on ne peut douter que cette larve ne se nourrisse de celles de ce dernier et qu'elle n'usurpe leurs demeures après les avoir dévorées. Ce Chalcidite se range dans le genre PTEROMALUS de N. d. E. et me parait se rapporter à l'espèce appelée PTEROMALUS VARIANS.

PTEROMALUS VARIANS, N. d. E.— *Femelle*. Longueur, 2 1|2 millimètres. Elle est d'un vert-doré ; les antennes sont filiformes, noires, coudées, formées de treize articles dont le premier ou scape est jaune ; la tête et le corselet sont fortement ponctués, d'un vert assez brillant ; les yeux sont rouges (vivant), bruns (mort), les sutures du thorax sont bien marquées ; l'abdomen est sub-pédiculé, ové-conique, terminé en pointe, anguleux en-dessous (mort) ; de la longueur de la tête et du thorax, lisse, brillant, cuivreux, bronzé ou vert selon l'aspect ; les hanches sont vertes : les cuisses postérieures sont de la même couleur ; les intermédiaires et les antérieures sont brunâtres ; les tibias et les tarses sont blanchâtres ; les ailes sont hyalines et atteignent l'extrémité de l'abdomen ; leurs nervures ainsi que le rameau stigmatique sont bruns.

Enfin, un cinquième parasite est sorti, le 15 mars, des vieilles pommes du chêne récoltées au mois de mai précédent, lesquelles avaient donné le CALLIMOME ADMIRABILIS dès la fin de février. Ce parasite, dont la larve vit dans les cellules du CYNIPS TERMINAL en dévorant les larves de ce dernier, se classe dans la tribu des Chalcidites et dans le genre EULOPHUS, N. d. E., dans la division des NUDICORNES et dans la subdivision des AILES TACHÉES. Le genre EULOPHUS étant excessivement nombreux en espèces a été partagé en plusieurs autres, et l'insecte dont il est ici question vient se placer dans celui d'ENTEDON, l'un d'eux. Il n'est pas décrit dans l'ouvrage de Nées d'Esembeck sur les PTEROMALINI, et je lui donnerai le nom provisoire de MACULIPENNIS.

ENTEDON MACULIPENNIS, G. — *Femelle*. Longueur, 3 1|2 millimètres. Les antennes sont coudées, noires, formées de sept articles dont le premier est jaune en dessous ; la tête et le corselet sont ponctués, d'un vert-doré sombre ; les yeux sont rougeâtres ; l'abdomen est sub-pédiculé, ové-conique, terminé en pointe, de la longueur de la tête et du thorax, un peu anguleux en dessous (mort) bronzé, lisse, luisant ; les hanches et les cuisses sont bronzées, les tibias jaunâtres et les tarses pâles avec les crochets noirs ; les ailes sont hyalines, dépassant l'abdomen, les supérieures sont marquées au stigma d'une tache brune légère.

Mâle. Longueur, 2 millimètres. Il est bronzé ; les antennes sont noires ; la tête et le thorax sont bronzés ; l'abdomen est plus sombre que le thorax, arrondi au bout, plat en-dessous ; les pattes et les ailes sont comme chez la femelle.

Les galles des pommes du chêne ne servent pas seulement de nourriture aux larves de l'ANDRICUS TERMINALIS et du SYNERGUS FACIALIS, elles logent et nourrissent encore deux autres larves d'insectes dont il convient de dire un mot.

L'une de ces larves est un ver mou, blanc, glabre, apode, sub-cylindrique, un peu atténué aux deux extrémités, formé de douze segments, sans compter la tête qui est ronde, rentrée en partie dans le premier segment, de couleur rougeâtre, armée de deux mandibules brunes. Cette larve a 5 millimètres de longueur lorsqu'elle a pris toute sa croissance, ce qui arrive vers le 5 juin ; alors elle sort de la galle, se laisse tomber à terre et s'enfonce un peu dans le sol ; elle se construit une coque ronde avec des parcelles de terre peu adhérentes entr'elles, liées avec une salive visqueuse, dans laquelle elle passe l'été, l'automne et l'hiver, et se change en chrysalide vers le 10 ou le 15 du mois de mai. L'insecte parfait éclôt vers le 25 du même mois. C'est un Coléoptère de la famille des Porte-bec, de la tribu des Gonatocères et du genre BALANINUS, dont le nom entomologique est BALANINUS VILLOSUS.

BALANINUS VILLOSUS, Schœn. — Longueur, 4-5 millimètres (avec le bec 6 et 7 millimètres). Il est noir, parsemé de poils roussâtres,

de forme ovale ; le rostre est noir, grêle, long, arqué ; la tête est
noire, parsemée de poils fauves : les antennes sont coudées ; le premier article ou scape est fauve ; la tige et la massue sont noires ;
le corselet est oblong, un peu atténué en devant, noir, parsemé
de poils fauves, principalement au milieu, où ils forment une lin-
gne longitudinale abrégée ; l'écusson est noir, marqué d'un point
roussâtre à l'extrémité ; les élytres sont un peu cordiformes, un
peu plus larges que le corselet à la base, deux fois et demie aussi
longues que ce dernier, striées, parsemées de petits poils fauves
avec une demi-bande transversale de ces poils située aux deux
tiers, à partir de la base ; les pattes sont noires, pubescentes ; les
cuisses antérieures et postérieures sont armées d'une petite dent
en dessous. Le dessous du corps est couvert de poils blanchâtres.

Lorsque la femelle veut pondre, elle monte sur un chêne et
cherche une galle en pomme. L'ayant trouvée, elle la perce avec
son long rostre et introduit un œuf dans la blessure. Elle en place
cinq ou six dans la même galle.

La deuxième larve, qui vit dans les pommes du chêne, est une
chenille qui se loge dans une excavation qu'elle y pratique avec
ses mandibules. Elle ronge autour d'elle et agrandit sa demeure
dont l'entrée ne se montre que comme un accident de la surface.
Elle se nourrit de son déblai qui est une pulpe imprégnée de sève :
elle parvient à toute sa croissance vers le 15 juin et se change en
chrysalide dans l'intérieur de son habitation. Quelquefois elle
prend la précaution de coller une feuille sur le trou d'entrée, si
elle le trouve trop grand. Parvenue à toute sa taille, elle a 10 à 12
millimètres de longueur. Elle est cylindrique, d'un vert-noirâtre ;
la tête est d'un brun-testacé ; elle porte une plaque noire sur le
premier et sur le dernier segment de son corps, qui est parsemé
de points verruqueux noirs, pilifères, formant deux rangées transversales sur chaque anneau, excepté sur le premier. Elle est pourvue de seize pattes.

Cette chenille est très vive et se remue beaucoup, lorsqu'on la
retire de sa caverne. La chrysalide dans laquelle elle se change

est d'un fauve-brun et les anneaux de son abdomen portent deux
rangs transversaux de spinules correspondant aux points verruqueux de la chenille. Le papillon éclôt vers le 8 juillet.

Il est classé dans la famille des Nocturnes, la tribu des Tordeuses et dans le genre PÆDISCA. Son nom entomologique est PÆ-
DISCA CORTICANA, et son nom vulgaire PYRALE CORTICALE.

PÆDISCA CORTICANA, Dup. — Longueur, 8-9 millimètres (ailes
pliées). Elle est noirâtre, tachée et marbrée de gris. Les antennes
sont filiformes, noirâtres; les palpes sont cendrés à la bâse, noirs
à l'extrémité; la tête est grise; le corselet est gris; les ailes supérieures sont un peu arquées à la côte, presque coupées droites
à l'extrémité, allongées, noirâtres, marbrées de gris et de testacé,
marquées d'une tache noirâtre presque carrée au milieu du bord
interne, laquelle est marbrée de gris et de blanc; d'une autre tache
noirâtre à bords fondus entre le corselet et la précédente, et d'une
troisième en triangle irrégulier à l'angle anal; la côte est entre-
coupée de petites taches noires et cendrées; la frange est grise,
entre-coupée de taches noires; les inférieures sont noirâtres, avec
la frange grise; l'abdomen est gris en dessus, blanchâtre en dessous. Les pattes sont blanchâtres, annelées de gris.

En regardant avec attention, on voit que les deux premières
taches noires des ailes supérieures sont les commencements de
deux bandes obliques qui se dégradent en allant vers la côte.

Les parasites du CYNIPS TERMINALIS sont, selon Ratzburg:

ICHNEUMONIDES . . . .
{
Cryptus hortulanus.
Hemiteles coactus.
— punctatus.
Pimpla calobata.
— caudata.
}

BRACONITES . . . .
{
Bracon caudatus.
Microgaster breviventris.
Microdus rufipes.
Microtypus Wesmaeli.
}

CHALCIDITES. . . . .
{
Entedon amethystinus.
—   deplanatus.
—   scianeurus.
Dendrocerus lichtensteinii.
Eupelmus azureus.
Eurytoma signata.
}

CHALCIDITES . . . .
{
Geniocerus cyniphidum.
Mesopolobus fasciventris.
Platymesopus erichsonii.
Pteromalus cordairii.
—   Dufourii.
—   leucopezus.
—   meconotus.
Torymus admirabilis.
—   appropinquans.
—   caudatus.
—   cyniphidum.
—   incertus.
—   longicaudis.
—   navis.
—   propinquus.
}

92. — Le Cynips des feuilles chiffonnées du Chêne.

(ANDRICUS CURVATOR, Hart.)

On rencontre très fréquemment, au printemps, des feuilles de chêne crispées et chiffonnées. Si on les examine, on aperçoit une grosseur, une nodosité apparente sur les deux surfaces, qui les a empêchées de s'étendre librement et régulièrement. Cette nodosité est placée à l'extrémité du pétiole, ou sur la nervure principale qui en est la suite, ou sur une nervure secondaire. Elle est formée par la dilatation de la nervure qui a produit une sorte de pustule irrégulière, une varice végétale. Elle est simple ou multiple, c'est-à-dire, unique ou composée de plusieurs galles qui se pénètrent ; dans le premier cas, elle ne contient qu'une seule cellule, dans le second, elle renferme autant de cellules qu'il y a de galles qui se sont pénétrées. Chaque cellule renferme une coque ovale ou réniforme, longue de 1 et 1/2 millimètres, arrondie aux deux bouts, de couleur chocolat, assez fragile, laquelle contient une larve de Cynips. Ce n'est pas la larve qui a construit cette coque avec la rapure de la cellule, dans le but de s'enfermer au moment de sa métamorphose en chrysalide, comme on pourrait le croire, mais cette coque est la véritable galle qui est renfermée dans une autre galle. Si l'on examine cette dernière au moment où elle se montre, on voit que la coque lui est adhérente, qu'elle la touche de toute part; mais elle s'en sépare peu à peu, et l'espace vide compris entr'elles augmente à mesure que l'enveloppe grandit; cependant la coque tient toujours à l'enveloppe par un petit filet très court et c'est par là que la sève arrive à cette coque et fournit de l'aliment à la larve. On peut conjecturer que le Cynips qui pique la nervure laisse son œuf dans la blessure sous l'épiderme, ce qui occasionne une galle interne; tandis que pour les galles placées sur les feuilles on peut supposer que l'œuf a été déposé sur le point blessé et non introduit dans la substance de la feuille.

Ces sortes de galles se montrent dès l'épanouissement des feuilles du chêne, et on peut les voir pendant tout le mois de juin et une partie de celui de juillet. On y trouve des larves dès les premiers jours de juin et des chrysalides vers le 15 du même mois. Les premières sont des vers blancs, glabres, apodes, segmentés, pourvus d'une tête ronde, armée de mandibules, couchés en cercle dans leurs cellules, semblables aux larves des Cynips décrites précédemment. Les insectes commencent à sortir des galles dès le 18 juin. Pour se mettre en liberté, ils percent d'abord la coque et ensuite son enveloppe. Il y a des mâles et des femelles dans cette espèce, dont le nom entomologique est ANDRICUS CURVATOR et le nom vulgaire CYNIPS DES FEUILLES CHIFFONNÉES DU CHÊNE.

92. ANDRICUS CURVATOR, Hart. — *Femelle*. Longueur, 2 millimètres. Les antennes sont filiformes, composées de quatorze arti-

cles dont les quatre ou cinq premiers sont d'un fauve-brun et les
autres noirs. La tête et le corselet sont noirs ; ce dernier porte
trois stries longitudinales sur le dos ; l'écusson est rugueux et
présente deux fossettes à la base ; l'abdomen est sub-pédiculé,
lenticulaire, de la longueur du thorax, noir, lisse, luisant ; les
pattes sont fauves avec les cuisses postérieures lavées de brun à la
base ; les ailes sont hyalines, dépassant notablement l'abdomen, à
nervures noires. L'abdomen est terminé par une petite queue
formée par les valves de la tarière.

Mâle. Il est semblable à la femelle ; mais les antennes sont plus
longues ; elles sont formées de quinze articles dont le troisième
est arqué. L'abdomen est plus petit, arrondi au bout.

Ce Cynips ne se contente pas de piquer les nervures des feuilles,
il introduit aussi ses œufs dans les pousses tendres, comme les
brindilles qui croissent sur les tiges des chênes aux endroits où il
se forme une bosse résultant d'un élagage mal fait. La blessure
qu'il produit avec sa tarière et la présence de l'œuf qu'il laisse au
fond produisent un gonflement ovalaire, une varice renfermant
une cellule dans laquelle on trouve un petit cocon ovale ou réniforme, couleur chocolat, entièrement pareil à celui des galles des
feuilles chiffonnées.

Les larves du CYNIPS CURVATOR sont atteintes par plusieurs parasites qui les dévorent dans leurs cellules. L'un d'eux est le CAL-
LIMOME AURATUS, dont on a parlé à l'article des galles en pomme
du chêne. Il se montre à la fin du mois de juin, et toutes les
femelles que j'ai vues sortir de ces excroissances portaient une
ceinture jaune à la base de l'abdomen.

Un deuxième parasite de ce Cynips est un Chalcidite, comme le
précédent, qui se montre vers le 2 juillet. Il se rapporte au genre
EURYTOMA et à l'espèce appelée EURYTOMA SERRATULÆ. Sa larve est
un parasite extérieur qui se tient sur celle du Cynips et ne la
quitte pas avant qu'elle ne l'ait complétement dévorée. Elle est

entièrement semblable à celle du DECATOMA QUERCICOLA décrite
précédemment, et porte, comme elle, des mamelons rétractiles sur
le dos. Elle se métamorphose en chrysalide nue dans la cellule
qu'elle a usurpée.

EURYTOMA SERRATULÆ, Lat. — *Mâle*. Longueur, 2 et 1/2-3 millimètres. Il est noir. Les antennes sont noires, filiformes, coudées,
composées de dix articles; les articles trois à sept sont noueux,
pédicellés et verdicillés; les deux derniers sont soudés ensemble;
la tête et le thorax sont noirs, fortement ponctués ; l'abdomen est
noir, lisse, luisant, uni au corselet par un pédicule allongé; les
pattes sont noires avec les articulations et les tarses pâles; les
crochets de ces derniers sont noirs; les ailes sont hyalines et dépassant un peu l'extrémité de l'abdomen ; leur nervure est noire.

Femelle. Elle est semblable au mâle; mais les antennes sont
simples et leurs articles vont un peu en grossissant vers l'extrémité,
n'étant ni noueux, ni pédicellés, ni verticillés. L'abdomen est sub-
pédiculé, lenticulaire, noir, lisse, luisant, terminé par une petite
queue ascendante. La tarière est roulée en spirale et cachée
dans l'abdomen pendant le repos.

Enfin un troisième parasite sort, vers le 20 juillet, des galles
qui crispent les feuilles du chêne. C'est un petit Chalcidite brillant du genre PTEROMALUS N. d. E., dont je n'ai vu que la femelle,
ce qui ne suffit pas pour en déterminer l'espèce. Je lui ai donné
le nom provisoire de CITRIPES, ne l'ayant pas trouvé décrit dans
l'ouvrage de Nées d'Esembeck sur les PTEROMALINI (les Chalcidites).

PTEROMALUS CITRIPES, G. — *Femelle*. Longueur, 2 et 1/2 millimètres. Elle est d'un vert-doré. Les antennes sont coudées, testacées,
brunâtres aux articulations, composées de douze articles, dont le
premier est jaune, le troisième très petit et les derniers sont soudés ensemble et forment une petite massue; la face est d'un vert-
doré brillant; le corselet est vert-doré, fortement ponctué, aussi

large que la tête ; l'abdomen est sub-pédiculé, ové-conique, terminé en pointe, plus long que la tête et le thorax, d'un vert-
bronzé, lisse, luisant ; les hanches sont vert-doré ; les trochanters
et les pattes sont d'un jaune-citron. Les ailes sont hyalines.

Les autres parasites du CYNIPS CURVATOR sont, d'après Ratzburg :

CHALCIDITES . . . .
Entedon scianeurus.
Eulophus lævissimus.
Eurytoma spec.
Pteromalus cordairii.
Siphonura viridiænea.
Torymus propinquus.

93. — Le Cynips des grosses baies du Chêne.
(CYNIPS SCUTELLARIS, Oliv.)

On voit très fréquemment en automne, sur le revers des feuilles
de chêne, des petites boules ayant depuis 10 jusqu'à 20 millimètres de diamètre. Elles sont parfaitement sphériques ; leur surface
est ordinairement lisse, verte ou nuancée de vert, de jaune et de
rouge ; quelquefois on y remarque des petits mamelons peu saillants et en petit nombre. Ces grosses baies sont attachées à la
nervure principale ou à une autre nervure secondaire par un très
court filet. Elles ne sont pas dures et leur intérieur est spongieux.
Bien souvent il n'y a qu'une baie sur une feuille, mais quelquefois
on en trouve deux ou trois. Ces excroissances n'altèrent pas la
forme de la feuille. Si on les ouvre, on voit au centre une cellule
ronde dans laquelle se tient une petite larve couchée en cercle ou
une chrysalide selon le temps où on les examine. Ces excroissances
sont dues à la piqûre faite à la nervure de la feuille par la tarière
d'un Cynips qui laisse un œuf sur la plaie. La sève qui afflue
abondamment en ce point soulève l'œuf, l'enveloppe de toutes
parts et le met au centre d'une sorte de tumeur sphérique qui

14

reste en communication avec la feuille au moyen d'un très court filet. Le Cynips choisit les nervures pour déposer ses œufs et surtout la nervure médiane, parce qu'elles sont les canaux par lesquels la sève coule pour arriver dans toute leur surface. L'œuf placé au centre de la baie augmente de volume en absorbant le liquide qui l'environne et devient, au bout de peu de jours, une larve qui ronge autour d'elle et se fait une cellule ronde dont le diamètre augmente à mesure qu'elle grandit et finit par y être à son aise et par pouvoir s'y mouvoir en rond sur elle-même.

On trouve ces galles dès les premiers jours de septembre jusqu'à la chûte des feuilles et même lorsque ces dernières sont tombées sous l'influence du froid elles tiennent encore aux feuilles. Il y en a qui se détachent d'elles-mêmes soit avant, soit après cette chûte et qui restent cachées dans l'herbe ou dans la mousse qui tapisse le sol. La larve qu'elles renferment dans leur cellule centrale se présente sous la forme d'un ver blanc couché en rond. Parvenue à toute sa taille cette larve a 3 1|2 à 4 millimètres de longueur. Elle est molle, glabre, apode, sub-cylindrique, un peu atténuée vers l'extrémité postérieure, formée de douze segments sans compter la tête qui est plus petite que le premier anneau dans lequel elle est en partie rentrée. Cette tête est ronde et armée de deux mandibules brunes, écailleuses. La larve ne possède pas les mamelons dorsaux rétractiles dont sont pourvues les larves des EURYTOMA dont on a parlé précédemment et pour se mouvoir elle n'a que la contraction et l'extension des anneaux de son corps.

Les chrysalides sont formées vers le 29 septembre. Elles sont à nu dans leurs cellules qui sont toujours propres, soit parce que la larve ne rend pas d'excréments, soit parce que ces excréments, étant liquides, sont absorbés par le tissu spongieux de la galle. Elles sont longues de 3 1|2 millimètres, d'un blanc-jaunâtre, avec les yeux noirs ; les antennes, les ailes et les pattes sont placées comme à l'ordinaire.

Les insectes parfaits existent dans les galles vers le 17 octobre et, aussitôt que leurs membres sont affermis, ils travaillent à percer leur prison pour se mettre en liberté. C'est avec leurs mandibules qu'ils pratiquent cette ouverture en détachant des parcelles qu'ils attirent dans la cellule, laquelle en est remplie quand ils ont achevé leur ouvrage. Une fois dehors ils étendent et lissent leurs ailes en passant dessus et dessous leurs pattes postérieures. Ils ne sortent pas tous en automne ; une partie de la génération passe l'hiver dans les galles cachées sous les feuilles et ne prend son essor qu'aux premières chaleurs du printemps. On en peut trouver dans les galles ramassées sur le sol en février. Ces galles sont alors flétries et très molles et lorsqu'on les déchire et les presse on en fait sortir un liquide brun contenant de l'acide gallique. Les Cynips les percent très facilement dès que la chaleur du printemps les a désengourdis.

On ne connaît que des femelles dans cette espèce, qui porte le nom entomologique de CYNIPS SCUTELLARIS et le nom vulgaire de CYNIPS DES GROSSES BAIES DU CHÊNE.

91. CYNIPS SCUTELLARIS, Oliv. — *Femelle.* Longueur, 4 millimètres. Elle est d'un brun-noirâtre et velue ; les antennes sont filiformes, noires, poilues, formées de quatorze articles dont le troisième est plus long que les autres et droit ; la tête est velue, noirâtre en devant, rougeâtre en arrière ; le thorax est noirâtre, avec quelques nuances rougeâtres, garni de poils longs, roussâtres, formant quatre lignes longitudinales sur le dos ; l'écusson est saillant, rougeâtre ou noirâtre ; l'abdomen est sub-pédiculé, de la longueur de la tête et du thorax, ovalaire, comprimé, lisse, luisant, noir, avec une touffe de poils à l'extrémité du dernier segment où paraît le petit bout de la tarière ; les pattes sont velues, d'un brun-rougeâtre, marquées d'une grande tache longitudinale noire aux cuisses ; les ailes sont hyalines, dépassant beaucoup l'extrémité de l'abdomen, avec des nervures noires, épaisses.

On rencontre des galles qui renferment deux cellules séparées par une cloison et dans chacune d'elles on voit une larve qui vit sans nuire à sa voisine. L'une d'elles est le légitime habitant du lieu, l'autre, un commensal qui s'y trouve sans avoir été invité. Elle provient d'un Cynips inhabile à faire naître des galles et qui pond ses œufs dans les galles produites par d'autres Cynips, à mesure qu'il les rencontre sur son chemin. Les deux larves paraissent entièrement semblables, ainsi que leurs chrysalides, sauf la taille ; mais les insectes parfaits sont très différents. Le trait qui les sépare le plus profondément, c'est qu'il n'y a que des femelles chez l'espèce qui produit la galle, et qu'il y a des mâles et des femelles dans l'espèce commensale. Cette dernière entre dans le genre Synergus et porte le nom entomologique de Synergus [vulgaris, Hart. Elle éclôt au printemps.

Synergus vulgaris, Hart. — *Femelle*. Longueur, 3 millimètres. Elle est noire ; les antennes sont noires, filiformes, composées de quatorze articles, ayant les premiers d'un rouge-obscur chez quelques individus ; la tête est noire et les mandibules sont fauves; le thorax est noir, chagriné, avec deux stries longitudinales sur le dos ; l'écusson est noir, rugueux et présente deux petites fossettes à la base ; l'abdomen est sub-pédiculé, lenticulaire, de la longueur du thorax, noir, lisse, · luisant, terminé par les petites valves qu; renferment le bout de la tarière ; les cuisses sont noires à extrémité testacée ; les tibias antérieurs sont testacés ; les autres sont aussi testacés, avec le milieu brun ; les tarses sont de la couleur des tibias ; les ailes sont hyalines, à nervures brunes et dépassant beaucoup l'extrémité de l'abdomen.

Mâle. Longueur, 2 1|2 millimètres. Il est semblable à la femelle, mais les antennes ont quinze articles, sont testacées à la base, noires à l'extrémité ; leur troisième article est échancré; l'abdomen est ovalaire, plus petit que le thorax ; les nervures des ailes sont un peu moins apparentes que chez la femelle.

Vers le 9 juin on voit sortir des grosses baies fougueuses du chêne récoltées pendant l'automne précédent, une autre espèce de

Cynips plus petite que celle que l'on vient de décrire, dans laquelle il y a aussi des mâles et des femelles ; c'est encore un commensal du CYNIPS SCUTELLARIS, qui fait partie du genre SYNERGUS et dont le nom entomologique est SYNERGUS ERYTHROCERUS.

SYNERGUS ERYTHROCERUS, Hart. — *Femelle.* Longueur, 1 1⁄2 millimètre. Elle est noire ; les antennes sont pâles, filiformes, composées de quatorze articles ; la tête et le thorax sont noirs ; celui-ci est légèrement chagriné et porte deux stries sur le dos ; l'écusson est noir, rugueux, avec deux petites fossettes à la base ; l'abdomen est sub-pédiculé, lenticulaire, de la longueur du thorax, noir, lisse, luisant, terminé par une très courte queue formée par les valves de la tarière ; les pattes sont pâles, avec la base des cuisses noire ; les ailes sont blanches, hyalines, dépassant beaucoup l'abdomen, à nervures fines, très pâles, peu visibles.

Mâle. Il est semblable à la femelle ; mais les antennes ont quinze articles dont le troisième est échancré ; l'abdomen est plus petit, arrondi au bout.

Les larves du CYNIPS SCUTELLARIS sont atteintes par deux parasites dont on a déjà parlé, savoir : le CALLIMOME AURATUS et le DECATOMA QUERCICOLA.

Les autres parasites du CYNIPS SCUTELLARIS sont, d'après Ratzburg :

CHALCIDITES...........
{
Eurytoma rosæ, Forst.
Pteromalus fasciculatus, Forst.
— jucundus, Forst.
Torymus incertus.
}

94. — Le Cynips des Galles en Artichaut.

(CYNIPS FECONDATRIX, Hart.)

On remarque sur les jeunes branches du chêne, en octobre, novembre et plus tard, des excroissances qui ressemblent à un artichaut en miniature. Elles ont environ 15 millimètres de longueur sur 12 millimètres d'épaisseur et sont formées par l'expansion monstrueuse d'un bourgeon piqué par un Cynips qui, n'ayant pu se développer régulièrement, a poussé des folioles, des espèces d'écailles qui sont restées réunies et en recouvrement les unes sur les autres. La couleur de cette galle est d'un vert-pâle dans sa jeunesse, passant à la couleur feuille-morte lorsqu'elle commence à se dessécher. Elle tient à la branche par un pédicule épais, très court que l'on peut comparer au cœur de l'artichaut ou au réceptacle d'une fleur dont les pétales ne se sont pas encore épanouis, lequel est charnu, mais non succulent. Du centre de ce réceptacle s'élève une sorte de gros pistil recouvert par les écailles de l'artichaut, lequel est vert dans l'origine, brun ensuite, de consistance ligneuse, cylindrique, plus ou moins allongé, présentant toujours, à son extrémité supérieure, une petite pointe qui sort d'un enfoncement, pointe que l'on pourrait comparer au germe d'une graine qui commence à pousser. Ce pistil est creux, c'est une sorte de capsule renfermant dans son intérieur une cellule ovoïde dans laquelle se tient une larve couchée en arc. Toutes les galles en artichaut ou en rose ne sont pas pourvues de ce pistil, il y en a un assez grand nombre qui en manquent et qui sont seulement formées de folioles se recouvrant les unes les autres. Ordinairement la capsule ne renferme qu'une cellule, mais on en trouve quelquefois qui sont divisées en deux ou trois loges par des cloisons longitudinales qui se réunissent dans l'axe de la capsule. Si on coupe en deux ou trois le réceptacle charnu on y découvre assez souvent des petites cellules ovales dans lesquelles vivent des petites larves couchées en cercle, une larve seulement dans chaque cellule. On voit par là que la galle nourrit plusieurs larves qui vivent sans se nuire, dont l'une est celle du Cynips fondateur de l'habitation et dont les autres sont des commensales.

La première, c'est-à-dire la larve des capsules, arrive à toute sa croissance dans les premiers jours d'octobre et même plus tôt, ce qui indique que la galle a été formée pendant l'été ou à la fin du printemps. Cette larve a alors quatre à cinq millimètres de longueur. Elle est blanche, molle, glabre, apode, formée de douze segments sans compter la tête, qui est petite, ronde, rentrée en partie dans le premier et armée de deux mandibules brunes. Les derniers segments sont un peu atténués. On remarque que les premiers sont un peu plus gros que les autres et que la partie inférieure de la tête est gonflée. Ce dernier caractère est commun à toutes les larves de Cynips que j'ai observées.

Ces larves passent l'hiver dans leurs capsules ; elles y restent encore pendant le printemps et l'été suivant ; c'est au moins ce qui arrive à celles que renferment les galles que l'on conserve dans des boîtes pour en obtenir les insectes. Dès les premiers jours d'octobre de la deuxième année elles se changent en chrysalides et, très peu de temps après, on trouve les insectes tout formés dans leurs cellules, mais en état de léthargie ; ce n'est que vers le 25 du même mois qu'ils sont en état de se mouvoir. S'il en est de même dans l'état de nature, c'est-à-dire, pour les galles restées attachées aux branches, ce Cynips emploie deux ans à accomplir ses métamorphoses, tandis que les autres espèces sortent des galles dans l'année même de la formation de ces dernières ou au printemps de l'année suivante.

On ne connaît que les femelles de cette espèce dont le nom entomologique est CYNIPS FECONDATRIX et le nom vulgaire CYNIPS DES GALLES EN ARTICHAUT.

94. CYNIPS FECONDATRIX, Hart. — *Femelle*. Longueur, 4 millimètres. Elle est noire ; les antennes sont noires, filiformes, formées

de quatorze articles ; la tête et le corselet sont noirs ; celui-ci est pubescent, marqué de six stries longitudinales sur le dos, les deux du milieu complètes, les autres abrégées ; l'écusson est noir, chagriné et présente deux fossettes à la base ; l'abdomen est sub-pédiculé, presque globuleux, un peu comprimé, de la longueur du thorax, lisse, luisant, noir, avec la base du ventre rougeâtre ; les pattes sont noires sauf l'extrémité des cuisses qui est d'un fauve-pâle ; les ailes sont hyalines, dépassant notablement l'abdomen, à nervures noires, épaisses ; ce dernier est terminé par une petite queue formée des valves de la tarière.

Les capsules dans lesquelles se développe la larve du Cynips fecondatrix n'ont pas toujours une seule cellule, ainsi qu'on l'a dit plus haut; il y en a qui en ont deux ou trois et peut-être un plus grand nombre, et chacune d'elles renferme une larve de Cynips plus petite que celle de ce dernier. Il est à remarquer qu'on en rencontre dans lesquelles ne se trouve pas la larve du fecondatrix, ce qui parait indiquer que les petites larves l'ont mangée ou l'ont empêchée de se développer en la privant de nourriture. Ces petites larves ont 2 à 3 millimètres de longueur. Elles sont blanches, apodes, formées de douze segments bien séparés, outre la tête qui est ronde, armé de deux mandibules. Elles ressemblent aux larves des autres Cynips. Il leur faut un long temps pour subir leur évolution, car les larves des galles récoltées en septembre ne se changent en chrysalides qu'au commencement du mois de mai de la deuxième année, et en insectes parfaits qu'à la fin du même mois. Je n'ai obtenu dans mes recherches qu'un seul individu mal développé, dont les ailes ne se sont pas étendues et que je ne puis décrire exactement. Ses antennes indiquent un mâle, car le troisième article en est échancré ; elles sont testacées à la base, noires à l'extrémité ; la tête, le corselet et l'abdomen sont noirs ; les pattes sont testacées avec la base des cuisses noire. Il y a donc des mâles dans cette espèce, tandis qu'il n'y a que des femelles chez le fecondatrix.

Les petites cellules que l'on remarque assez souvent dans la base charnue de la galle en artichaut, contiennent chacune une larve de Cynips que l'on peut regarder comme un véritable commensal ne nuisant en aucune manière au légitime habitant de cette excroissance, puisque leurs logements sont séparés et n'ont pas de communication entre eux. La larve du réceptacle est plus petite que la dernière dont on vient de parler, c'est à dire, celle qui habite un compartiment de la capsule, et beaucoup moins grande que celle du FECONDATRIX ; elle n'a que deux millimètres de longueur; elle se tient pliée en cercle dans sa cellule et ressemble entièrement aux précédentes, à la taille près. Elle se développe assez rapidement, car des galles récoltées en octobre ont donné leurs Cynips le 20 novembre. Il y a des mâles et des femelles dans cette espèce qui appartient au genre SYNERGUS et dont le nom entomologique est SYNERGUS HAYENANUS.

SYNERGUS HAYENANUS, Ratz. — *Femelle*. Longueur, 2 millimètres. Elle est noire ; les antennes sont filiformes, composées de quatorze articles dont les cinq premiers sont fauves et les autres noirs ; les palpes sont fauves ; la tête est noire et l'orbite postérieure des yeux fauve ; le corselet est noir, marqué de deux stries sur le dos, d'une tache à l'origine des ailes, d'un autre entre les ailes de couleur fauve ; l'écusson est noir, chagriné ; l'abdomen est sub-pédiculé, lenticulaire, de la longueur du thorax, noir, lisse, luisant en-dessus, brun-marron en-dessous ; les pattes sont fauves et les ailes hyalines dépassent beaucoup l'abdomen, avec les nervures fines et brunes ; l'extrémité de la tarière forme une très petite queue.

Mâle. Longueur, 1 2|3 millimètres. Il est noir ; les antennes sont noires, filiformes, de quinze articles, à peu près de la longueur du corps, testacées à la base en-dessous, ayant le troisième article légèrement échancré ; la tête et le thorax sont noirs, luisants ; l'écusson est noir, chagriné, l'abdomen est sub-pédiculé,

ovalaire, petit, moins long que le thorax, noir, lisse, luisant ; les
pattes sont grêles, allongées, fauves ; les tibias postérieurs sont
noirâtres ; les ailes dépassent beaucoup l'abdomen ; elles sont
hyalines à nervures brunes.

Les parasites du CYNIPS FECONDATRIX sont encore, selon Ratzburg :

CHALCIDITES .... { Entedon leptoneurus.
Megastigmus bohemanni.
Mesopolobus faseiiventris.

—

95. — Le Cynips des Chatons du Chêne.

(SPATHEGASTER BACCARUM, Lin.)

Le Chêne est un arbre qui porte deux espèces de fleurs, des
fleurs mâles et des fleurs femelles entièrement séparées. Les premières forment des espèces de grappes de fleurettes verdâtres
portées sur un long pédoncule pendant que l'on appèle chatons,
lesquels laissent tomber le pollen de leurs étamines, sur les fleurs
femelles placées sur les jeunes rameaux ou à l'aisselle des feuilles,
et l'ovaire de ces fleurs devient un gland. On peut voir très fréquemment, au temps de l'épanouissement des feuilles, qui est celui de la
floraison, des petites boules attachées aux chatons au nombre de
une, deux, trois ou quatre, ayant de 6 à 8 millimètres de diamètre,
parfaitement sphériques, tendres, herbacées, aqueuses, de couleur verte, quelquefois rayées de veines rouges, ressemblant à
des groseilles à maquereau. Elles tiennent au chaton par un très
court filet et sont produites par la piqûre faite à l'une des fleurettes par un Cynips qui laisse un œuf dans la blessure. On trouve
ces baies au commencement de juin. Si on ouvre l'une d'elles, en
la fendant par le milieu, on voit que le centre est occupé par une
petite larve blanche couchée en rond dans une cellule sphérique.
Cette larve provient de l'œuf pondu par le Cynips. Dès que la
blessure est faite par la tarière de la femelle, la sève se porte

avec abondance dans la plaie et forme une tumeur sphérique qui
enveloppe l'œuf de toute part ; la sève se fige en conservant sa
limpidité et produit une baie qui a une sorte de translucidité. On
trouve quelquefois des baies qui renferment deux cellules, l'une
centrale et l'autre séparée de la première par une cloison, habitées
chacune par une larve. D'autres fois on rencontre deux larves dans
la même cellule dont l'une est couchée sur l'autre et paraît occupée à la sucer, car on remarque que la première est plus ou
moins flétrie. La larve de la cellule centrale est celle d'un Cynips,
ce qui se reconnaît à sa ressemblance avec celles des Cynips décrites précédemment. Celle de la cellule voisine est encore celle
d'un Cynips, mais d'un Cynips commensal. La larve suceuse est
celle d'un parasite qui vit en mangeant l'une ou l'autre de ces
larves.

On voit sur le revers des feuilles de chêne des baies ou galles
entièrement semblables à celles des chatons ; elles sont attachées
à l'une des nervures par un très court filet. Le Cynips pique de
préférence les nervures, parce qu'elles sont les canaux par lesquels coule la sève pour arriver aux différentes parties de la
feuille et que les galles s'y forment plus promptement. Ces galles
sont un peu plus tardives que celle des chatons, car on en voit
dans la deuxième quinzaine de juin, lorsque les baies de ces derniers ont disparu ; le Cynips ne trouvant plus de chatons, ou trouvant des chatons desséchés, s'adresse aux feuilles qui sont encore
fraîches et tendres.

Les larves des Cynips qui habitent ces galles acquièrent promptement toute leur croissance. Elles sont blanches, molles, apodes,
glabres, segmentées, ayant la tête ronde, rentrée en partie dans
le premier segment, armée de deux mandibules, ressemblant aux
larves des autres Cynips ; elles se changent en chrysalides nues
dans leurs cellules et gardent peu de temps cette forme, car les
insectes parfaits percent les galles et prennent leur essor dans la
première quinzaine de juin.

Ce Cynips diffère des autres espèces en ce que les mâles ont

l'abdomen assez longuement pédiculé et en ce que le troisième
article de leurs antennes n'est pas échancré, mais droit. Son nom
entomologique est SPATHEGASTER BACCARUM et son nom vulgaire
CYNIPS DES CHATONS DU CHÈNE. Il y a des mâles et des femelles
dans cette espèce.

95. SPATHEGASTER BACCARUM, Lin. — *Femelle*. Longueur, 3 1/2
millimètres. Elle est noire. Les antennes sont noires, filiformes,
composées de quatorze articles, dont les deux premiers et la base
du troisième sont jaunes; la tête et le thorax sont noirs; l'abdomen est sub-pédiculé, comprimé, lenticulaire, de la longueur du
thorax, noir et lisse; les pattes sont grêles, d'un jaune-pâle; les
ailes sont transparentes, légèrement lavées de brun, à nervures
noires, épaisses, les transversales bordées de brun; elles dépassent beaucoup l'abdomen dont l'extrémité porte une petite queue
formée par les valves de la tarière.

Mâle. Il est semblable à la femelle pour la tête et le thorax, les
pattes, les ailes et les couleurs, mais les antennes sont plus longues et vont en diminuant d'épaisseur de la base à l'extrémité;
elles sont formées de quinze articles, dont le troisième est droit.
L'abdomen est petit, ovoïde, attaché au corselet par un pédicule
notablement long.

Vers le 20 juin, les baies pellucides des chatons et des feuilles
du chêne laissent sortir une autre espèce de Cynips que l'on regarde comme le commensal du SPATHEGASTER BACCARUM et dont
on a déjà parlé en traitant des galles en pomme du même arbre ;
c'est le SYNERGUS FACIALIS, Hart., et dont on a décrit le mâle et la
femelle.

Ces mêmes galles nourrissent encore un autre Cynips commensal, d'une petite taille, qui prend son essor du 15 au 20 juin. Il en
a été question à l'article des grosses baies fougueuses du chêne
où il est décrit sous le nom de SYNERGUS ERYTHROCERUS, Hart.

Les larves des Cynips qui vivent dans ces galles sont la proie de plusieurs larves parasites. Les unes se transforment en un Chalcidite du genre CALLIMOME décrit précédemment, à l'article des galles en pomme, sous le nom de CALLIMOME AURATUS, Oliv. Il se montre à la fin de juin ou au commencement de juillet. Les autres se changent en un Chalcidite du genre PTEROMALUS, N. d. E., mais qui a été placé dans un genre particulier par les entomologistes récents, à cause d'une dilatation remarquable que présentent ses tibias de la deuxième paire de pattes. On désigne ce genre par le nom de PLATYMESOPUS. J'ai rapporté cette espèce au PLATYMESOPUS TIBIALIS, Westw.

PLATYMESOPUS TIBIALIS, Westw. — *Mâle*. Longueur, 2 millimètres. Il est d'un vert-doré brillant. Les antennes sont coudées, jaunes, terminées en massue ovale, courte, noire ; elles sont formées de douze articles dont le premier est long, le troisième très petit et les trois derniers, formant la massue, sont soudés ensemble ; la tête est vert-doré et la face d'un beau vert ; les yeux sont rouges ; le thorax est vert-doré et ponctué ; l'abdomen est sub-pédiculé, ovalaire, un peu plus large que ce dernier, d'un rouge cuivreux, lisse, luisant ; les pattes sont jaunes et les crochets des tarses noirs ; les tibias intermédiaires portent une dilatation membraneuse bordée d'une ligne orange. Les ailes sont hyalines, flavescentes, à nervures pâles.

Femelle. Longueur, 2 millimètres. Elle est d'un vert-bronzé. Les antennes sont jaunâtres, avec le premier article jaune ; la tête est bleuâtre-mat ; le thorax est vert-bronzé ; l'abdomen est sub-pédiculé, ovalaire, terminé en pointe, vert-bronzé, à premier article cuivreux ; les pattes sont brunes, avec l'extrémité des tibias et les tarses blanchâtres ; ceux-ci ont les crochets noirs ; les tibias intermédiaires ne sont pas dilatés. Les ailes sont hyalines à nervures pâles.

Je n'ai pas vu s'accoupler ces deux insectes et je n'ai pas d'autre raison pour regarder le deuxième comme la femelle du pre-

mier que de les avoir vu sortir en même temps des galles récoltées sur les feuilles voisines ou sur des chatons voisins.

Une autre femelle a les antennes d'un brun-jaunâtre, la tête
bronzée et la face cuivreuse, les pattes testacées, les cuisses d'un
brun légèrement bronzé et les tibias postérieurs lavés de brun.

Il y a des mâles dont l'abdomen présente une tache jaune à la
base. Je ne sais si ces différences de couleur constituent une espèce distincte ou une simple variété du TIBIALIS.

—

96. — Le Cynips des galles en groseille.

(CYNIPS DIVISA, Hart.)

Les galles que Réaumur a appelées galles en groseilles ont la
couleur rouge et la grosseur des groseilles que l'on récolte dans
les jardins ; mais elles sont beaucoup plus dures ; elles ont une
consistance ligneuse, très ferme. Lorsqu'elles sont vieilles, elles
perdent cette belle nuance rouge et deviennent testacées. Elles
croissent sur la surface inférieure des feuilles de chêne, à laquelle
elles sont attachées par un court filet. On les trouve ordinairement
placées l'une à la file de l'autre sur les différentes nervures et on
rencontre des feuilles et même des rameaux entiers dont toutes
les feuilles en sont chargées. Cette excroissance ne vient pas sur
toutes les espèces de chêne, mais seulement sur le chêne pédon-
culé (QUERCUS PEDUNCULATA) et on la trouve au commencement de
septembre.

Si on ouvre une de ces excroissances on voit que son intérieur
est formé de fibres dures, brillantes comme de la résine et qu'elle
est uniloculaire. La cellule qu'elle renferme à son centre est sphérique et unique ; cependant j'ai rencontré une de ces galles occupée
par une larve vivante et percée d'un petit trou, ce qui annonce
qu'elle a été habitée par une seconde larve dont l'insecte parfait

s'était déjà envolé, et par conséquent qu'elle contenait deux
cellules. Vers le 10 septembre les galles en groseilles ne renferment que des larves, soit de Cynips, soit de parasites, occupées à
sucer les premières. Celles-ci sont blanches, molles, glabres,
apodes, de la forme qui a été décrite à l'article du Cynips des
grosses baies du chêne. Elles présentent un renflement sous la
gorge et sur les anneaux thoraciques ; c'est même à ce caractère
saillant que l'on distingue, au premier coup d'œil, les larves des
Cynips de celles des parasites qui leur ressemblent. Lorsqu'elles
sont attaquées elles ne font aucun mouvement pour se défendre
contre leur ennemi, qui les suce lentement et à son aise. Elles se
métamorphosent en chrysalides vers le 20 septembre, et les Cynips
sont entièrement formés le 30 du même mois, mais ils sont alors
en léthargie, et ce n'est que dans les premiers jours d'octobre
qu'ils ont pris assez de force pour percer leur prison d'un trou
rond proportionné à leur grosseur, et se mettre en liberté. Il y en
a qui passent l'hiver dans les galles décolorées tombées à terre
avec les feuilles et qui s'envolent au printemps suivant. Il n'y a
que des femelles dans cette espèce dont le nom entomologique est
CYNIPS DIVISA et le nom vulgaire CYNIPS DES GALLES EN GROSEILLE.

96. CYNIPS DIVISA, Hart. — *Femelle.* Longueur, 4 millimètres.
Elle est d'un brun-châtain ; les antennes sont filiformes, poilues,
d'un brun-rougeâtre, composées de quatorze articles dont le troisième est le plus long et droit ; la tête et les pattes sont de la
même couleur et poilues ; les yeux sont noirs ; le thorax est brun-
châtain, marqué de deux stries sur le dos et de quelques nuances
noires à la partie antérieure. Le métathorax est noir sur plusieurs ; l'abdomen est sub-pédiculé, lenticulaire, de la longueur
du thorax, lisse, luisant, d'un châtain-noirâtre ; les pattes sont
fauves, sans taches ; les ailes sont hyalines, un peu flavescentes,
dépassant beaucoup l'abdomen, à nervures noirâtres.

Les galles en groseilles servent d'habitation et de nourriture à
deux espèces de Cynips commensaux, l'un le SYNERGUS VULGARIS

qui sort des galles vers le 4 avril, ces excroissances ayant été
récoltées vers le 10 septembre précédent. Il a été décrit à l'article
du Cynips des grosses baies du Chêne. L'autre se montre dans le
courant de mai, provenant des mêmes galles, et se rapporte au
Synergus erythrocerus décrit dans le même article.

Les larves du Cynips divisa sont la proie de plusieurs parasites
qui savent percer, avec leur tarière, les galles qui les renferment
malgré leur extrême dureté, et introduire un œuf dans la cellule
qu'elles habitent. Les larves parasites sucent et dévorent celles
des Cynips, puis ensuite se changent en chrysalides dans les cellules qu'elles ont usurpées. Les insectes parfaits percent les galles
d'un trou rond proportionné à leur taille pour se mettre en liberté
et prendre leur essor.

Le premier que l'on peut signaler est l'Eurytoma seratulæ qui
fait son apparition dans la deuxième quinzaine de mars et le commencement d'avril. Ceux que j'ai obtenus proviennent de galles
récoltées pendant l'automne précédent. Il est décrit à l'article
des galles des feuilles chiffonnées du Chêne.

Un deuxième parasite est encore un Eurytoma dont une partie
de la génération sort à la fin de septembre, et dont le reste demeure dans les galles pour se montrer au mois d'avril suivant. La
larve de cette espèce est longue de 2 1/2 millimètres. Elle est
molle, blanche, glabre, apode, courbée en arc et formée de douze
segments sans la tête qui est ronde, blanche, armée de deux mâchoires écailleuses brunes ; le corps est allongé, ovoïde, pourvu
de mamelons rétractiles sur le dos et de quelques poils blancs et
rares sous le ventre. La chrysalide dans laquelle elle se change à
2 millimètres de longueur. Elle est d'abord blanche et devient
noirâtre en approchant du temps de sa métamorphose en insecte
parfait. Son abdomen est un peu comprimé. L'insecte se rapporte
à l'Eurytoma abrotani.

Eurytoma abrotani, N. d. E. — *Femelle.* Longueur, 1 1/2 et 2

millimètres. Elle est noire. Les antennes sont noires, filiformes,
un peu renflées vers l'extrémité, composées de dix articles ; la
tête et le thorax sont noirs et ponctués ; l'abdomen est sub-sessile,
ové-conique, terminé en pointe un peu relevée, de la longueur
du thorax, noir, lisse, luisant ; les pattes sont noires, avec les
tibias antérieurs pâles en dedans ; les premiers articles des tarses
postérieurs sont pâles. Les ailes sont hyalines, à nervure noire.

Mâle. Il est semblable à la femelle ; mais les antennes sont filiformes, à articles de la tige noueux, pédicellés et verticillés. L'abdomen est ovoïde, à pédicule notablement long.

Un troisième parasite des larves du CYNIPS DIVISA est un Chalcidite du genre CALLIMOME que l'on a déjà vu paraître dans les
galles en pomme du chêne et que l'on retrouve dans presque
toutes les autres galles de cet arbre, tant il a de goût pour les
Cynips ; c'est le CALLIMOME AURATUS et particulièrement la variété
femelle à ceinture jaune qui me paraît se rapporter au TORYMUS
CINGULATUS, N. d. E. Les mêmes galles en groseille laissent sortir,
vers le milieu d'avril, un quatrième parasite dont je n'ai pas vu
la larve, qui ressemble probablement à celles des CALLIMOMES, à
cause de l'analogie des insectes parfaits ; c'est le MEGASTIGMUS STIG-
MATIZANS, Fab.

MEGASTIGMUS STIGMATIZANS, Fab. — *Mâle.* Longueur, 4 millimètres. Il est d'un vert doré brillant ; la face est jaune ; les mandibules sont fauves, avec la pointe brune ; les antennes sont noirâtres, filiformes, composées de treize articles, dont le premier, qui
est beaucoup plus long que chacun des autres, est jaune en dessous et inséré au milieu de la face ; le troisième est très petit ; la
tige est garnie de poils ; les yeux sont rouges avec l'orbite jaune ;
le dessus de la tête et le thorax sont ponctués, d'un vert-doré
brillant ; l'abdomen est en massue d'un vert sombre en dessus et
jaune sur les côtés ; les pattes sont jaunes ; les ailes sont hyalines ;

15

les antérieures sont marquées d'une tache ronde et noire à l'extrémité du rameau stigmatique.

Femelle. Longueur, 4 1/2 millimètres. Elle est semblable au
mâle ; mais l'abdomen forme moins la massue, est plus courtement
pédiculé et présente plus de jaune sur les côtés. La tarière est
fauve, à gaine noire, de la longueur du corps, courbée et ascendante.

Enfin, on voit sortir, dès les premiers jours d'avril, des galles
en groseilles, un cinquième parasite, dont il a été fait mention à
l'article du CYNIPS DES FEUILLES CHIFFONNÉES DU CHÊNE ; c'est le
PTEROMALUS CITRIPES, G.

—

97. — Le Sphinx du pin.

(SPHINX PINASTRI, Lin.)

Le Sphinx du Pin est un grand papillon qui habite les bois de
pins et dont la chenille mange les feuilles de ces arbres, particulièrement celles du pin de Corse (PINUS PINASTER). Elle n'est
dangereuse que quand elle s'est considérablement multipliée ou
quand elle accompagne celles du Bombyx moine, ce qui arrive
ordinairement ; comme elle est grosse et vorace, elle mange
beaucoup d'aiguilles et nuit aux arbres.

Le papillon se montre au commencement du mois de juin et
pond ses œufs sur les pins. Ces œufs sont verts et ont la forme
de petites poires. Il en sort des petites chenilles presque toutes
jaunes ; mais après les premières mues elles prennent des nuances variées qu'elles ne quittent plus. Elles sont vertes, avec le
dos brun et trois raies longitudinales d'un jaune-citron sur chacun
des côtés ; le corps est en outre coupé transversalement par une
multitude de lignes noires très fines ; les six pattes écailleuses
sont jaunes, les dix pattes membraneuses blanchâtres, les stig-

mates et la tête fauves, bordés de noir ; la corne qu'elles portent
sur le onzième segment, est noire et courbée en arrière. Cette
chenille mange presque continuellement et parvient à la longueur
de 5 centimètres. Ayant acquis cette taille, à la fin de juillet, elle
descend de l'arbre sur lequel elle a vécu et entre dans la terre ;
elle se renferme dans une coque formée de parcelles de terre où
elle se change en chrysalide. Cette dernière a 4 centimètres de
longueur ; elle est d'un brun-marron, sub-cylindrique, terminée
par une double épine au bout postérieur qui est atténué ; la gaine
de la trompe est saillante et courbée sur elle-même. Elle passe
l'hiver dans sa cellule et le papillon en sort au commencement du
mois de juin.

Il est classé dans la famille des Crépusculaires, dans la tribu
des Sphingides et dans le genre SPHINX. Son nom entomologique
est SPHINX PINASTRI, Lin., et son nom vulgaire SPHINX DU PIN.

97. SPHINX PINASTRI, Lin. — Longueur, 38 millimètres ; envergure, 70 millimètres. Les antennes sont un peu renflées au milieu,
striées transversalement en forme de râpe, blanches en dessus et
grises en dessous ; la tête est grise et la trompe longue et jaunâtre ; le corselet est gris, avec deux bandes noires, longitudinales
et en forme de croissant ; le dessus de l'abdomen est alternati-
vement annelé de blanc et de noir et présente le long du dos une
bande grise divisée par une ligne noire ; les anneaux du ventre
sont blancs ; le dessus des premières ailes est d'un gris-blanchâtre, avec un groupe de trois petites lignes noires sur le disque ;
le milieu du bord interne est d'un brun-obscur, et il y a au
sommet un trait longitudinal de cette couleur ; quelquefois le brun
du bord interne remonte jusqu'à la côte, en formant une bande
sinuée derrière les lignes noires ; le dessus des deuxièmes ailes est
d'un brun-cendré, luisant, sans taches ; la frange des quatre ailes
est entrecoupée de blanc ; le dessous est cendré, avec l'extrémité
finement saupoudrée de blanchâtre.

Les parasites du Sphinx Pinastri sont, d'après Ratzburg :

Ichneumonides...........

- Anomalon amictum.
- — excavatum.
- — Klugii.
- — pinastri.
- — sphingum.
- Cryptus bruniventris.
- Ichneumon pisorius.
- — protæus.
- Trogus lutorius.

Selon-Robineau Desvoidy, les chenilles de ce Lépidoptère sont atteintes par les Tachinaires suivantes :

Doria concinnata, Meig.

Hemithæa erythrostoma, Hart.

Micropalpus comptus. Fall.

—

98. — La Sésie apiforme.

(Sesia apiformis, Dup.)

La chenille de la Sésie apiforme vit solitaire dans les tiges des peupliers, des saules et des trembles. Elle y creuse une galerie qui s'élargit à mesure qu'elle grossit et elle se nourrit des fibres et des parcelles imprégnées de sève qu'elle arrache avec ses man-dibules pour se frayer son chemin. Elle est surtout très funeste dans les pépinières dont elle fait périr les jeunes sujets. Lorsqu'un arbre a été perforé intérieurement par elle il perd de sa valeur et se trouve quelquefois impropre à faire des planches.

Le papillon se montre dans le mois de juin et quelquefois en juillet ; il pond ses œufs dans les gerçures de l'écorce afin que la petite chenille pénètre plus facilement dans le bois. Elle perce le bois d'abord transversalement, puis ensuite elle creuse des gale-ries jusqu'au cœur des jeunes arbres, parallèlement aux fibres ligneuses. Sa présence est indiquée, comme celle du Cossus, par de la sciure qui sort des écorces et par des plaies qui laissent suinter la sève.

Lorsqu'elle a pris toute sa croissance, au mois d'avril de la deuxième année, elle est d'une taille moyenne. Elle est cylindrique, d'un blanc sale, légèrement pubescente, avec une ligne obscure le long du dos ; sa tête est grosse, d'un brun obscur. Elle est pourvue de seize pattes. Pour se métamorphoser elle se rapproche du trou de sortie et se construit une coque avec des fibres et de la sciure de bois liées avec des fils de soie, dans laquelle elle passe deux ou trois semaines avant de se changer en chrysalide. Elle sort quelquefois de l'arbre pour se métamorphoser, surtout lorsqu'elle habite le voisinage des racines ; alors elle se fait une coque avec de la sciure de bois ; cette coque est d'un tissu ferme. La chrysalide est allongée, brune, tronquée à l'extrémité, munie de chaque côté de petites épines inclinées en arrière. C'est la chrysalide qui perce la coque et débouche le trou de sortie en se poussant en avant à l'aide de ses épines, et donne ainsi au papillon le moyen de prendre son essor. Il éclôt, comme on l'a dit, en juin et en juillet.

Il est classé dans la famille des Nocturnes, dans la tribu des Sésiéides et dans le genre SISIA. Son nom entomologique est SESIA APIFORME, et son nom vulgaire SÉSIE APIFORME, SPHINX APIFORME.

98. SESIA APIFORMIS, Lat. — Longueur, 25 millimètres ; envergure, 35 à 45 millimètres. Les antennes sont fusiformes, noires en dessus, ferrugineuses en dessous, de la longueur de la tête et du corselet ; la tête est jaune, avec une tache blanche sur le côté interne des yeux et un croissant jaune sur leur côté externe ; les yeux sont bruns et les palpes jaunes, ces derniers un peu obscur en-dessus ; le corselet est d'un noir-brun, avec quatre taches jaunes, dont les deux antérieures latérales et triangulaires, les deux postérieures médiaires, presque rondes, moins grandes et moins vives ; la poitrine est d'un noir-brun ; l'abdomen est un peu fusiforme, quatre fois aussi long que le corselet, jaune, avec

le premier segment et le quatrième noirs, garnis d'un duvet brun ;
tous les autres simplement bordés de noir ; le cinquième et les
deux derniers brunâtres sur le dos ; les deux derniers coupés en
outre sur les côtés par une ligne noire ; les cuisses ont le dehors
jaune, le dedans d'un brun-noirâtre ; les jambes et les tarses sont
fauves ; les quatre ailes sont transparentes, avec les nervures, les
bords, une lunule sur les supérieures, d'un brun-ferrugineux en-
dessus, plus clair en-dessous, et la frange d'un brun-obscur ;
indépendamment de cela les premières ailes ont l'origine de la
côte jaune en dessous et marquée en dessus d'un point de cette
couleur.

Le mâle diffère de la femelle en ce qu'il est plus petit, qu'il a le
côté interne des antennes en scie, l'abdomen moins gros et barbu
à l'extrémité.

Le papillon se trouve sur le tronc des saules, des peupliers, des
trembles et des bouleaux, où il reste une grande partie du jour,
on l'y voit accouplé. Les œufs sont globuleux, lisses, d'une couleur ferrugineuse.

---

99. — Le Cossus ronge-bois.

(COSSUS LIGNIPERDA, Lat.)

Le Cossus est un gros papillon dont la chenille est fort nuisible
à un grand nombre d'arbres, gros, moyens ou petits. Elle attaque
le saule, le peuplier, le tilleul, l'orme, le chêne ; elle s'établit dans la
partie inférieure du tronc, près de terre, et vit sous les écorces. Le
papillon se montre dans le mois de juillet ou au commencement
d'août. La femelle dépose ses œufs, au nombre de cinq cents environ, dans les gerçures de l'écorce ou dans les plaies entre l'écorce
et le bois. Les chenilles naissent peu de temps après et pénètrent
sous l'écorce dont elles rongent la partie tendre, celle qui est en
contact avec le bois ; elles attaquent aussi l'aubier dans lequel elles

creusent des sillons tortueux assez profonds. Suivant M. Boisduval, elles mettent trois ans à prendre leur entière croissance. La première, leur corps est d'un Blanc rougeâtre-pâle. Elles vivent pendant cette période du liber ou des couches les plus extérieures de l'aubier. La seconde, elles deviennent déjà fort grosses, et elles sont d'un brun-rougeâtre sur le dos, avec les côtés blanchâtres ou d'un blanc-rougeâtre. Elles entrent alors dans l'aubier et même jusqu'au cœur, si l'arbre est jeune. La troisième, elles deviennent énormes ; elles pénètrent jusqu'au centre du bois et acquièrent tout leur développement au moi de mai. A cette époque elles ont 6 centimètres de longueur ; leur dos est brun et les côtés sont rougeâtres ; le corps est parsemé de poils isolés. La tête est noire, écailleuse, déprimée et armée de deux fortes mandibules ; le premier segment est déprimé et présente deux taches noires ; plusieurs des segments suivants sont aussi déprimés. Elles sont pourvues de seize pattes. Ces chenilles, pendant leur vie, rendent par la bouche une humeur noire, fétide, qui sert, à ce que l'on croit, à ramollir le bois dans lequel elles creusent leurs galeries.

Lorsqu'elles veulent se changer en chrysalides, elles se rapprochent de la surface, percent l'écorce et se font, près de l'issue, une coque proportionnée à leur taille avec de la sciure de bois dont elles lient les grains avec de la soie, ayant soin de placer la tête du côté du trou. Quelquefois elles sortent de l'arbre et se font une coque avec des grains de terre ou de la sciure de bois liés avec des fils de soie. Elles se changent en chrysalides dans cet abri d'où les papillons sortent dans le mois de juillet ou le commencement d'août. C'est la chrysalide qui force la porte avec sa tête en se poussant en avant.

Le papillon se classe dans la famille des Nocturnes, la tribu des Hépialides et dans le genre Cossus. Son nom entomologique est Cossus LIGNIPERDA et son nom vulgaire Cossus GATE-BOIS, Cossus RONGE-BOIS ou simplement Cossus.

99. Cossus LIGNIPERDA, Lat.— Longueur, 35 millimètres ; enver-

gure, 70 à 85 millimètres. Les antennes sont noirâtres, dentées
du côté interne ; de la longueur de la tête et du corselet ; la tête
est grise ; les palpes sont cylindriques, assez épais, couverts
d'écailles; la trompe manque ; le corselet est gris, avec un collier
fauve en devant et un collier noir en arrière ; l'abdomen est gris-
cendré, et les segments sont bordés de teintes cendrées ; les ailes
supérieures sont brunes, variées de quelques teintes grises et de
traits noirs transversaux ; les inférieures sont brunes, ayant une
teinte grise à la base.

Les chenilles du Cossus se tiennent dans le voisinage les unes
des autres et trahissent leur présence par la sciure de bois et les
fibres hachées qu'elles rejettent au pied des arbres qu'elles rongent ; lorsqu'un chêne ou un orme en nourrit une famille dans
son tronc il souffre beaucoup des blessures qu'il reçoit et il s'affaiblit considérablement; alors les Scolytes ou autres rongeurs se
portent sur lui en nombre prodigieux et le font périr.

Dès qu'on s'aperçoit de la présence des chenilles du Cossus
sous l'écorce d'un arbre, soit par la sève qui s'écoule, soit par la
sciure qui se montre, il faut chercher sous cette écorce et tuer les
chenilles qui s'y trouvent. Les blessures que l'on fait avec le fer
tranchant ne sont pas dangereuses et se cicatrisent promptement ;
celles que fait le Cossus peuvent être mortelles.

Les parasites du COSSUS RONGE-BOIS sont, selon Ratzburg :

ICHNEUMONIDES . . . . { Ichneumon pusillator.
                                Lissonota setosa.

100. — Le Cossus du Marronnier.

(ZEUZERA ÆSCULI, Dup.)

La chenille du Lépidoptère dont il s'agit dans cet article vit
dans l'intérieur des troncs et des branches des arbres de plusieurs

espèces, comme le marronnier d'Inde, le frêne, l'aulne, le peuplier, le tremble, le poirier, le pommier et peut-être d'autres. Elle
y creuse des galeries et se nourrit du bois imprégné de sève qu'elle
arrache avec ses dents et lorsqu'il y en a plusieurs de logées dans
un arbre, il a beaucoup à en souffrir ; son bois débité en planches,
en madriers, en cartelages, perd notablement de sa valeur. On découvre facilement ces chenilles dans le mois de septembre, après
leur première mue, par les plaies que l'on aperçoit aux branches
et aux troncs des arbres dans lesquels elles vivent. Elles jettent
au dehors leurs excréments et ont soin de fermer l'ouverture du
trou qu'elles ont fait avec des rognures de bois liées par quelques
fils de soie, soit pour se garantir des parasites ou d'autres animaux carnassiers, soit pour être à l'abri des impressions de l'air.
Elles passent l'hiver dans l'intérieur du bois. Au retour du printemps, elles continuent à ronger, à prolonger leurs galeries et à
croître, et lorsqu'elles sont parvenues à toute leur grosseur dans
le mois de juin, elles se rapprochent de la surface de la branche,
ne conservant qu'une très mince couche du bois pour se couvrir.
Elles élargissent leur galerie en ce point et en font une cellule.
Elles ont soin d'y percer un trou rond, assez grand pour le passage
du papillon, qu'elles ferment avec de la sciure de bois liée avec
des fils de soie et tapissée intérieurement d'une couche de soie ;
elles s'y changent en chrysalide, et le papillon se montre dans le
courant du mois d'août. Ce n'est pas lui qui force la porte par laquelle il doit sortir, mais c'est la chrysalide qui est armée de spinules sur les anneaux de l'abdomen et qui, se donnant des mouvements, s'engage dans le passage jusqu'à moitié de sa longueur,
ce qui permet au papillon de se dégager de son enveloppe et de
prendre son essor.

La chenille arrivée à toute sa taille est un peu plus grosse que
celles de moyenne grandeur. Elle est rase, de couleur jaune-
paille, piquetée de points d'un brun-noir surmontés d'un poil. Sa
tête est d'un noir-luisant. Le premier anneau de son corps est un
peu plus grand que es autres et porte en dessus une large tache

noire qui en occupe presque toute la surface et qui paraît écailleuse; le dernier anneau porte aussi en dessus une grande tache
noire. Elle est pourvue de seize pattes.

Le papillon paraît au commencement du mois d'août. Il se
classe dans la famille des Nocturnes, dans la tribu des Hépialides
et dans le genre ZEUZERA. Son nom entomologique est ZEUZERA
ÆSCULI et son nom vulgaire COSSUS DU MARRONNIER ou la COQUETTE.

100. ZEUZERA ÆSCULI, Dup. — Envergure, 55 millimètres. Les
antennes du mâle sont pectinées à leur base, simples à leur extrémité; celles de la femelle sont simples dans toute leur étendue.
La trompe est extrêmement petite, formée de deux filets séparés:
la tête est blanche ainsi que le corselet, ce dernier est marqué de
six points d'un noir-bleu; les anneaux de l'abdomen sont de la
même couleur; les ailes sont placées en toit dans le repos; les
supérieures sont oblongues, ayant le bord interne arqué dans le
milieu; blanches de part et d'autre, avec une multitude de points
d'un noir-bleu; les inférieures sont blanches avec une multitude
de points noirâtres. Les pattes sont d'un bleu-noir.

La femelle, après avoir été fécondée, va pondre ses œufs sur les
écorces des arbres qu'elle aime et les place dans les gerçures ou
dans les blessures, afin que les jeunes chenilles qui en sortiront
puissent immédiatement entrer dans le bois.

—

101. — Le Bombyx Tau.
(AGLIA TAU, Dup.)

La chenille du Bombyx Tau se nourrit des feuilles du saule-
marsault, du bouleau, du hêtre et quelquefois aussi du chêne, de
l'orme, du charme et même du poirier; mais c'est surtout celles
du hêtre qu'elle préfère, et le papillon dans lequel elle se transforme est assez commun dans les forêts de hêtre, dès les premiers

jours du printemps. Cette chenille est d'un beau vert tendre, avec
une raie longitudinale blanche de chaque côté du corps, au-dessous des stigmates. Son corps est ras et comme chagriné ; elle est
lourde et paraît se traîner avec peine après sa dernière mue, au
lieu qu'elle était très agile auparavant. Parvenue à toute sa grosseur, vers le milieu ou la fin de juillet, elle forme un creux en
terre dont elle bouche l'ouverture par le moyen de quelques fils
de soie, et elle construit une coque de couleur brune entremêlée
de fragments de feuilles, dans laquelle elle se transforme en chrysalide d'un rouge-brun. L'insecte parfait en sort au mois de mars
ou d'avril de l'année suivante. Le mâle vole en plein jour à la
recherche de sa femelle qui reste collée contre le tronc d'un arbre
ou se tient à terre dans un buisson ; il fait cent détours et crochets pour éviter de se heurter contre les arbres entre lesquels il
passe, et il n'est pas facile de le saisir au vol, à moins qu'il ne
suive un chemin.

Il est classé dans la famille des Nocturnes, la tribu des Bombycites et dans le genre Aglia. Son nom entomologique est AGLIA
TAU et son nom vulgaire BOMBYX TAU.

101. AGLIA TAU, Dup. — *Mâle*. Longueur. 18 millimètres ; envergure, 55-60 millimètres. Il a les antennes fauves et très-pec-
tinées. Il porte ses ailes étendues qui sont toutes les quatre d'un
jaune-fauve, avec une bande étroite noirâtre vers le bord postérieur. On voit vers le centre de chacune une tache ronde oculée,
violette ou bleue, au milieu de laquelle est une prunelle blanche,
en forme de T plus ou moins régulier ; cette tache violette est entourée d'un cercle noir ; le dessous des ailes supérieures est plus
pâle que le dessus ; on y remarque la même tache oculée ; la
bande du dessus y est cendrée, et on voit une tache cendrée à
l'extrémité ; le dessous des ailes inférieures est cendré à la base
et à l'extrémité antérieure ; on y voit une bande étroite cendrée
vers le bord postérieur, et la tache oculée du milieu y est brune,
avec la prunelle blanche en forme de T.

Femelle. Longueur, 22 millimètres ; envergure, 80 millimètres. Les antennes sont filiformes, simples, d'un jaune-pâle ; la couleur du corps et des ailes est un jaune très pâle ; on y remarque d'ailleurs les mêmes taches et le même dessin qu'à celles du mâle.

Ce Lépidoptère ne cause pas un notable dommage dans les bois de hêtre où il se montre en grand nombre dans certaines années.

---

102. — Le Bombyx du Pin.

(LASIOCAMPA PINI, Dup.)

Le Bombyx du Pin est le plus gros des Lépidoptères nuisibles aux pins, et il attaque exclusivement le pin sylvestre. Par lui-même il ne porte aucun préjudice à ces arbres, mais sa chenille, vorace et d'une grande taille, dévore les feuilles aciculaires et cause un grand dommage en dévastant des forêts entières, comme on en a vu des exemples.

On fera remarquer que les arbres verts ou résineux sont beaucoup plus sensibles à la perte de leurs feuilles que les arbres à feuilles plates. Ces derniers réparent à la seconde pousse les feuilles rongées à la première, tandis que les premiers sont privés de cet avantage ; il faut attendre que le bourgeon terminal se soit allongé et ait produit des nouvelles feuilles pour que la végétation reprenne son cours normal. La perte des feuilles plates retarde d'une saison la croissance de l'arbre ; celles des feuilles aciculaires la retarde de plusieurs années. C'est surtout la perte du bourgeon terminal ou de la flèche qui est dangereuse pour les arbres résineux qui ne s'élèvent que par cet organe. Les pins qui en sont privés restent rabougris et ne sont plus que des buissons. Les sapins et autres espèces peuvent voir un bourgeon voi-

sin se courber, se relever et remplacer la flèche, mais la croissance est retardée et la courbure ne disparait qu'après plusieurs
années.

Les chenilles du Bombyx du pin sont souvent nombreuses, et
comme elles sont robustes, peu sensibles au mauvais temps et
qu'elles ont peu d'ennemis, elles exercent beaucoup de ravages.
C'est surtout dans les grandes forêts de pins et dans les cantons
rabougris ou dans les jeunes districts croissant sur de mauvais
terrains que leur présence est la plus fréquente, surtout lorsque
des étés d'une chaleur soutenue alternent avec des hivers froids.

L'insecte parfait éclôt vers le milieu de juillet, quelquefois plus
tôt, quelquefois plus tard, selon le temps. Les femelles, pares-
seuses par nature, voltigent rarement pendant le jour, et le soir
leur vol est lourd. Elles pondent depuis cent jusqu'à deux cent
cinquante œufs sur l'écorce des troncs, ordinairement à 1 mètre
50 centimètres au-dessus du sol, ou bien elles les placent sur
les aiguilles ou autour des rameaux, mais jamais tous ensemble
à la même place. Ces œufs sont d'abord verts, puis ensuite gris, et
ont environ 2 millimètres de diamètre. Les chenillettes en sortent
deux ou quatre semaines après la ponte, selon le temps plus ou
moins favorable, et se rendent immédiatement sur les aiguilles
pour les ronger. Parvenues en général à la moitié de leur croissance en octobre ou au commencement de novembre, elles cherchent sous la mousse, au pied des arbres, un abri pour passer
l'hiver. Lorsque le printemps approche, à la fin de mars ou au
commencement d'avril, et que la température s'élève à 8° R dans
les bois protégés et compactes, elles sortent de leur léthargie et
grimpent de nouveau sur les arbres. Elles s'arrêtent d'abord assez
longtemps sur le tronc. S'il gèle, elles se cachent sous les écailles
de l'écorce, puis, à la fin d'avril, on les voit toutes occupées à
ronger. En juin, elles ont atteint le terme de leur croissance. Elles
ont alors 7 à 8 centimètres de longueur sur 8 millimètres environ
de diamètre. Elles sont cylindriques, d'une couleur variable, le
plus ordinairement d'un brun-foncé, quelquefois grises ou rou-

geâtres, avec des taches irrégulières noirâtres ; elles portent deux
taches bleu-d'acier sur le cou et deux taches rougeâtres de chaque côté; elles présentent des faisceaux de poils et des poils
isolés sur le corps, qui les font paraître velues; elles sont pourvues de seize pattes. Les crottes qu'elles rendent et qui décèlent
leur présence sont très grosses, épaisses, d'un vert-foncé.

N'ayant plus à croître, chacune d'elles se file un cocon de soie
d'un tissu ferme ressemblant à de la ouate, d'un blanc-sale ou d'un
gris-brunâtre en forme de prune de l'esp èce appelée COICHE, long
de 5 centimètres, dans lequel elle se change en chrysalide
d'un brun-foncé, lisse, de forme ovalaire allongée, arrondie aux
deux bouts, longue de 3 centimètres sur 1 centimètre de diamètre. Le papillon s e montre vers le milieu de juillet. Les cocons
sont quelquefois si nombreux que les cimes des arbres paraissent
couvertes de neige.

Ce papillon est classé dans la famille des Nocturnes, la tribu
des Bombycites et dans le genre LASIOCAMPA. Son nom entomologique est LASIOCAMPA PINI et son nom vulgaire BOMBYX DU PIN,
FILEUSE DU PIN.

102. LASIOCAMPA PINI, Dup. — Longueur, 32 millimètres; envergure, 54-60 millimètres. Tout le corps est d'une couleur
roussâtre-brun. Les antennes sont bi-pectinées chez les mâles et
faiblement dentées chez les femelles ; les ailes supérieures sont
d'une couleur roussâtre brune, un peu cendrée, presque ferrugineuses à leur base; on y remarque un gros point blanc au milieu
vers le bord extérieur, et ensuite une large bande transversale
rousse au-delà du milieu, bordée par deux lignes ondulées d'un
brun-noirâtre ; le bord postérieur est un peu dentelé; les ailes
inférieures sont d'un roux-brun sans taches. Le dessous des quatre ailes est d'un roux-brun plus clair qu'en dessus et sans tache.

La femelle est un peu plus grande que le mâle et son abdomen
est un peu plus gros que celui de ce dernier.

Les chenilles du BOMBYX PINI ont pour ennemis le geai, le lo-

riot, le coucou, le tette-chèvre, la pie, le hérisson et les grenouil-
les. Il est probable que les corneilles, les chouettes, les étour-
neaux et les mésanges en mangent aussi. Les papillons qui volent
le soir sont chassés par les oiseaux de nuit. Le Calosome Sycophante et sa larve détruisent beaucoup de chenilles, ainsi que les
Staphylins. Les porcs ne les mangent pas.

Parmi les insectes parasites on remarque un Ichneumonien du
genre PIMPLA, dont la femelle pond ses œufs dans le corps des
chenilles du Bombyx du Pin ; les larves qui en sortent vivent dans
ces chenilles sans les empêcher de croître, de filer leurs cocons
et de se changer en chrysalides, mais ces dernières donnent un
Ichneumonien au lieu d'un papillon. Ce dernier est de la famille
des Pupivores et de la tribu des Ichneumoniens ; il fait partie du
genre PIMPLA et se rapporte à l'espèce appelée INSTIGATOR.

PIMPLA INSTIGATOR, Grav. — *Mâle.* Longueur, 8-15 millimètres.
Femelle. Longueur, 8 et 1/4-21 millimètres. Les antennes sont
noires un peu plus courtes que le corps, portées en avant, un peu
courbées, quelquefois un peu ferrugineuses en dessous, mais les
deux premiers articles sont toujours noirs; les palpes sont quelquefois jaunâtres; le corselet est noir et bossu ; l'abdomen est plus
long que la tête et le thorax, plus étroit que ce dernier, sub-
cylindrique (*mâle*), un peu plus large, cylindrique ou en ovale
allongé (*femelle*); le premier segment est aplati, à bords un peu
relevés; les autres ont le bord postérieur relevé et luisant; les
pattes sont médiocres, fauves ou rousses ; les hanches et les trochanters sont noirs; ces derniers ont quelquefois l'extrémité
rousse ; les postérieures ont les tarses noirs, avec le premier et
le deuxième article quelquefois blancs ; très rarement l'extrémité
des cuisses et des tibias est noire; les ailes sont médiocres, plus
ou moins enfumées avec le stigma noir ou brun, la côte brune, à
base couleur de poix, l'écaille alaire rarement toute noire, ordinairement marquée d'un point blanc, rarement blanche; l'aréole
est irrégulière et sub-sessile. La tarière est plus courte que la

moitié de l'abdomen, plus rarement égale à cette demie longueur.

Uu autre grand Ichneumonien du genre ANOMALON sort également des chrysalides du Bombyx du Pin, c'est l'ANOMALON CIRCUMFLEXUM.

ANOMALON CIRCUMFLEXUM, Grav. — Longueur, 18 à 22 millimètres. Les palpes, le labre et quelquefois le milieu des mandibules sont jaunes ; le chaperon est rarement noir, ordinairement jaune, avec une ligne transversale en un point jaune ; chez le mâle, la face est rarement jaune ou ferrugineuse, ainsi que l'orbite interne des yeux et un point au sommet ; l'orbite externe est ferrugineuse ; les antennes sont à peu près de la moitié de la longueur du corps, sétacées, courbées à l'extrémité et rousses, avec le premier et le deuxième et quelquefois le troisième articles noirs ; le thorax est un peu bossu ; la suture latérale entre le prothorax et le mésothorax est ordinairement roussâtre ; l'écusson est jaune, orange ou ferrugineux ; l'abdomen est trois fois aussi long que la tête et le corselet, comprimé, courbé en faucille, obtus à l'extrémité chez le mâle, tronqué chez la femelle ; le premier segment a rarement le milieu noir ; le deuxième est noir de la base jusqu'au-delà du milieu ; le troisième a rarement le ventre noir ; le quatrième a ordinairement le ventre noir ; le cinquième est entièrement noir ou a seulement le ventre noir ; les sixième et septième sont noirs ; les pattes sont rousses, allongées ; les antérieures sont plus claires, le plus souvent les tibias, les tarses et quelquefois l'extrémité des cuisses sont jaunâtres ; les hanches sont noires ; les hanches postérieures, l'extrémité des cuisses et des tibias sont noires ; les tarses sont dilatés, fauves ou jaunes, avec le premier article roux à la base ; les ailes sont médiocres, hyalines, lavées de jaune ou de fauve ; la côte et l'écaille alaire sont rousses ou jaunes, l'aréole manque. La tarière est du tiers de la longueur du thorax, noire ou brune.

Les dégâts que causent les chenilles du Bombyx du Pin sont si

considérables qu'on a cherché des moyens artificiels pour détruire
ces animaux voraces. Elles sont quelquefois si nombreuses, que
les branches plient sous leur poids. On évalue approximativement
que chacune d'elles mange un millier de feuilles, et l'on conçoit
qu'elles ont bientôt dépouillé un pin de toutes ses aiguilles. Lorsqu'elles ont tout dévoré, elles descendent de l'arbre et montent
sur un autre qu'elles ravagent de même. On a vu précédemment
qu'elles passent l'hiver sous la mousse et sous les feuilles qui
couvrent le sol. C'est sur ces habitudes que l'on a imaginé des
moyens de destruction. On les recherche dans leur gîte d'hiver et
on les ramasse à la main au pied des arbres qu'elles ont dépouillés; elles sont alors immobiles et roulées en cercle dans
l'emplacement qu'elles ont choisi. On fera bien de mettre des
gants, car leurs poils peuvent s'introduire dans la peau et causer
une inflammation. Lorsqu'elles sont sur les arbres, elles trahissent leur présence par leurs crottes que l'on reconnaît facilement,
alors on secoue fortement ces arbres dès le grand matin, lorsqu'elles sont engourdies par le sommeil, et on les ramasse. Si les
arbres sont trop gros, on secoue les branches ou on les frappe
avec la tête de la hache pour les faire tomber. Lorsqu'un groupe
d'arbres est attaqué, on creuse tout autour un fossé de 50 centimètres de large et d'autant de profondeur dont on jette la terre
en dehors. Les chenilles descendues de ces arbres dépouillés pour
en aller chercher d'autres tombent dans ce fossé qu'elles ne peuvent franchir et dans lequel les repoussent les surveillants pré-
posés à cette chasse, soit avec des balais, soit avec des pelles, et
on les recouvre de terre. Par ces moyens, on en détruit un grand
nombre, mais il en existe assez pour que beaucoup d'entre elles
échappent et propagent l'ennemi dans les années suivantes. Ces
procédés artificiels sont dispendieux et atteignent rarement le but
qu'on se propose. Il n'y a de véritable et souverain remède au
mal que dans l'assistance des parasites qui ne dépendent pas de
notre volonté, mais qui ne manquent pas de paraître au bout d'un
certain nombre d'années de ravages. On n'a pas parlé de l'intro-

duction des porcs dans les bois attaqués, parce que ces animaux ne mangent pas les chenilles du Bombyx du Pin.

Les parasites du BOMBYX DU PIN sont, selon Ratzburg :

ICHNEUMONIDES........
- Anomalon biguttatum.
  - — circumflexum.
  - — unicolor.
- Ephialtes mediator.
- Hemiteles areator.
  - — brunnipes.
  - — fulvipes.
- Ichneumon Ratzburgii.
- Ischnocerus marchicus.
- Mesochorus ater.
- Ophion luteus.
  - — obscurus.
- Pezomachus agilis.
  - — cursitans.
  - — labrator.
  - — pedestris.
- Pimpla Bernuthii.
  - — didyma.
  - — flavicans.
  - — instigator.
  - — Mussii.
  - — turrionellæ.
- Trogus lutorius.

BRACONIDES..........
- Microctonus bicolor.
- Microgaster nemorum.
  - — ordinarius.
- Perilitus unicolor.
- Rogas Esembeckii.

CHALCIDITES..........
- Chrysolampus solitarius.
- Encyrtus embryophagus.
- Entedon evanescens.
  - — xanthopus.
- Eurytoma Abrotani.

CHALCIDITES	Ptcromalus muscarum.
	— pini.
	Teleas læviusculus.
	Torymus ancphelus.
	— minor.

Selon Robineau-Desvoidy les chenilles du Bombyx du Pin sont la proie des larves des Tachinaires, qu'il désigne sous les noms de :

HEMITHÆA ERYTHROSTOMA, Hart.
TACHINA LARVARUM, Lin.

———

103. — Le Bombyx du Chêne.

(LASIOCAMPA QUERCUS, Dup.)

La chenille du Bombyx du chêne se nourrit des feuilles du chêne, du charme, de l'orme, du cornouiller, du prunier épineux, de l'aubépine, etc., et quelquefois aussi de celles du saule, du peuplier et du bouleau. Elle est velue, longue de 60 à 70 millimètres, lorsqu'elle a pris toute sa croissance, noirâtre ou d'un brun-clair, quelquefois tirant sur le grisâtre, avec quelques taches blanches, plus ou moins nombreuses, plus ou moins marquées. Les poils qui couvrent son corps sont roussâtres. Elle vit en société dans sa jeunesse, passe ordinairement l'hiver dans son premier état et ne se change en chrysalide que le printemps suivant. Elle file une coque ovale, oblongue, arrondie et égale aux deux bouts, d'où l'insecte parfait sort dans les mois de juillet et d'août.

Le papillon est classé dans la famille des Nocturnes, dans la tribu des Bombycites et dans le genre LASIOCAMPA. Son nom entomologique est LASIOCAMPA QUERCUS, et son nom vulgaire BOMBYX DU CHÊNE.

103. LASIOCAMPA QUERCUS, Dup. *Mâle*. Longueur, 22 millimètres ;

envergure, 55 millimètres. Il est d'une couleur ferrugineuse, brune ; les antennes sont fortement pectinées, de la couleur du corps ; on voit vers le milieu des ailes supérieures un point blanc bordé de brun et une bande jaune qui traverse les quatre ailes entre ce point et le bord postérieur ; les ailes inférieures sont de la même nuance que les supérieures ; le dessous des ailes est d'une couleur plus claire que le dessus, et la bande jaune y est plus pâle et moins marquée.

103. *Femelle.* Longueur, 22 millimètres ; envergure, 58 millimètres. Elle est d'une couleur d'ocre jaune-pâle et la bande jaune est plus pâle que chez le mâle ; les antennes sont filiformes.

Les chenilles de ce Bombyx sont atteintes par une mouche parasite de la tribu des Tachinaires désignée par Robineau-Desvoidy sous le nom de CEROMYA BICOLOR, et par Macquart sous celui de TRIPTOCERA TESTACEA.

Ce Lépidoptère est ordinairement fort commun dans les forêts de chênes et on ne remarque pas que sa chenille y cause de notables dommages.

—

104. — Le Bombyx laineux.

(LASIOCAMPA LANESTRIS, Dup.)

Les chenilles du Bombyx laineux se nourrissent des feuilles du tilleul, du saule, du cerisier, du prunier sauvage. Elles vivent en société sous des tentes de soie qu'elles filent et dont elles enveloppent le bout des branches. Elles en sortent pendant le jour pour chercher leur nourriture, et s'y retirent pendant la nuit. Lorsqu'elles sont rassasiées elles se collent contre une branche les unes à côté des autres. Elles sont longues de 52 millimètres, un peu velues, d'un noir-violet sur le dos, d'un gris-obscur sur la tête et sous le ventre; on remarque sur chaque segment trois taches blanches, placées entre deux taches rouges formées par un assemblage de poils. Elles ont seize pattes.

Parvenues à toute leur grosseur, vers le mois de juillet, ces chenilles filent une coque ovale, blanchâtre, d'un tissu serré, d'une consistance assez solide, attachée à une feuille ou à l'écorce d'un arbre, dans laquelle elles se changent en chrysalides, et d'où elles sortent sous la forme d'insectes parfaits au mois d'avril de l'année suivante.

Ce papillon est classé dans la famille des Nocturnes, la tribu des Bombycites et dans le genre LASIOCAMPA. Son nom entomologique est LASIOCAMPA LANESTRIS, et son nom vulgaire BOMBYX LAINEUX.

104. LASIOCAMPA LANESTRIS, Dup.— Longueur, 19 millimètres ; envergure, 40 millimètres. Les antennes sont un peu pectinées ; la couleur du corps est d'un brun-roussâtre, un peu plus clair chez le mâle ; les ailes supérieures sont de la couleur du corps, et on y remarque une tache blanche à leur base, une autre plus petite vers le milieu, et ensuite une raie transversale blanche ; les ailes inférieures sont d'un brun-rougeâtre, plus clair que sur les supérieures sans taches, mais traversées également par une raie blanche ; le dessous des ailes est d'un brun-rougeâtre clair, avec la raie blanche que l'on remarque au-dessus ; le corps est très velu.

Quoique les chenilles de ce Bombyx ne soient pas très nuisibles, on ne peut cependant pas les passer sous silence ; on doit les citer au même titre que celles du BOMBYX BUCÉPHALE et autres.

—

105. — Le Bombyx processionnaire du Pin.

(CNETHOCAMPA PYTHIOCAMPA, Dup.)

Le Bombyx processionnaire du Pin, appelé aussi Bombyx pinivore, a dans tous ses états la plus grande analogie avec le Bombyx processionnaire du Chêne, dont l'histoire est exposée plus au long à l'article suivant; les deux insectes se ressemblent encore par les traits caractéristiques de leurs mœurs et par l'action irritante et inflammatoire des poils de leurs chenilles sur la peau des mains, du visage et sur les voies aériennes. La seule différence qu'il y a entre eux, c'est que la Processionnaire du Pin a d'autres époques fixes pour opérer ses diverses métamorphoses.

Le papillon se montre en juillet et la femelle dépose ses œufs sur les aiguilles des Pins. Elle préfère les arbres rabougris, venus en buissons et croissant sur un sol maigre et peu fertile. On ne trouve guère les chenillettes qu'à la fin de juillet et en août, et c'est seulement alors que commencent leurs ravages ; ce n'est aussi qu'à cette époque que l'on trouve sur les arbres ces tentes allongées, blanches, à peu près en forme de grosses chandelles, tissues en soie qu'elles filent en commun, dans lesquelles elles habitent, et qui leur servent de refuge pendant le mauvais temps et pendant la nuit. Elles enveloppent l'extrémité d'une branche avec une toile de soie et prolongent leur habitation lorsqu'elle devient insuffisante en y enveloppant d'autres sommités voisines. Lorsqu'elles sortent pour voyager elles marchent dans le même ordre que suivent les Processionnaires du Chêne. Elles muent ensemble et laissent leur vieilles peaux dans leur nid. Elles passent l'hiver dans cette habitation, et lorsque le printemps est de retour elles se réveillent, mangent encore pendant quelque temps, puis elles quittent définitivement le domicile commun, descendent de l'arbre, entrent dans la terre à son pied, et se construisent chacune un cocon dans le tissu duquel entrent des poils de leur corps et des parcelles de terre, liés avec des fils de soie. Toutes les coques sont placées les unes à côté des autres. Elles s'y changent en chrysalides et les papillons éclosent dans le mois de juillet.

Ce Lépidoptère est classé dans la famille des Nocturnes, dans la tribu des Bombycites et dans le genre CNETHOCAMPA. Son nom entomologique est CNETHOCAMPA PYTHIOCAMPA et son nom vulgaire BOMBYX PYTHIOCAMPA, BOMBYX PINIVORE ou PROCESSIONNAIRE DU PIN.

105 CNETHOCAMPA PYTHIOCAMPA, Dup.— Longueur, 14 millimètres ; envergure, 30 millimètres. Les antennes sont noires et
pectinées ; la tête et le corselet sont d'un gris-brun ; l'abdomen
est jaunâtre, terminé chez la femelle par une infinité de petites
écailles brunes, luisantes, pointues par un bout, arrondies par
l'autre, un peu convexes à leur partie supérieure, posées en recouvrement ; les ailes supérieures sont d'un gris-cendré obscur, avec
trois raies transversales noirâtres ; les inférieures sont cendrées,
avec un point obscur à leur angle postérieur interne.

La chenille, parvenue à toute sa taille, a 30 millimètres de longueur. Elle est cylindrique, velue, brunâtre, couverte de poils
roux qui s'élèvent en aigrettes sur des tubercules ; sa tête est
noire, et l'on voit huit taches jaunes rangées en ligne sur son dos ;
elle est pourvue de seize pattes ; elle sort de l'œuf ordinairement
en août et descend de l'arbre pour s'enterrer vers la fin de mars
de l'année suivante.

On procède contre cette chenille comme on l'indique à l'article
de la Processionnaire du Chêne ; toutefois on doit arracher les
nids ou tentes pendant l'automne et l'hiver lorsqu'elles sont toutes
réunies dans leur habitation.

Robineau-Desvoidy a signalé une Tachinaire parasite du BOMBYX
PYTHIOCAMPA, qui est sortie au mois de mai de l'une de ses chrysalides. Il a nommé cette Mouche PHRYXE BERCELLA. Les PHRYXE
correspondent à une partie des MASICERA et des EXORISTA de
Macquart.

PHRYXE BERCELLA, R. D.— Longueur, 6 millimètres. Les antennes sont noires et descendent jusqu'à l'épistome ; le troisième
article est triple du deuxième et surmonté d'un style simple,
allongé, dont le deuxième article est double du premier ; les yeux
sont velus, écartés, la bande frontale est rouge, les côtés du front
présentent un reflet brun-grisâtre ; les cils frontaux descendent
jusqu'au tiers de la face ; celle-ci est un peu oblique ; les cils
faciaux s'élèvent à moitié de la hauteur des fossettes ; les palpes

sont noirs ; le corselet est noir, obscurément saupoudré et rayé
de brun-grisâtre peu distinct ; l'écusson est fauve en majeure
partie ; l'abdomen est cylindriforme, présentant des reflets obscurs
ou brun-grisâtre et point de tache fauve sur les côtés ; on y remarque deux cils apicaux sur le premier segment; deux cils médians
et deux apicaux sur le deuxième ; deux cils médians et une
rangée complète de cils apicaux sur le troisième ; les pattes sont
noires ; les ailes sont hyalines, à base jaune-de-rouille ; la première cellule postérieure est entr'ouverte avant le sommet ; sa
nervure transversale est droite ; les cuillerons sont jaunes de
rouille et les balanciers ferrugineux.

—

106. — Le Bombyx processionnaire du Chêne.

(CNETHOCAMPA PROCESSIONEA, Dup.)

La chenille du Bombyx processionnaire du Chêne ne se trouve
que dans les grands massifs de chêne où elle cause de notables
dommages en dévorant les feuilles de ces arbres. Elle attaque les
vieux comme les jeunes, et lorsqu'elle se trouve en assez grand
nombre pour les dépouiller totalement de leur feuillage elle les
affaiblit au point qu'un grand nombre tombent malades, que leurs
branches se dessèchent et que beaucoup meurent de leurs attaques.

Le papillon éclôt le soir, en août, quelquefois en juillet. La
femelle dépose ses œufs, au nombre de cent cinquante à deux
cents, sur l'écorce d'un chêne et les recouvre de quelques poils
provenant de l'extrémité de son abdomen. Ces œufs sont un peu
aplatis, blanchâtres et médiocrement velus. Les petites chenilles
éclosent au mois de mai de l'année suivante et voyagent sur l'arbre en montant. Elles vivent en société non-seulement dans leur
premier état, mais encore sous celui de chrysalide. Elles filent en
commun, dans leur jeune âge, de légers tissus de soie qui leur

servent de tentes pour se mettre à couvert; elles changent alors souvent de domicile, sans cependant quitter l'arbre. Mais au commencement de juin ou après leur troisième mue elles construisent une habitation fixe et commune qu'elles ne quittent plus. Le nid ressemble ordinairement à une espèce de sac plus ou moins allongé, arrondi aux deux bouts. Il est attaché à une branche ou contre le tronc et est composé en dedans de plusieurs toiles serrées qui y forment différentes cellules, lesquelles sont entourées d'une toile ou enveloppe générale, qui n'a qu'une petite ouverture à l'extrémité supérieure, par où les chenilles sortent de leur nid et par où elles y rentrent. Elles vont ordinairement chercher leur nourriture après le coucher du soleil. Si elles sortent de leur nid pendant le jour, elles se collent les unes contre les autres sur une branche, et quelquefois se mettent en tas les unes sur les autres. L'ordre qu'elles suivent dans leur marche est très remarquable. On en voit une qui marche la première, à celle-ci succède une deuxième, puis une troisième, puis une quatrième. La file se double ensuite, se triple, se quadruple, c'est-à-dire que les premiers rangs sont composés d'une chenille, les suivants de deux, de trois, de quatre ou d'un nombre plus considérable, qui toutes exécutent les mêmes mouvements que la première, qui s'arrêtent avec elle, ou suivent les contours et les sinuosités qu'elle décrit. C'est cet ordre qui leur a fait donner le nom de Processionnaires. Si dans la marche un obstacle ou un accident dérange les rangs ils se reforment immédiatement. Quelquefois le premier rang, formé toujours d'une seule chenille, est suivi du deuxième qui en compte deux, puis du troisième qui en compte trois, ainsi de suite en augmentant d'une chenille à chaque rang, en sorte que la troupe forme un long triangle acutangle.

Parvenues au terme de leur croissance, vers la fin de juin ou au commencement de juillet, elles filent, chacune en particulier, un cocon, l'un à côté de l'autre, dans le tissu duquel elles font entrer les poils qui couvrent leur corps. Ces cocons, placés dans le nid, forment une espèce de gâteau dont l'épaisseur est égale à la longueur d'un cocon. Il y a ordinairement plusieurs gâteaux placés dans le nid parallélement l'un à l'autre. Les chenilles se changent en chrysalides dans leurs cocons et les papillons en sortent au commencement du mois d'août.

La chenille est longue de 28 millimètres. Elle est cylindrique, velue, couverte de longs poils de couleur cendrée obscure, avec la partie supérieure noirâtre, et quelques tubercules jaunâtres sur chaque segment d'où partent les aigrettes de poils ; elle est pourvue de seize pattes ; la chrysalide est ové-conique, longue de 12 millimètres, d'un brun-rougeâtre, portant une aigrette de poils courts sur les côtés de chacun des segments de l'abdomen ; celui-ci est terminé par deux petites épines divergentes.

Le papillon fait partie de la famille des Nocturnes, de la tribu des Bombycites et du genre Bombyx des anciens auteurs, lequel a été partagé en plusieurs autres par les entomologistes modernes. Il se trouve dans celui des CNETHOCAMPA. Son nom est CNETHOCAMPA PROCESSIONNEA et son nom vulgaire BOMBYX PROCESSIONNAIRE DU CHÊNE ou simplement PROCESSIONNAIRE DU CHÊNE.

106. CNETHOCAMPA PROCESSIONNEA, Dup.— Longueur, 14 millimètres ; envergure, 27 à 30 millimètres ; les antennes sont noirâtres, pectinées ; la tête et le corps sont d'une couleur brun-cendré, le corselet est velu ; les ailes supérieures sont cendrées plus ou moins obscures, avec deux raies transversales obscures vers leur base et une autre noirâtre un peu au-delà du milieu ; les deux premières sont très peu prononcées chez la femelle ; les inférieures sont d'un blanc-cendré, avec une bande transverse brune peu tranchée ; le dessous des quatre ailes est cendré, un peu obscur, sans taches, ni raies.

La femelle est un peu plus grande que le mâle ; ses antennes sont moins pectinées et son abdomen cylindrique est velu à l'extrémité.

Pour empêcher les dégâts que ces chenilles, trop multipliées, causent dans les bois de chêne, on recommande d'arracher leurs nids appliqués contre les arbres à la fin de juillet et au commencement d'août, de les brûler ou de les enterrer ; mais comme cette opération peut être dangereuse et occasionner des irritations aux mains, au visage, et à toutes les parties nues du corps, on fera bien de ne les toucher qu'avec les mains couvertes de gants et de se placer du côté où le vent ne porte pas la poussière qui en sort. Si le nid est posé sur une branche élevée on se sert d'une perche au bout de laquelle est un grattoir. Ce moyen artificiel de combattre le Bombyx processionnaire doit être peu efficace, et quelque soin que l'on apporte dans son exécution on laisse toujours assez de chenilles vivantes pour propager l'espèce dans les années suivantes

Il est dangereux de toucher ces chenilles et leur nid avec les mains nues, plus dangereux encore de respirer la poussière qui sort de ces derniers ; les hommes et les animaux en sont gravement indisposés. Le Bombyx processionnaire doit donc figurer parmi les insectes nuisibles à l'homme et aux animaux domestiques.

Les chenilles de ce Bombyx ont un ennemi très redoutable dans un beau Coléoptère d'une forte taille qui en fait une grande destruction, surtout lorsqu'il est à l'état de larve. Cette larve devient de la longueur et de la grosseur d'une chenille ordinaire. Elle a 35 millimètres de longueur sur 6 à 8 millimètres de diamètre, selon qu'elle est repue. Elle est un peu renflée au milieu, de couleur brune, mais le dessus du corps est un beau noir-lustré. Il semble que les anneaux sont écailleux ou crustacés ; il sont au nombre de douze sans compter la tête qui est écailleuse, armée de deux fortes mandibules pointues, recourbées en croissant, et pourvue de deux petites antennes de quatre articles. Le dernier segment est terminé par deux petites cornes charnues. Elle est pourvue de trois paires de pattes placées sous les trois premiers segments. Cette larve saisit la chenille processionnaire par le ventre, le lui perce et ne la quitte pas qu'elle n'ait achevé de la manger. La plus grosse chenille lui suffit à peine pour la nourrir un jour, et elle en mange plusieurs dans la même journée lorsqu'elle les trouve. Elle se gorge tellement de nourriture qu'elle en paraît gonflée et fusiforme. Il est vraisemblable qu'après avoir pris tout son accroissement elle se retire dans la terre pour se changer en chrysalide, puis ensuite en insecte parfait qui se montre dès le mois de mai ou de juin. Il fait partie de la famille des Carnassiers, de la tribu des Carabiques, de la sous-tribu des Grandipalpes et du genre CALOSOMA. Son nom entomologique est CALOSOMA SYCOPHANTA et son nom vulgaire CALOSOME SYCOPHANTE, CARABE SYCOPHANTE.

CALOSOMA SYCOPHANTA, Fab.— Longueur, 35 millimètres. Les antennes sont noires, filiformes, de la moitié de la longueur du corps ; la tête est d'un bleu-foncé, ayant les yeux arrondis et les palpes terminés par un article un peu sécuriforme ; le corselet est court, large, fortement arrondi sur les côtés, ponctué, d'un noir-bleu, avec les bords latéraux verdâtres ; l'écusson est petit ; les élytres sont beaucoup plus larges que le corselet, en carré un peu long, arrondi aux angles, d'un beau vert-doré, cuivreux sur les côtés, striées et marquée de trois rangées de points enfoncés ; les pattes sont noires et les quatre premiers articles des tarses antérieures sont dilatés chez les mâles ; il est pourvu d'ailes sous les élytres.

Cet insecte, qui est un des plus beaux Coléoptères de nos pays, se trouve dans les bois, courant à terre ou sur les branches des arbres à la recherche des chenilles dont il fait sa nourriture. On le rencontre non-seulement sur le chêne, mais encore sur le frêne, ce qui indique qu'il mange d'autres chenilles que celles du BOMBYX PROCESSIONNAIRE.

Robineau Desvoidy a signalé trois mouches de la tribu des Tachinaires qui déposent leurs œufs sur le corps des chenilles de ce Bombyx et dont les larves vivent dans le corps de ces chenilles jusqu'à leur entière croissance. Elles en sortent alors en le perçant et en leur donnant la mort. Elles se changent en pupes aussitôt après leur sortie et ensuite en insectes parfaits. L'une d'elles est la PALES BELLIERELLA qui se montre dans le mois de juillet. Le genre PALES correspond à une partie des SENOMETOPIA, Macq.

PALES BELLIERELLA, R. D. — Longueur, 10 à 11 millimètres. Les antennes sont noires et descendent jusqu'à l'épistome, avec le troisième article prismatique, double du deuxième, surmonté d'un style simple, dont les deux premiers articles sont courts ; la face est oblique et blanchâtre ; les yeux sont écartés et velus ; la bande frontale est noire, et les côtés du front sont brun-cendré-bleuâtre ; la barbe est blanche ; les palpes sont noirs ; le corselet est noir de pruneau, saupoudré et faiblement rayé de cendré-bleuissant ; l'écusson est en partie fauve ; l'abdomen est noir de pruneau et garni sur le dos de reflets cendrés-bleuissant, avec une petite fascie d'un blanchâtre prononcé au bord supérieur des segments ; il n'y a pas de tache fauve aux côtés de l'abdomen ; l'anus est noir, ainsi que les pattes qui présentent un peu de fauve-obscur au milieu des tibias ; les tibias postérieurs sont ciliés au côté externe ; les ailes sont hyalines, à base à peine flavescente, ayant la première cellule postérieure entr'ouverte avant le sommet, et sa nervure transverse cintrée ; les cuillerons sont blancs et les balanciers bruns ; les cils faciaux occupent les deux tiers de la hauteur des fossettes.

La femelle est semblable au mâle, mais elle porte deux cils basilaires et deux cils médians sur le troisième segment de l'abdomen.

La deuxième mouche parasite des chenilles processionnaires du chêne est la ZENILIA AUREA, R. D., appelée aussi SENOMETOPIA LIBATRIX, Macq, qui éclôt en été.

ZENILIA AUREA, R. D.—Longueur, 9 millimètres. Elle est couverte d'un duvet jaune-doré sur un fond noir ; les antennes sont noires et descendent jusqu'à l'épistome, le troisième article est quadruple du deuxième et surmonté d'un style simple renflé au milieu ; les yeux sont d'un brun-rougeâtre, écartés et velus ; la bande frontale est noire ; les côtes du front sont jaunes ; la face est blanche, bordée de soie jusqu'au tiers de sa hauteur ; les palpes sont fauves ; le corselet est d'un jaune-doré, marqué de quatre raies noires en dessus ; l'écusson est testacé ; l'abdomen est ové-conique, de la longueur du thorax, d'un jaune-doré, avec le premier segment noir ; les pattes sont noires, à reflets blancs, et ciliées ; les ailes sont hyalines, à nervures noires ; les cuillerons sont testacés ; la première cellule postérieure est fermée près du sommet ; la deuxième nervure transversale est flexueuse et tombe aux deux tiers de la première cellule postérieure.

La troisième Tachinaire qui se développe dans les chenilles processionnaires du chêne est la DORIA CONCINNATA, R. D., appelée METOPIA CONCINNATA, Macq.

DORIA CONCINNATA, R D.— Longueur, 7 à 8 millimètres. Les antennes sont noires et descendent jusqu'à l'épistome ; le troisième article est quadruple du deuxième et surmonté d'une soie simple ; la bande frontale est noire ; les côtés du front sont cendrés, parfois cendré-flavescent ; les yeux sont velus ; la face est blanche, oblique, pourvue de cils qui s'élèvent jusqu'au milieu des fossettes ; les palpes sont fauves ; le thorax est noir, rayé de cendré, parfois un peu flavescent ; l'abdomen est noir, avec trois fascies de reflets cendrés, et une ligne dorsale noire ; les pattes sont noires ; les ailes sont hyalines, à base plus ou moins flavescente ; la première cellule postérieure est entr'ouverte contre le sommet de l'aile ; les cuillerons sont blancs et les balanciers d'un blanc-jaunâtre.

On compte deux cils médio-apicaux sur le premier segment de l'abdomen ; deux cils médio-apicaux sur le deuxième ; deux cils médio-basilaires et une rangée complète de cils apicaux sur le troisième.

Le mâle est en général un peu plus flavescent que la femelle.

Les parasites du BOMBYX PROCESSIONNAIRE sont encore, d'après Ratzburg :

ICHNEUMONIDES .... {
Anomalon amictum.
Cubocephalus germari.
Pimpla examinator.
—   instigator.
—   processionneæ.

BRACONITES .... {
Perilitus brevicornis.
—   ichtericus.

CHALCIDITES .... Pteromalus processionneæ.

---

107. — Le Bombyx neustrien.

(CLISIOCAMPA NEUSTRIA, Dup.)

La chenille du Bombyx neustrien est fort commune dans les vergers et dans les jardins, où elle est très nuisible aux arbres fruitiers. On la trouve aussi dans les bois sur le chêne et sur d'autres arbres. Elle attaque les arbres d'alignement comme l'orme, et les haies d'aubépine. On doit la regarder comme un insecte dont on doit chercher à se défaire.

Le papillon se montre en juillet et éclôt le soir. La femelle pond ses œufs autour d'une petite branche, les uns à côté des autres, en ligne spirale, se touchant tous et si bien collés, si solidement attachés, que pendant l'hiver ni la pluie, ni la neige, ne peuvent les détacher. Ils sont d'un brun-noir. Les petites chenilles en sortent au printemps suivant, en avril ou mai, et rongent en commun les feuilles qui sont à leur portée. Elles se filent une toile très fine sous laquelle elles se refugient pendant la nuit et le mauvais temps, et dans laquelle elles renferment les feuilles qu'elles veulent ronger. Elles transportent leur domicile sur un autre point lorsqu'elles ont consommé leurs provisions, et dépouillent ainsi les branches de leurs feuilles. Elles grandissent

assez rapidement , et vers la fin de juin elles ont acquis toute
leur taille. Elles se dispersent alors et vont, chacune à part, filer
un cocon d'un blanc-sale, assez ferme et poudreux à l'extérieur.
Elles le placent entre des feuilles ou dans un creux d'arbre, ou
sous une branche. Parvenues à leur complet développement, elles
ont environ 4 centimètres de long ; elles sont cylindriques, un
peu velues ; leur corps porte des raies longitudinales bleuâtres et
rougeâtres , et une ligne longitudinale blanche au milieu du dos.
La disposition des couleurs de leur robe leur a fait donner le nom
de chenilles à livrée. Renfermées dans leurs cocons, elles s'y
changent en chrysalides ové-coniques, d'un marron-foncé et couvertes de poils bruns.

Il entre dans la famille des Nocturnes , dans la tribu des
Bombycites et dans le genre Clisiocampa. Son nom entomologique
est Clisiocampa neustria , et son nom vulgaire Bombyx neustrien,
Bombyx a livrée.

107. Clisiocampa neustria, Dup. — Envergure, 27-28 millimètres. Les antennes sont roussâtres, pectinées chez les deux sexes,
mais plus fortement chez le mâle que chez la femelle ; la tête , le
corselet et les ailes supérieures sont d'un gris-roussâtre ou jauná-
tre ; ces dernières sont traversées par deux lignes brunes ou par
une large bande un peu obscure ; les ailes inférieures sont de la
couleur du corps, mais un peu plus faible que celle des supérieures ; la femelle est un peu plus grande que le mâle.

Après son éclosion il sort le soir au crépuscule , s'accouple , et
la femelle pond ses œufs sur une branche et les enduit d'un vernis
qui les met à l'abri de la pluie. On peut recommander d'enlever
les œufs sur les branches des arbres fruitiers des jardins et des
vergers ; mais ce moyen ne peut être employé dans un bois, et
l'on est réduit à chercher les chenilles pendant le mois de mai,
lorsquelles sont réunies en troupes, afin de les écraser, ce qui est
peu efficace.

Ces chenilles sont exposées aux atteintes de plusieurs mouches parasites de la tribu des Tachinaires, dont les larves vivent dans leur corps, ne les empêchent pas de se changer en chrysalides, et sortent de ces dernières après en avoir dévoré l'intérieur. La première est la CARCELIA BOMBYLANS.

CARÇELIA BOMBYLANS, R.-D. — SENOMETOPIA GNAVA, Macq.; EXORISTA GNAVA, Macq. — Longueur, 8-9 millimètres. Les antennes sont noires et descendent jusqu'à l'épistome ; le troisième article est le plus long et il est surmonté d'un style nu ; les yeux sont velus, écartés ; la bande frontale est rougeâtre ou d'un brun-rougeâtre ; les côtés du front sont d'un brun-cendré ; on compte quatre ou cinq cils frontaux ; la face est albide et un peu oblique ; les poils du derrière de la tête sont cendrés et les palpes jaunes ; le corselet est noir, saupoudré et rayé de cendré-grisâtre, avec une bande latéro-humérale testacée ; l'écusson est testacé ; l'abdomen est garni de reflets soyeux gris, avec une bande dorsale et le bord postérieur des segments noirs, une tache fauve sur les côtés du premier, du deuxième et parfois du troisième segment ; les pattes sont noires, avec les tibias jaune-testacé ; les brosses des tarses sont jaunâtres ; les ailes sont hyalines, à base flavescente ; la première cellule postérieure est entr'ouverte près du sommet ; sa nervure transversale est cintrée ; les cuillerons sont blancs et les balanciers d'un jaune fauve ; on compte deux cils apicaux sur le premier segment de l'abdomen, quatre cils apicaux sur le deuxième et une rangée complète sur le troisième.

Femelle. Elle est semblable au mâle ; mais les côtés du front sont un peu plus albides ; le deuxième article des antennes est parfois un peu rougeâtre ; l'abdomen a des reflets gris et point de tache latérale fauve ; parfois le premier article des tarses est fauve.

Elle est sortie au mois de juin d'une chrysalide du BOMBYX NEUSTRIEN.

La deuxième mouche parasite est la TACHINA LARVARUM.

TACHINA LARVARUM, R.-D. ; — TACHINA FLAVICEPS, Macq. —

17

Longueur, 11-18 millimètres. Les antennes sont noires et descendent jusqu'à l'épistome ; le troisième article est un peu plus long que le deuxième ; le style est nu ; la bande frontale est noire ; les yeux sont nus , écartés ; les côtés du front sont dorés ; la face est albide, oblique chez le mâle , verticale chez la femelle ; les palpes sont jaune-testacé ; le corselet est noir , à ligne dorsale cendré-jaune ou cendré-jaunâtre ; l'écusson est fauve à l'extrémité et noir à la base ; le noir forme un angle qui s'avance sur le milieu du fauve ; l'abdomen est noir-luisant, avec trois fascies dorées, interrompues en leur milieu par une ligne dorsale noire ; on ne distingue pas de tache fauve sur les côtés du deuxième segment ; les pattes sont noires ; les ailes sont hyalines, à peine un peu sales à la base ; la première cellule postérieure est entr'ouverte avant le sommet ; les cuillerons sont blanc-jaunâtre ; les balanciers brun-obscur ; point de cils basilaires sur les deuxième et troisième segments de l'abdomen ; deux cils apicaux sur ces mêmes segments.

Femelle. Côtés du front jaune-paille ; face albide ; ligne du corselet et reflet de l'abdomen d'un cendré-flavescent.

Elle est sortie de la chenille ou de la chrysalide du BOMBYX NEUSTRIEN.

La troisième mouche parasite est la ZENILIA AUREA, décrite à l'article du BOMBYX PATTE ÉTENDUE (BOMBYX PUDIBUNDA).

Les parasites du BOMBYX NEUSTRIA sont, selon Ratzburg :

ICHNEUMONIDES........
{
Cryptus cyanator.
Mesochorus ater.
Mesostenus ligator.
Pimpla alternaus.
— flavicans.
— flavipes.
— instigator.
— scanica.
— stercorator.
Tryphon neustriæ.
}

BRACONITES, ... {
Microgaster gastropachæ.
Perilitus brevicornis.
—   rogator.
Rogas linearis.

CHALCIDITES. . . . . {
Encyrtus tardus.
Myina ovulorum. (Br.)
Pteromalus processsionnea
—   Zelleri.
Teleas terebrans.

1°8. — Le Bombyx nonne.

(LIPARIS MONACHA, Dup.)

Le Bombyx nonne, ou plutôt sa chenille, est le seul insecte très nuisible aux arbres verts, qui attaque aussi les bois à feuilles plates, comme le hêtre, le bouleau, le chêne, le pommier, etc. Elle endommage ces derniers, mais moins que les premiers. Le plus souvent on la trouve sur les sapins rouges ou épicéas (ABIES PICEA), et sur les pins, plus fréquemment dans les perchis et les bois de demi-futaie que dans ceux de haute futaie. Elle détruit plus rarement les pins que les sapins et elle se contente de ronger entièrement çà et là les feuilles des premiers, surtout celles des vieux individus qu'on aurait dû abattre plus tôt. Si des pins se trouvent mêlés avec des sapins elle ne touche pas ordinairement aux premiers. Mais il ne manque pas d'exemples où ces arbres ont été tellement dévorés, qu'ils ont été longtemps à se remettre et que les plus faibles ont péri. Elle aime à se tenir sur les branches inférieures protégées par celles du haut, et mange de préférence les feuilles maigres et sèches, mais elle ronge aussi les jeunes et succulentes. Elle se plaît dans les broussailles et les bois rabougris et on la trouve partout, quelle que soit la nature du sol, où croît la forêt d'arbres verts.

Le papillon éclôt ordinairement vers la fin de juillet et même

au commencement de ce mois dans les années chaudes , ou bien
dans les premiers jours d'août. Ces papillons , surtout les mâles ,
sont très agiles lorsqu'il fait beau temps et ne se laissent pas
prendre, sur les troncs d'arbres, aussi facilement que ceux du
Bombyx du Pin. La plupart se posent à une hauteur qu'on ne
peut atteindre ; mais beaucoup cependant se tiennent à une hauteur de six mètres au-dessus du sol lorsque la nuit a été tran-
quille et tiède, tandis que les autres se placent sur la souche à
fleur de terre. La femelle dépose ses œufs en divers endroits ,
surtout sur les pins , tandis que sur les épicéas elle les place en
général au pied du tronc. Ils sont ordinairement cachés sous les
écailles de l'écorce et on ne les aperçoit qu'en enlevant celles ci.
Ils sont un peu aplatis, d'un brun-rougeâtre, avec des reflets
bronzés et de 1 millimètre de diamètre , et déposés par groupes
de cinq à cinquante , plus rarement de cent à cent cinquante. Ils
éclôsent en automne, mais il est excessivement rare de voir alors
des familles de chenilles en plaques isolées. Elles apparaissent
toutes à la fois vers la fin d'avril. Elles restent ordinairement de
1 à 5 jours près du nid, en forme de tache noire grande comme
un écu ou en placard de la dimension de la main. Alors elles
montent sur les arbres et on les voit pendantes à un fil, et le
vent les porte sur les broussailles ou sur les branches voisines.
Le temps qu'elles mettent à éclore est de deux à quatre semaines.
Elles prennent leur nourriture pendant la nuit et ne mangent pas
en entier les feuilles aciculaires, surtout celles des pins; elles
n'en mangent que la base et jettent le reste à terre , ce qui fait
reconnaître leur présence par le gaspillage qui couvre le sol. Les
feuilles de bouleau sont séparées de leur pétiole et un peu rongées au point de jonction ; celles d'orme sont entamées beaucoup
plus profondément depuis leur base jusqu'au delà du milieu,
mais elles ménagent les bords. Elles atteignent leur entier développement en juin. Leurs crottes sont d'un vert sale, grosses,
épaisses, cylindriques, avec des sillons longitudinaux, et étoilées
aux deux bouts.

La chenille est longue de 40 millimètres environ. Elle est velue, de couleur cendrée plus ou moins obscure et cylindrique ; sa tête est brune, avec des traits noirâtres ; on remarque une tache noire en cœur sur le deuxième anneau et une ligne blanchâtre peu marquée de chaque côté du corps, elle est pourvue de seize pattes ; dans sa jeunesse elle est verdâtre, puis ensuite noire, avec des points rouges sur le corps.

Parvenue à toute sa croissance dans le mois de juin, elle s'enveloppe dans une toile très claire qu'elle attache avec des fils de soie aux feuilles aciculaires ou à l'écorce et se change en chrysalide ové-conique, longue de 20 millimètres, d'abord verdâtre, puis ensuite d'un brun-foncé chatoyant, comme du bronze, et portant des touffes de poils blanchâtres ou rougeâtres ; le papillon éclôt dans le mois de juillet.

Il est classé dans la famille des Nocturnes, dans la tribu des Bombycites, et dans le genre LIPARIS. Son nom entomologique est LIPARIS MONACHA, et son nom vulgaire BOMBYX NONEN, ou BOMBYX MOINE, ou simplement la NONNE.

108. LIPARIS MONACHA, Dup. — Longueur, 15 millimètres ; envergure, 40-54 millimètres. Les antennes sont fortement pectinées chez les mâles et dentées en scie chez les femelles ; la tête est blanchâtre et les yeux sont noirs ; le corselet est blanc, marqué de taches noires ; l'abdomen est rose avec la base blanche et le bord postérieur des anneaux noir ; les ailes supérieures sont blanchâtres, ornées de seize points noirs et de quatre lignes transversales en zig-zag de la même couleur; les inférieures sont cendrées, avec une bande obscure vers le bord postérieur ; le dessous des quatre ailes est cendré, marqué de quelques raies obscures cendrées.

Les ennemis des chenilles du Bombyx nonne, sont : les pinsons, les mésanges, les coucous, les hirondelles, les corneilles, le choucas, les pies, etc. Le CALOSOME SYCOPHANTE et ses larves en détruisent beaucoup. Les œufs sont mangés par les araignées, les mille-pieds ou scolopendres, les raphidies ; ils sont encore recherchés par les mésanges, les roitelets huppés.

Parmi les parasites de ces chenilles on signale le PIMPLA INSTIGATOR qui sort de leurs chrysalides ; le MICROGASTER GLOME-RATUS dont les larves vivent en nombreuse famille dans les che-nilles qui en sortent en leur donnant la mort pour se filer chacune un petit cocon de soie jaune ; tous ces cocons sont réunis dans une masse entourée d'une bourre de soie qui en dérobe la vue ; la TACHINA (ECHYNOMYIA) FERA, dont la larve vit aussi en parasite dans le corps de ces chenilles, ainsi que la TACHINA LARVARUM. C'est lorsque ces parasites se sont suffisamment multipliés que leur action fait disparaître, pour quelque temps, ce Lépidoptère si dangereux dans les forêts.

Le PIMPLA INSTIGATOR, Grav., est décrit à l'article du BOMBYX DU PIN.

MICROGASTER GLOMERATUS, N. d. E. — Longueur, 2 1/2-3 mil-limètres. Les antennes sont filiformes et noires ; la tête et le thorax sont noirs sans taches ; les palpes sont d'un jaune-pâle : l'abdomen est ovale, sessile, de la longueur du corselet, noir, ayant les bords latéraux de son premier segment et quelquefois du deuxième, d'un fauve-testacé ; le premier est rectangulaire et imprimé ; le deuxième est légèrement strié ; les pattes sont d'un testacé-fauve, avec les hanches postérieures noires et quelquefois l'extrémité des tibias et les tarses brunâtres ; les ailes sont hya-lines ; leur stigma et les nervures d'un pâle-livide ; il n'y a que deux cellules cubitales ; la tarière de la femelle est de la longueur du dernier segment.

Les antennes du mâle sont un peu plus longues que celles de la femelle ; son abdomen est un peu plus étroit, et la couleur fauve de la base de l'abdomen est plus dilatée.

ECHYNOMYIA FERA, Macq. — Longueur, 11-13 millimètres. Elle est d'un testacé-pâle ; la face et le front sont dorés ; la bande

frontale est fauve ; les antennes descendent jusqu'à l'épistôme ;
les deux premiers articles sont fauves et le troisième noir, en
palette, surmonté d'un style simple ; le deuxième article est
beaucoup plus long que le troisième ; les yeux sont nus ; l'épistôme est saillant et les palpes sont filiformes ; le corselet est
noirâtre, rayé longitudinalement de lignes jaunâtres, ayant les
côtés fauves chez la femelle ; l'écusson est ferrugineux ; l'abdomen
est d'un testacé-pâle, marqué d'une ligne dorsale large et noire ;
les pattes sont testacées, avec les cuisses noirâtres à la base, chez
le mâle ; les ailes sont hyalines et les cuillerons jaunâtres ; la
première cellule postérieure atteint le bord avant l'extrémité ; sa
nervure transversale est arquée.

TACHINA LARVARUM, Macq. — Longueur, 9 11 millimètres. Elle
est noire ; les antennes sont noires et descendent jusqu'à l'épistôme ; le deuxième article est allongé et le troisième double du
deuxième, surmonté d'un style simple ; la face est blanche ; les
palpes sont fauves et le front est doré, étroit, chez les mâles ; le
thorax est cendré, rayé de lignes noires ; l'écusson est noir, quelquefois un peu rougeâtre à l'extrémité ; l'abdomen présente des
bandes cendrées, des reflets bruns et une ligne dorsale noire, et
un peu de fauve sur les côtés ; les ailes sont hyalines, à base
jaunâtre ; la première cellule postérieure est entr'ouverte assez
loin de l'extrémité, et sa nervure transversale est arquée ; les
pattes sont noires.

Les moyens artificiels que l'on peut employer contre le BOMBYX
NONNE sont la RÉCOLTE DES ŒUFS, qui se fait en hiver et en automne. Ces œufs sont placés sous les écailles soulevées de l'écorce
depuis la hauteur de 1 mètre 50 centimètres jusqu'à 5 mètres
au-dessus du sol. On enlève les écailles et les œufs avec une lame
de couteau et on fait tomber ces derniers dans un petit sac. On
récolte par ce moyen beaucoup d'œufs, mais on en laisse aussi
un grand nombre qui propageront l'insecte, et l'année suivante

le nombre n'en paraîtra guère diminué. Après la récolte des œufs
vient la recherche des chenilles qui éclôsent vers la mi-avril ou
un peu plus tard, qui se réunissent en placard de couleur noire
sur le tronc, près de l'endroit où étaient les œufs. Elles ne restent que un à cinq jours ainsi réunies, et c'est le temps qu'il
faut saisir pour les récolter et les écraser. On reconnaît que
l'éclosion est prochaine lorsque les œufs commencent à changer
leur couleur brune en une nuance plus claire et blanchâtre, relui-
sant comme de la nacre. Les chenillettes en sortent en moins
d'une semaine. Ce moyen exige que l'on soit bien sur ses gardes
pour ne pas laisser échapper le temps si court de la réunion des
chenilles et vraisemblablement on oubliera plus d'une de leurs
bandes. Plus tard on doit chercher les chenilles sur les arbres et
les faire tomber en secouant vivement les branches basses, en les
frappant avec la tête de la hache, comme on l'a indiqué pour les
chenilles du Bombyx du Pin. Mais on doit attendre, pour exécuter
cette opération, qu'elles ne filent plus, ce qui arrive lorsqu'elles
ont acquis la moitié de leur taille, sans quoi elles ne tomberaient
pas et resteraient suspendues par un fil aux branches qui les portent. On peut encore chercher les Chrysalides sur les troncs et
sur les branches où elles sont fixées par des fils de soie et faire
la chasse aux papillons lorsqu'ils sont éclos. On doit convenir
que ces différents moyens de combattre le Bombyx nonne sont fort
dispendieux et sont d'un succès peu certain. Le véritable remède
réside dans les parasites, qui parviennent à détruire en partie les
chenilles de ce Lépidoptère, lorsqu'ils se sont suffisamment multipliés pour cela, ce qui, malheureusement, n'arrive qu'après trois,
quatre ou cinq ans de ravages causés par ces chenilles.

Les sapins dépouillés de leurs feuilles par la chenille du
Bombyx nonne périssent ordinairement. Les pins, moins maltraités
par elle, se rétablissent peu à peu, excepté les plus faibles qui
meurent. Les hêtres qu'elle a entièrement dépouillés sont remis
l'année suivante et ne se ressentent pas de l'atteinte qu'ils ont
reçue par la perte de leurs dernières feuilles.

Outre ces divers ennemis signalés, les parasites du Bombyx monacha, sont, selon Ratzburg :

Ichneumonides........	Campoplex rapax. Ichneumon melanocerus. — raptorius. — sugillatorius. Pimpla examinator. — instigator. — rufata. — varicornis. Trogus flavatorius. Xylonomus irrigator.
Braconites............	Aphidius flavideus. Microgaster melanoscelus. — solitarius. Orthostigma flavipes. Perilitus unicolor.
Chalcidites..........	Telcas læviusculus.

109. — Le Bombyx disparate.

(Liparis dispar, Dup.)

La chenille du Bombyx disparate, qui est souvent très nuisible aux arbres fruitiers des vergers et des jardins, est quelquefois désastreuse pour les arbres forestiers , pour ceux d'alignement et pour les haies vives , parce qu'elle est fort grosse, très vorace et qu'elle se jette indifféremment sur tous les arbres à feuilles caduques et même aussi sur les pins, dont elle ronge les feuilles aciculaires.

Le papillon se montre dans le mois d'août. La femelle dépose ses œufs, au nombre de deux cents à quatre cents en un seul tas ovale , et les place sous l'origine des branches ou sous les traverses des haies. Ces œufs sont d'un brun-rougeâtre et recouverts d'une sorte de laine épaisse d'un gris-brunâtre provenant des

poils que la femelle porte à l'extrémité de son abdomen. Les
petites chenilles éclosent en avril ou au commencement de mai ,
restent réunies en groupes pendant les premiers jours et se
mettent à ronger les feuilles. Pendant qu'elles grandissent les
groupes se divisent et s'écartent les uns des autres et finalement
les chenilles se dispersent. Elles parviennent à toute leur croissance à la fin de juin ou au commencement de juillet. Elles ont
alors près de 5 centimètres de longueur. Elles sont cylindriques ,
noirâtres, velues, avec quatre lignes longitudinales jaunâtres ou
grisâtres, et quatre tubercules peu élevés sur chaque segment.
bleus sur les cinq premiers , rouges sur les sept derniers. La tête
est grosse, d'un brun-verdâtre, piquetée de noir. Lorsqu'elles
n'ont plus à croître elles se retirent sous les feuilles ou sous une
écorce soulevée, ou dans un creux, et là elles tirent de leur
filière quelques fils de soie qui servent plutôt à les soutenir qu'à
les envelopper. Elles se changent en chrysalides noirâtres, un
peu velues et très vives. On en trouve ordinairement plusieurs
dans le voisinage les unes des autres. Le papillon s'envole dans
le mois d'août. La femelle se tient ordinairement immobile sur le
tronc d'un arbre et les mâles volent à sa recherche. Si on en
tient une à la main ils arrivent de tous côtés voltigeant autour
d'elle et cherchant à s'accoupler. Après l'accouplement, la femelle
pond ses œufs en un seul tas et les recouvre avec les poils
de l'extrémité de son abdomen qui s'arrachent à mesure que les
œufs en sortent.

La papillon est classé dans la famille des Nocturnes , dans la
tribu des Bombycites et dans le genre LIPARIS. Son nom entomologique est LIPARIS DISPAR, et son nom vulgaire BOMBYX DISPARATE.
On l'appelle aussi la SPONGIEUSE à cause de son dépôt d'œufs qui
ressemble à un morceau d'éponge.

BOMBYX DISPAR, Dup. — Le *mâle* est plus petit que la *femelle*
et en diffère par la couleur. Il a 2 1/2 centimètres d'envergure.
Son corps et ses ailes supérieures sont d'un gris-obscur ; celles-

ci sont traversées par des raies ondées noirâtres ; les inférieures
sont un peu moins obscures ; les antennes sont pectinées en forme
de barbe de plume.

La femelle à 5 centimètres d'envergure. Son corselet est blanchâtre et laineux ; l'abdomen est d'un gris-pâle, terminé par des
poils épais, bruns ; les ailes supérieures sont blanchâtres, traversées par des raies ondées en zig-zag, noirâtres ; les inférieures
sont blanchâtres ; les antennes sont simples, filiformes.

On s'oppose aux ravages des chenilles du BOMBYX DISPARATE en
recherchant ses œufs sur les troncs des arbres ou sous l'origine
des grosses branches et on les écrase avec une spatule en bois ou
en fer. On cherche aussi les chenilles au mois de mai lorsqu'elles
sont encore en groupes. On peut aussi trouver les chrysalides et
même les femelles collées contre les troncs d'arbre. Si on fait ces
recherches avec soin on peut détruire un grand nombre de ces
insectes.

Robineau-Desvoidy a signalé, comme parasite de la chenille du
BOMBYX DISPARATE , une mouche de la tribu des Tachinaires et du
genre TACHINA, qu'il a désignée sous le nom de TACHINA MORETI,
sans dire si elle est sortie de la chenille ou de la chrysalide.

TACHINA MORETI, R. D. — Longueur, 8-9 millimètres. Les
antennes sont noires et descendent jusqu'à l'épistôme ; le troisième
article est un peu plus long que le deuxième et surmonté d'un
style simple ; les yeux sont nus, moins écartés chez les mâles que
chez les femelles ; la bande frontale est noire ; les côtés du front
sont dorés ; la face est albide , oblique chez les mâles , verticale
chez les femelles ; les palpes sont d'un jaune-testacé ; les cils
faciaux montent jusqu'au milieu des fossettes ; le corselet est
noir, avec des lignes dorsales jaune-doré ; l'écusson est noir à la
base , rouge sur les 2/3 de sa longueur ; l'abdomen est noir , luisant, avec trois fascies de jaune-doré et une tache fauve sur les
côtés du deuxième segment ; on compte deux cils apicaux au
bord postérieur des deuxième et troisième segments ; les pattes

sont noires ; les ailes, hyalines ; la première cellule postérieure est entr'ouverte avant le sommet et sa nervure transversale, arquée ; les cuillerons sont blancs.

La femelle a les côtés du front jaune ou jaune-paille ; les lignes du corselet et les fascies de l'abdomen sont d'un cendré obscurément jaunâtre.

Les autres parasites du Bombyx dispar sont, selon Ratzburg :

ICHNEUMONIDES.........	Campoplex conicus.
	— difformis.
	Hemiteles fulvipes.
	Mesochorus pectoralis.
	Pimpla flavicans.
	— instigator.
BRACONITES...........	Microgaster liparidis.
	— melanoscelus.
	— pubescens.
	— solitarius.
CHALCIDITES..........	Eurytoma Abrotani.

110. — Le Bombyx Chrysorrhée.

(LIPARIS CHRYSORRHOEA, Dup.)

Les chenilles du Bombyx chrysorrhée ou Bombyx à cul-doré sont communes et polyphages, c'est-à-dire qu'elles mangent les feuilles de presque tous les arbres ; elles vivent en société jusqu'à leur dernière mue et sont très nuisibles. Elles ravagent les vergers et dévastent les forêts ; quelquefois elles mangent en entier les feuilles et les fleurs du chêne et ne laissent que le pétiole. Le papillon éclôt sur le soir pendant le mois de juillet et les femelles pondent deux cents à trois cents œufs sur le revers des feuilles de l'arbre qu'elles ont choisi. Ces œufs sont d'un jaune tirant sur le marron et recouverts des poils de l'anus qui ont une couleur fer-

rugineuse. Les petites chenilles en sortent en juillet ou en août
et elles enveloppent, dans une toile de soie blanchâtre, la feuille
qui portait les œufs et plusieurs feuilles voisines dont elles rongent l'épiderme. Elles grandissent très peu et ne font pas de dégât
pendant cette période de leur vie. Elles passent l'hiver engourdies,
dans le nid qu'elles ont préparé en commun, à l'abri de la pluie
et de la neige qui ne peuvent pénétrer à travers les toiles de soie
dont il est formé. On aperçoit très bien ces nids pendant l'hiver et
pendant tout le temps que les arbres sont dépouillés de leurs
feuilles. Au retour du printemps, dès le mois d'avril, la chaleur
les ranime et elles sortent de leur nid pour ronger les bourgeons
voisins et les feuilles naissantes. Elles rentrent le soir dans leur
habitation où elles passent la nuit et les jours de mauvais temps.
Elles l'agrandissent en ajoutant de nouvelles toiles sur les anciennes de manière à y être à leur aise. C'est alors qu'elles font des
dégâts considérables. Elles vivent en commun jusqu'à leur dernière
mue après laquelle elles se dispersent, et chacune va où bon lui
semble, achever sa croissance, ce qui a lieu au commencement
de juillet. Cette chenille a alors 30 millimètres de longueur environ. Elle est cylindrique, velue, noirâtre, avec une double raie
longitudinale rouge sur le dos et une autre raie blanche de chaque
côté, interrompue à chaque segment. Elle est pourvue de seize
pattes. Elle se place entre des feuilles et se renferme dans un cocon
d'un tissu mince, d'un gris-brunâtre, dans lequel elle se change
en une chrysalide d'un brun-foncé, de forme ové-conique, garnie
de touffes de poils plus clairs et terminée par une pointe au bout
du dernier segment de l'abdomen. Le papillon éclôt dans le mois
de juillet comme on l'a dit plus haut.

Il est classé dans la famille des Nocturnes, dans la tribu des
Bombycites et dans le genre LIPARIS. Son nom entomologique est
LIPARIS CHRYSORRHOEA et son nom vulgaire BOMBYX CHRYSORRHÉE,
BOMBYX CUL DORÉ.

110. LIPARIS CHRYSORRHOEA, Dup.— Envergure, 30 millimètres.

Les antennes sont pectinées, garnies de barbes roussâtres : la
tête, le corselet et le dessous du corps sont couverts d'un duvet
blanc-cotonneux ; le dessus de l'abdomen est brun ; les ailes sont
blanches et marquées quelquefois de deux ou trois points noirs ;
la femelle porte à l'extrémité de son abdomen une quantité considérable de longs poils roux.

Aussitôt après sa naissance il s'envole au crépuscule et cherche
à s'accoupler. La femelle reste immobile contre une branche ou
sur une feuille et le mâle s'approche d'elle en voltigeant. Après
l'accouplement elle pond ses œufs en un tas et les recouvre avec
les poils longs et roux qui garnissent l'extrémité de son abdomen.

On détruit cet insecte nuisible en cherchant, pendant l'hiver,
les nids en toile de soie blanche qu'il construit vers l'extrémité
des branches où les petites chenilles sont renfermées. Ces nids
sont très visibles pendant tout le temps où il n'y a pas de feuilles
aux arbres. On les récolte et on les brûle. Si quelques-uns ont
échappé à cette opération on cherche les chenilles pendant le mois
de mai, temps pendant lequel elles sont encore réunies en société,
et on les écrase.

Le Bombyx chrysorrhée a un ennemi naturel dans un Ichneumonien du genre PIMPLA, qui pond un œuf dans chaque chenille
qu'il rencontre et atteint. La larve sortie de cet œuf vit et grandit
dans le corps de la chenille sans l'empêcher de se développer, de
filer son cocon et de se changer en chrysalide ; mais cette chrysalide laisse sortir un Ichneumonien au lieu d'un papillon. Ce parasite est le :

PIMPLA INSTIGATOR, Grav. — Longueur, 7 à 14 millimètres. Il
est noir ; les antennes sont noires, plus courtes que le corps ; le
thorax est noir ; l'abdomen est plus long que la tête et le corselet, cylindrique, noir, sessile ; les pattes sont roussâtres ; les
hanches et les trochanters noirs ainsi que les tarses postérieurs ;
les ailes sont hyalines, plus ou moins enfumées ; l'aréole est irré-

gulière, sub-sessile ; la tarière est de la moitié de la longueur de l'abdomen.

Les parasites du Bombyx chrysorrhœa sont, d'après Ratzburg :

Ichneumonides.........	Pimpla examinator.
	— flavicans.
	— instigator.
	Mesochorus dilutus.
Braconites............	Microgaster lactipennis.
Chalcidites	Pteromalus boucheanus.
	— rotondatus.
	Torymus anephelus.

111. — Le Bombyx patte-étendue.

(Dasychira pudibunda, Dup.)

Le Bombyx patte-étendue, appelé aussi Bombyx pudibond, a été signalé comme nuisible aux arbres fruitiers, auxquels cependant il ne cause pas un notable dommage, parce que sa chenille vit isolée et qu'elle ne ronge les feuilles qu'à la fin de l'été et en automne. On la trouve aussi dans les bois sur les différentes espèces d'arbres qui y croissent, auxquels elle nuit peu. Cependant lorsqu'elle est nombreuse et qu'elle se porte sur les hêtres, elle les dépouille de leurs feuilles, ce qui leur cause un certain préjudice mais ne les empêche pas de reverdir au printemps suivant. Si cette défoliation se répétait plusieurs années de suite la croissance de ces arbres serait ralentie et leur bonne venue compromise.

Le papillon se montre au commencement du mois de juin et les femelles pondent sur l'écorce de l'arbre qu'elles ont choisi. Les œufs sont un peu aplatis, blanchâtres et placés à nu sur cette écorce. Les petites chenilles en sortent en juillet, se dispersent aussitôt après leur naissance et demeurent isolées jusqu'à la fin de leur vie. Elles parviennent à toute leur croissance à la fin de

septembre ou en octobre. Elles sont velues et portent quatre
faisceaux de poils jaunes sur le dos en forme de pinceau et un
cinquième plus long et plus mince, rougeâtre, en forme de queue
à la partie supérieure du dernier anneau. Tout le corps est d'un
jaune plus ou moins clair, avec les incisions des deuxième, troisième et quatrième anneaux d'un noir velouté. Elles sont pourvues
de seize pattes. Parvenues à toute leur grandeur au commencement d'octobre, chacune d'elles se file un cocon ovale, jaunâtre,
d'un tissu peu serré, dans lequel elle se change en chrysalide
d'un brun-noirâtre à sa partie antérieure et d'un brun-rougeâtre
avec des points jaunes à sa partie postérieure. Le papillon sort du
cocon à la fin de mai ou au commencement de juin de l'année
suivante.

Il se range dans la famille des Nocturnes, dans la tribu des
Bombycites et dans le genre Dasychira. Son nom entomologique
est DASYCHIRA PUDIBUNDA et son nom vulgaire BOMBYX PATTE ÉTEN-
DUE, BOMBYX PUDIBOND.

111. DASYCHIRA PUDIBUNDA, Dup.— Envergure, 40 à 54 millimètres. Les antennes sont brunes roussâtres et pectinées; tout le
corps est d'une couleur grise un peu cendrée; les ailes supérieures sont cendrées, avec trois raies transversales, peu ondées,
obscures; celles du mâle sont un peu obscures au milieu, entre
la première et la deuxième raie; les inférieures sont d'un gris-
cendré, quelquefois sans taches, ou avec une raie transversale et
une tache peu marquée obscures; le dessous des ailes est d'un
gris-cendré; avec une raie et une tache obscures plus ou moins
marquées.

La chenille du Bombyx pudibond est exposée aux atteintes de
plusieurs mouches parasites de la tribu des Tachinaires qui pondent leurs œufs sur son dos. Les petites larves, aussitôt après leur
éclosion, percent la peau et pénètrent dans son corps où elles
vivent et prennent tout leur accroissement sans empêcher cette
chenille d'atteindre son entier développement et de se changer en

chrysalide, mais il sort de cette chrysalide une mouche au lieu d'un papillon qu'on attendait.

Robineau-Desvoidy a signalé, parmi ces mouches parasites, les espèces suivantes qui font la guerre aux chenilles de ce Bombyx :

CARCELIA LUCORUM, R. D.— Longueur, 5, 6, 8 millimètres. Elle est noire; les antennes sont noires et descendent jusqu'à l'épistome, le troisième article est triple du deuxième et surmonté d'un style nu ; la face est verticale, nue, blanchâtre; les yeux sont écartés, velus, et la bande frontale est rougeâtre; les côtés du front sont brun-cendré ; les palpes sont jaunes et les poils du derrière de la tête gris ; le corselet est d'un noir de pruneau, luisant, saupoudré et rayé de grisâtre, avec une demie bande derrière l'origine des ailes et l'écusson fauves; l'abdomen du mâle est cylindrico-arrondi, d'un noir de pruneau, avec des reflets cendrés un peu grisâtres, la ligne dorsale et les incisions des segments noires et une tache fauve sur les côtés des premiers segments; les pattes sont noires et les tibias testacé-fauve ou fauves; les ailes sont assez claires, avec la base un peu ferrugineuse; la nervure transversale de la première cellule postérieure est presque droite, rarement cintrée ; les cuillerons sont blancs ; on remarque deux cils apicaux plus ou moins éloignés sur le premier segment de l'abdomen ; quatre cils apicaux sur le deuxième et une rangée complète sur le troisième; les cils frontaux au-dessous de la base des antennes sont au nombre de quatre ou cinq.

La femelle est semblable au mâle, mais elle n'a pas de fauve sur les côtés de l'abdomen ; la base des ailes est un peu moins fauve et les côtés du front sont un peu plus cendrés.

Cette Tachinaire est sortie, dans le mois d'avril, d'une chrysalide du Bombyx pudibond. Elle est la même que la SENOMETOPIA PUPARUM, Macq.

CARCELIA SUSURRANS, R. D.— Longueur, 11 millimètres. Les antennes sont noires ; les côtés du front brun-ardoisé ; la face est

18

blanchâtre et les palpes sont fauves ; les poils du derrière de la
tête sont grisâtres ; le corselet est noir, saupoudré et rayé de cendré un peu obscur ; l'écusson est jaune-testacé ; l'abdomen est
d'un noir-bleuâtre, avec des reflets d'un cendré à peine grisâtre
et avec une tache fauve sur les côtés du deuxième segment ; les
tibias sont testacés, les ailes hyalines à base flavescente et les
cuillerons blanchâtres.

Cette espèce sort des chrysalides du Bombyx pudibond.

CARCELIA ORGYÆ, R. D. — Longueur, 13 millimètres. Les antennes sont noires ; les côtés du front brun-cendré ; la bande
frontale est rougeâtre ; la face blanchâtre ; les palpes sont fauves ;
le corselet est cendré, avec deux lignes dorsales noires ; l'écusson
est rouge ; l'abdomen est noir, garni de reflets cendrés ; les côtés
du troisième segment et son bord postérieur et le bord antérieur
du quatrième sont rouges ; les pattes sont noires, avec les tibias
testacés ; les ailes sont assez claires, à base jaune, et les cuillerons
blancs.

Cette troisième espèce est sortie d'une chrysalide du BOMBYX
PUDIBOND. Robineau-Desvoidy lui a donné le nom spécifique d'OR-
GYÆ parce que ce Lépidoptère est classé par beaucoup d'entomo-
logistes dans le genre ORGYA.

CARCELIA AMPHION, R. D. — Longueur, 10 à 12 millimètres. Les
antennes sont noires ; les côtés du front brun-cendré ; la bande
frontale est noire ; la face est blanchâtre ; les poils du derrière de
la tête sont gris ; le corselet est noir, obscurément saupoudré et
rayé de cendré-brun, avec une bande humérale de chaque côté
d'un testacé-fauve, le bord postérieur et l'écusson jaunes ; l'abdomen est noir, avec des reflets cendré-obscur, une large tache
fauve sur les côtés des trois premiers segments ; les pattes sont
noires, avec les tibias testacés ; les tibias postérieurs sont un peu
arqués, garnis de cils noirs pressés ; les ailes sont assez claires,
avec la base jaunâtre ; les cuillerons sont blancs.

Cette quatrième espèce est sortie, dans le mois de juillet, d'une chrysalide du même Bombyx.

Dans ces différentes espèces de CARCELIA la longueur respective des articles des antennes, le nombre et la disposition des cils frontaux et abdominaux, la villosité des yeux sont tels qu'on l'a indiqué dans la description de la CARCELIA LUCORUM. Ces caractères sont communs à toutes les espèces du genre CARCELIA et même de la tribu appelée Bombomydes par Robineau-Desvoidy.

Une cinquième Mouche parasite, la ZENILIA AUREA, R. D.; SENO-METOPIA LIBATRIX, Macq., sort, en été, de la chrysalide de notre Bombyx pudibond. Sa description se trouve à l'article du BOMBYX PROCESSIONNAIRE DU CHÊNE.

Enfin une sixième Tachinaire, la DORIA CONCINNATA, R. D., ME-TOPIA CONCINNATA, Macq., sort encore des mêmes chrysalides, et sa description se trouve à la suite de la précédente.

Les parasites du BOMBYX PUDIBUNDA sont, d'après Ratzburg :

ICHNEUMONIDES..........	Anomalon excavatum.
	Hemiteles areator.
	Ichneumon balticus.
	— fabricator.
	— 6-lineatus.
	Pimpla instigator.
	— pudibundæ.
	Trogus alboguttatus.
CHALCIDITES.............	Ceraphron albipes.
	Teleas Zetterstedtii.

112. — Le Bombyx du Saule.

(LIPARIS SALICIS, Dup.)

Les chenilles du Bombyx du Saule ne vivent pas seulement sur le saule, ainsi que le nom du papillon semble l'indiquer, mais

encore sur les peupliers qu'elles dépouillent de leurs feuilles lorsqu'elles sont nombreuses. Le papillon se montre à la fin de juin
ou au commencement de juillet. La femelle dépose ses œufs sur
les troncs des peupliers ou des saules par plaques de la grandeur
d'une pièce de deux francs à peu près et les recouvre d'un enduit
ou vernis d'un blanc luisant qui les préserve des pluies et de
l'humidité de l'hiver. Les petites chenilles éclosent à la fin d'avril
ou au commencement de mai et croissent vite, car dans la première quinzaine de juin elles sont ordinairement arrivées à toute
leur taille, ce qui indique qu'elles sont très voraces et qu'elles ont
bientôt rongé les feuilles des arbres sur lesquelles elles sont
montées. Elles ont alors 40 millimètres de longueur environ. Elles
sont cylindriques et ont le dos marqué de deux raies blanches ou
jaunâtres, maculaires, longitudinales, entre lesquelles il y a, sur
chaque segment, deux taches également blanches ou jaunâtres.
Les côtés sont d'un blanc-bleuâtre jaspé de noir avec deux séries
de petits tubercules ferrugineux d'où partent des poils roussâtres;
les taches dorsales sont séparées par des tubercules semblables à
ceux des côtés. La tête est cendrée et garnie de poils blanchâtres.
Le ventre est d'un brun-roussâtre. Lorsqu'elle veut se changer en
chrysalide elle quitte les branches et descend sur le tronc et se file
un cocon assez léger placé dans une gerçure de l'écorce, d'où le
papillon sort à la fin de juin ou au commencement de juillet.

Il est classé dans la famille des Nocturnes, dans la tribu des
Bombycites et dans le genre LIPARIS. Son nom entomologique est
LIPARIS SALICIS et son nom vulgaire BOMBYX DU SAULE ou l'APPA-
RENT.

112. LIPARIS SALICIS, Dup. — Envergure, 47 à 55 millimètres.
Les antennes sont pectinées chez les mâles, dentées chez les
femelles, d'un gris-cendré; la tête, le corselet, l'abdomen et les
ailes sont d'un blanc-luisant satiné; les pattes sont entre-coupées
de noir et de blanc.

Robineau-Desvoidy signale, comme parasites de cette espèce,

deux Tachinaires : la TACHINA LARVARUM décrite à l'article du BOM-
BYX NEUSTRIEN et la DORIA CONCINNATA, décrite à celui du BOMBYX
PROCESSIONNAIRE.

Les parasites du BOMBYX SALICIS sont, selon Ratzburg :

ICHNEUMONIDES.........	Campoplex assimilis.
	Cryptus analis.
	Mesochorus ater.
	  — splendidulus.
	Pezomachus terebrator.
	Pimpla instigator.
	  — stercorator.

BRACONITES	Bracon ciscumscriptus. Perilitus fasciatus (Rubens). Rogas prærogator.

CHALCIDITES..........	Entendon vinulæ.
	Pteromalus boucheanus.
	  — cucerus.
	  — halideayanus.
	Teleas punctulatus.

113. — Le Bombyx bucéphale.

(PYGÆRA BUCEPHALA, Dup.)

La chenille du Bombyx bucéphale se nourrit des feuilles du
tremble, du peuplier, du saule, du tilleul, du chêne, du hêtre, de
l'orme, de l'érable, de l'aulne, du bouleau, etc., c'est-à-dire,
dévore les feuilles de presque tous les arbres des bois feuillus.
Elle est longue de 48 millimètres, velue, noire, avec des lignes
longitudinales et des bandes jaunes. Ces chenilles vivent en société
jusqu'à leur dernière mue, et parvenues à toute leur grosseur, vers
la fin du mois d'août, elles descendent de l'arbre sur lequel elles
ont vécu et entrent dans la terre où elles forment une coque avec
leurs poils et de la soie et s'y changent en chrysalides; elles y

passent l'hiver et en sortent sous la forme d'insecte parfait dans
le courant du mois de mai de l'année suivante. La chrysalide a
28 millimètres de longueur.

Ce dernier est classé dans la famille des Nocturnes, la tribu des
Noctuo-Bombycites et dans le genre PYGÆRA. Son nom entomolo-
gique est PYGÆRA BUCEPHALA, et son nom vulgaire BOMBYX BUCE-
PHALE.

113. PYGÆRA BUCEPHALA, Dup. — Longueur, 24 à 30 millimètres ; envergure, 56 à 60 millimètres. Les antennes sont roussâtres, un peu pectinées chez le mâle et filiformes chez la femelle;
la tête et la partie antérieure du corselet sont d'un jaune-fauve
terminé par une raie ferrugineuse ; le reste du corselet est gris ;
l'abdomen est cendré, légèrement roussâtre ; les ailes supérieures
sont grises, parsemées d'une poussière noirâtre ; on y remarque
deux raies transversales ferrugineuses. et noirâtres et une grande
tache jaune placée à l'extrémité de l'aile, cerclée de brun, avec
quelques nuances plus foncées ; les inférieures sont blanchâtres ou
d'un blanc jaunâtre ; en dessous les ailes sont grisâtres, avec une
teinte obscure au milieu des premières ou supérieures et un peu
de brun au milieu des secondes ou inférieures.

Les chenilles de ce papillon étant grosses et vivant en société
jusqu'à leur dernière mue, causent assez de dégâts aux arbres sur
lesquels elles vivent ; elles peuvent être réputées, à juste titre,
comme des insectes nuisibles.

---

114. — La Noctuelle piniperde.

(TRACHEA PINIPERDA, Dup.)

La chenille de la Noctuelle piniperde est rangée parmi les plus
nuisibles aux pins et est regardée comme la plus dangereuse pour
ces arbres après celle du Bombyx du pin. Elle est surtout redou-

table parce qu'elle se montre avant l'entier développement de la pousse de mai qu'elle dévore, ce qui cause un grand dommage ; elle entre même dans ces pousses et s'y cache tout entière, et les fait périr.

Le papillon se fait remarquer par l'époque prématurée de son vol, car il parait en avril et même déjà à la fin de mars. Quoique nocturne il voltige en plein jour et est fort agile. La femelle pond ses œufs le long des feuilles aciculaires, les uns à la suite des autres. Les petites chenilles rongent les jeunes feuilles de mai aussitôt après leur éclosion et croissent pendant les mois de mai et de juin ; en juillet elles ont pris toute leur grandeur. Elles ont alors 36 millimètres de longueur environ. Elles sont cylindriques, un peu atténuées à l'extrémité postérieure, glabres, de couleur verte, avec neuf raies longitudinales, dont sept blanches et deux rouges ou couleur de rouille ; celles-ci sont placées immédiatement au dessous des stigmates. La tête et les pattes écailleuses sont couleur de rouille et les pattes membraneuses vertes sont au nombre de dix. Les crottes qu'elles rendent sont longues, minces et composées de trois parties distinctes.

Ayant acquis toute leur taille en juillet ou en août elles descendent de l'arbre pour aller se changer en chrysalide sous la mousse ; quand le terrain est très meuble et peu couvert elles s'introduisent dans la terre pour hiverner. La chrysalide a 19 millimètres de longueur environ ; elle est ové-conique, d'abord verte, puis ensuite d'un brun-foncé, avec deux épines à l'extrémité du dernier segment de l'abdomen. L'insecte parfait éclôt à la fin de mars et en avril.

Il se classe dans la famille des Nocturnes, dans la tribu des Noctuélites et dans le genre TRACHEA. Son nom entomologique est TRACHEA PINIPERDA et son nom vulgaire NOCTUELLE PINIPERDE.

114. TRACHEA PINIPERDA, Dup. — Longueur, 14 millimètres ; envergure, 35 millimètres. Les antennes sont fauves et filiformes dans les deux sexes, de la longueur du corps ; la tête et le corse-

Ici sont du même rouge que les ailes supérieures ; les palpes sont velus et très courts ; l'abdomen participe de la couleur des ailes inférieures ; le dessus des ailes supérieures est d'un rouge-vif tirant un peu sur le fauve ; cette couleur s'éclaircit sur les bords et au centre de chaque aile ; les nervures sont moitié jaunâtres et moitié blanchâtres ; les deux taches ordinaires, qui reposent sur la nervure du milieu, sont bien marquées ; la réniforme est jaunâtre et bordée de blanc et de brun ; l'orbiculaire est entièrement blanchâtre et bordée de brun ; ces deux taches sont placées comme de coutume entre deux lignes transverses et divergentes ; la plus grande de ces deux lignes est ondulée, brune et bordée par du blanc qui se fond en couleur de chair dans la partie rouge de l'aile ; l'autre, qui décrit deux angles, est jaune et bordée de brun ; on aperçoit une tache jaunâtre à l'angle supérieur de chaque aile ; la frange est grise entre-coupée de jaune.

Dans certains individus les ailes supérieures diffèrent en dessus de celles que l'on vient de décrire, 1° en ce que leur extrémité au lieu d'être entièrement rouge est bordée par une bande jaunâtre dentelée ; 2° en ce que le rouge, depuis la base jusqu'à la ligne ondulée du milieu, est mêlé de gris-jaunâtre ; 3° en ce que les nervures ne se détachent pas en clair ; 4° en ce que la tache orbiculaire est jaunâtre au lieu d'être blanche , 5° enfin en ce que les lignes qui entre-coupent la frange sont blanches au lieu d'être jaunes.

Les ailes inférieures sont en dessus d'un brun-ferrugineux, avec la frange grise ; le dessous des quatre ailes est d'un gris-rougeâtre, avec un croissant brun au milieu de chacune d'elles.

Les chenilles de cette Noctuelle, dans l'état de liberté, ne vivent que sur le pin sylvestre (PINUS SYLVESTRIS), mais en captivité elles mangent les feuilles des autres espèces de pins. Elles sont entièrement rases et très délicates et périssent fréquemment, et tout à coup, dans les nuits glaciales qui ont quelquefois lieu dans le mois de mai ou bien par les pluies froides de juin. Les oiseaux insectivores et les animaux, dont on a parlé à l'article du Bombyx du

pin, en détruisent beaucoup ; les Carabes, les Staphylins en sont
très friands et en font une assez grande consommation. Si malgré
ces secours naturels on s'aperçoit que les chenilles font du dégât
il faudra secouer les arbres ou les branches, si les arbres sont trop
gros et ne peuvent être ébranlés, pour les faire tomber sur des
draps et les récolter. Mais le moyen le plus simple de les détruire
est d'introduire, dans les bois qu'elles ont ravagés, un troupeau de
porcs qui, en fouillant la terre, mangeront les chenilles et les
chrysalides et détruiront, en outre, d'autres insectes nuisibles. Le
temps de conduire les porcs au bois est depuis le mois d'août
jusqu'au mois de mars de l'année suivante. Il n'est pas douteux
que les forêts étaient beaucoup moins ravagées par les insectes
dans les temps anciens qu'elles ne le sont aujourd'hui, car elles
étaient alors constamment parcourues par des troupeaux de porcs
qui les en débarrassaient et qui ne coûtaient rien à nourrir.

Ces chenilles sont en outre exposées aux atteintes de nombreux
parasites de la tribu des Ichneumoniens et de celles des Tachinaires.

Les parasites de la NOCTUA PINIPERDA sont, d'après Ratzburg :

ICHNEUMONIDES.........
{
Anomalon gliscens.
—   unicolor.
—   xanthopus.
Banchus compressus.
Cryptus filicornis.
—   intermedius.
—   leucostomus.
—   longipes.
—   seticornis.
Ichneumon aciculator.
—   æthiops.
—   comitator.
—   dumeticola.
—   fabricator.
—   metaxanthus.
—   nigritarius.
—   pachymerus.
}

ICHNEUMONIDES........ {
Ichneumon pinctorum.
—   piniperdæ.
—   rubro ater.
—   scutellator.
—   6-lineatus.
—   steinii.
Mesochorus brevipetiolatus.
Ophion luteus.
—   merdarius.
—   ramidulus.
Phygadeuon commutatus.
Pimpla instigator.

BRACONITES .... {
Brachistes noctuæ.
Perilitus unicolor.

CHALCIDITES ....   Pteromalus alboannulatus.

Robineau-Desvoidy signale encore, comme parasites de la Noctuelle du pin, les Tachinaires suivants :

ECHYNOMYA FERA, R. D. (E. TESSELA, Macq.— E. VERNALIS, Macq.)
PANZERIA RUDIS, Fall. (NEMORÆA MICROCERA, Macq.)
TACHINA LARVARUM, Lin.

———

115. — La Noctuelle du Frêne.

(CATOCALA FRAXINI, Dup.)

La chenille de la Noctuelle du frêne vit sur le frêne, le tremble,
le peuplier , l'orme, le bouleau , dont elle ronge les feuilles. Elle
est d'une assez forte taille et d'un cendré plus ou moins jaunâtre
et finement piquetée de noir. Sa tête est verdâtre, avec les mandibules , un chevron et deux arcs frontaux noirs. Le huitième
anneau de son dos forme une élévation d'un noir-bleuâtre marquée de quatre ou. cinq taches jaunâtres s'étendant jusque sous
le ventre. Les. côtés du ventre sont garnis de cils blancs et tous
les stigmates sont cerclés de noir. Elle est pourvue de seize pattes.

Cette chenille s'agite beaucoup lorsqu'on la touche. Parvenue à
toute sa croissance, elle file, entre des feuilles, un cocon très
lâche et sa métamorphose en chrysalide a ordinairement lieu au
commencement de juillet.

La chrysalide, non moins vive que la chenille, est d'un brun-
rougeâtre saupoudré de bleu pâle ; mais ce qui la rend surtout
remarquable, c'est qu'elle a de chaque côté, sur les quatrième
et cinquième segments de l'abdomen, deux petits tubercules
bleus.

Cette belle noctuelle éclôt ordinairement dans la première
quinzaine d'août et même vers le premier septembre dans les
années froides ou dans le nord de la France. Elle est classée dans
la famille des Nocturnes, la tribu des Noctuélites et dans le genre
CATOCALA. Son nom entomologique est CATOCALA FRAXINI, et son
nom vulgaire NOCTUELLE DU FRÈNE, LIKENÉE BLEU.

115. CATOCALA FRAXINI, Dup. — Longueur, 30 millimètres ;
envergure, 85 millimètres. Les antennes sont filiformes, d'un
gris-noirâtre ; la tête et le corselet sont gris-cendré ; ce dernier
présente un double collier et le pourtour des épaulettes noirâtres ;
l'abdomen est noir, avec les incisions des segments bleuâtres et
le-dessous tout blanc ; les ailes supérieures sont en-dessous d'un
gris-cendré entremêlé de blanchâtre, avec trois lignes noires
transverses ondulées, dont l'antérieure double, la pénultième
plus flexueuse, plus colorée et bordée de jaunâtre en arrière ; le
milieu de la surface offre, sur un fond obscur, une tache jaunâtre
que surmonte un croissant plus petit, également jaunâtre ; et il y
a le long du bord postérieur une série de lunules noires tournant
leur convexité du côté du corps ; on remarque en outre à la base
une liture noirâtre sinuée ou en forme de sigma ; le dessus des
ailes inférieures est noir, avec le milieu entièrement traversé par
une bande courbe d'un bleu-pâle, le bord postérieur blanc, longé
par une ligne noire en feston.

La Noctuelle du frène, sans être rare, n'est cependant pas très commune et sa chenille produit peu de dégàts sur les arbres dont elle ronge les feuilles.

—

116. — La Phalène du Pin.

(Fidonia piniaria, Dup.)

La chenille de la Phalène ou de l'Arpenteuse du Pin n'est pas aussi nuisible à cet arbre que celle de la Noctuelle (Trachea piniperda), cependant elle produit quelquefois de grands ravages dans les forêts de pins (Pinus sylvestris), et dans celles de sapins, en rongeant les feuilles aciculaires de ces arbres. Le papillon se montre ordinairement en juin, mais on en voit souvent un grand nombre qui voltigent avant cette époque, ce sont des individus hâtifs, dont les chenilles se sont changées en chrysalides avant les autres. Le mâle et la femelle sont d'une grande vivacité et volent très rapidement, même en plein jour et au grand soleil ; leurs zig-zags sont aussi irréguliers chez l'un que chez l'autre. La femelle dépose ses œufs sur les aiguilles de la cime des pins ; ces œufs sont d'un vert-uni. Les chenillettes éclosent en général dès le mois de juillet, mais leur avidité et le dégât qu'elles produisent se remarquent seulement en août. Dans le mois de septembre on les aperçoit souvent suspendues à un fil de soie qui leur sert à descendre plus ou moins bas, puis ensuite à remonter sur l'arbre. En octobre elles ont atteint toute leur croissance. Elles ont alors 35 millimètres de longueur environ. Elles sont cylindriques, un peu atténuées à l'extrémité postérieure, de couleur verte. Elles portent cinq raies longitudinales, dont une dorsale et quatre latérales ; la première est blanche, les deux qui suivent sont d'un blanc-jaunâtre et les deux dernières jaunes ; celles-ci sont placées entre les stigmates et les pattes ; elles sont pourvues de dix pattes seulement, dont six écailleuses sous les trois premiers segments, deux membraneuses sous le dixième et deux anales ; la

tête est verte ; les crottes qu'elles rendent sont petites et irrégulièrement anguleuses ; ces chenilles ont le corps très flexible , car
fixées par les pattes de derrière elles dirigent leur partie antérieure
dans tous les sens pour choisir leur nourriture. N'ayant plus à
croître elles descendent de l'arbre sur lequel elles ont vécu et
s'introduisent sous la mousse pour se changer en chrysalides et
hiverner sous cette forme ; elles ne se réunissent pas au pied de
l'arbre, mais elles se dispersent, comme celles de la Noctuelle du
pin, sur toute la surface couverte par les branches ; le papillon
éclôt ordinairement au mois de juin.

Il se classe dans la famille des Nocturnes, dans la tribu des
Phalénites , et dans le genre FIDONIA. Son nom entomologique est
FIDONIA PINIARIA, et son nom vulgaire PHALÈNE DU PIN.

116. FIDONIA PINIARIA, Dup. — *Mâle*. Envergure, 34 millimètres. Les antennes sont pectinées, d'un brun-foncé ; la tête, le
corselet et l'abdomen sont du même brun-foncé ; les palpes sont
courts, dépassant à peine le chaperon ; les ailes sont grandes et
arrondies ; le-dessus des quatre ailes est d'un brun-foncé , avec
une bande transverse d'un jaune-pâle sur les supérieures (elle se
compose ordinairement de trois taches), et une bande longitudinale de la même couleur et divisée également en trois taches
sur les inférieures ; toutes ces taches sont sablées de brun sur les
bords ; la frange est jaunâtre , entrecoupée de brun ; le-dessous
des ailes supérieures ressemble au dessus , excepté que le brun
en est moins foncé et que leur sommet est jaunâtre ; le-dessous
des inférieures est roussâtre , sablé de brun , avec une bande
longitudinale blanche, coupée par deux lignes transverses, arquées,
de couleurs brunes.

Femelle. Envergure, 45 millimètres. Les antennes sont filiformes, d'un brun-roux ; la tête, le corselet et l'abdomen sont
d'un même brun-roux, sablé de jaunâtre ; les quatre ailes, tant en
dessus qu'en dessous, présentent le même dessin que celles du

mâle, mais le fond de leur couleur est d'un brun-roux en même temps que les bandes ou taches dont elles sont ornées sont d'un d'un jaune-orangé, excepté celles du dessous des ailes inférieures, qui sont d'un blanc-jaunâtre.

Cette Phalène tient ses ailes relevées presque perpendiculairement au plan de position dans l'état de repos.

Il est à remarquer que les chenilles ne mangent que la partie inférieure des feuilles, coupant comme le Bombyx none (LIPARIS MONACHA), la feuille en deux et laissant tomber l'autre moitié sur le sol, ce qui produit un énorme gaspillage ; cependant elles sont moins nuisibles que les autres, parce qu'elles commencent à manger tard dans l'année ; les bourgeons de l'année suivante sont déjà formés et il y a chance de salut pour les arbres attaqués.

La chrysalide est longue de 15 millimètres environ. Elle est de forme ové-conique, lisse, d'un vert-clair d'abord, puis ensuite d'un brun-foncé ; elle porte une pointe à l'extrémité du dernier segment de l'abdomen.

Les ennemis naturels de cette Phalène sont les mêmes que ceux de la Noctuelle du Pin, c'est à-dire les animaux et les oiseaux insectivores qui prennent les chenilles pour leur nourriture et pour celle de leurs petits ; les Carabes et les Staphylins qui dévorent les chenilles qu'ils rencontrent, les oiseaux de jour et de nuit qui enlèvent le papillon au vol et en font leur pâture.

Le moyen artificiel à employer contre ces chenilles consiste à conduire un troupeau de porcs sous les arbres qui ont été dévastés afin qu'ils cherchent, en fouillant la terre, les chrysalides cachées à une petite profondeur et qu'ils les mangent.

Les parasites de cette espèce concourent largement à sa destruction, ce sont, selon Ratzburg :

ICHNEUMONIDES............	Anomalon canaliculatum.
	— megarthrum.
	— xanthopus.
	Glypta longicauda.
	Ichneumon æthiops.
	— albicinctus.

ICHNEUMONIDES ....
{
Ichneumon comitator.
— extinctus.
Ichneumon fabricator.
— nigritarius.
— 6-lineatus.
Mesochorus politus.
Phygadeuon curvus.
Pœcilostichus 8-punctatus.
Polysphincta velata.
}

Selon Robineau-Desvoidy, une Tachinaire appelée GERVAISIA PINIARIA pond ses œufs dans le corps des chenilles de la FIDONIA PINIARIA et contribue à leur destruction.

———

117. — La Phalène défeuillante.

(HIBERNIA DEFOLIARIA, Dup.)

La chenille de la Phalène défeuillante est très nuisible aux arbres fruitiers de toute espèce et à ceux des forêts, tels que le tilleul, le chêne, le charme, le bouleau, l'aubépine, etc. Cette chenille est si commune dans certaines années, qu'elle est un véritable fléau pour les arbres fruitiers sur lesquels elle vit et dont il est d'autant plus difficile de se débarrasser qu'on ne s'aperçoit de sa présence que lorsqu'elle est répandue sur chaque feuille des arbres. Elle dépouille également les arbres des bois et c'est de ses dégâts que le papillon qu'elle donne a pris son nom. Elle se montre dès la fin d'avril ou au commencement de mai et exerce ses ravages pendant ce dernier mois. Elle est fluette, longue de 25 à 30 millimètres et cylindrique. Elle est ordinairement d'un brun-marron ou ferrugineux plus ou moins clair sur le dos, avec les jointures des anneaux grisâtres et une bande longitudinale d'un jaune-citron de chaque côté, sur laquelle on voit, à chaque articulation, une tache de rouille, avec un petit point blanc au milieu. Cette bande ne s'étend que depuis le quatrième anneau jusqu'au onzième, les trois premiers et les deux derniers en sont privés ; le douzième anneau et la tête sont d'une nuance plus claire que la teinte générale. Elle est pourvue de dix pattes, six thoraciques, deux sur le dixième segment et deux anales. Son attitude est particulière dans l'état de repos : fixée par les pattes de derrière elle tient la partie intermédiaire de son corps relevée et courbée en arc, en redressant seulement sa tête et ses trois premiers anneaux dont les pattes sont alors très écartées l'une de l'autre.

Parvenue à toute sa taille à la fin de mai ou en juin elle descend de l'arbre sur lequel elle a vécu et s'enterre à son pied ; elle y pratique une cellule qu'elle tapisse d'un peu de soie et se change en chrysalide sans filer de cocon. Cette chrysalide est ové coni-que, lisse, ferrugineuse, longue de 11 millimètres et terminée à l'extrémité postérieure par une épine bifide. Le papillon parait en novembre, mais une partie de la génération n'éclôt qu'au prin-temps suivant, soit à la fin de mars, soit au commencement d'avril.

Il est classé dans la famille des Nocturnes, dans la tribu des Phalénites et dans le genre Hibernia. Son nom entomologique est Hibernia defoliaria et son nom vulgaire Phalène défeuillante, Phalène effeuillante.

117. Hibernia défoliaria, Dup. — Mâle. Envergure, 40 milli-mètres. Les antennes sont fauves, garnies des deux côtés de barbes jaunâtres et atteignent l'extrémité de l'abdomen ; le devant de la tête est brun et le dessous couleur d'ocre ; le corselet est d'un jaune-d'ocre ; l'abdomen est mêlé de brun et de jaunâtre ; les ailes supérieures sont d'un jaune-d'ocre plus ou moins clair, avec deux bandes transverses d'un brun plus ou moins ferrugineux, l'une près de la base, l'autre entre le milieu et l'extrémité ; ces deux bandes sont sinueuses, plus ou moins liserées de noir sur l'un de leur côté ; on voit en outre un point noir au milieu de l'intervalle qui les sépare et des atomes ainsi que des linéoles bruns sur le fond non.occupé par les bandes ; les ailes inférieures

sont d'un ocre très pâle parsemé de nombreux atomes bruns ; le dessous des quatre ailes est d'un ocre très pâle et marqué d'un gros point noir sur chacune.

Femelle. Longueur, 11 millimètres. Les antennes sont simples, filiformes, annelées de brun et d'ocre ; le devant de la tête est brun et le dessus jaunâtre ; les yeux sont noirs ; le corselet est jaune-pâle marqué de quatre points noirs ; l'abdomen est couleur d'ocre et marqué de trois rangées de gros points noirs entre lesquels il y en a de plus petits ; les ailes manquent complètement ; les pattes sont annelées de noir et d'ocre-pâle.

Les moyens de défense contre cette Phalène consistent à empêcher la femelle de monter sur les arbres pour y pondre ses œufs. Pour cela, on entoure la tige, un peu au-dessus du sol, d'un anneau de goudron liquide appliqué avec un pinceau en ayant soin de l'entretenir frais pendant tout le temps de la vie des femelles. Dans les bois on peut se servir de porcs qui fouilleront la terre au pied des arbres attaqués. Dans les vergers on peut employer les poules qui rendraient le même service que les porcs.

Tous les oiseaux qui nourrissent leurs petits de chenilles et qui en vivent eux-mêmes lui font la guerre et en détruisent beaucoup.

Je ne connais pas ses parasites.

—

118 — La Phalène hiémale.

(Cheimatobia brumata, Dup.)

La Phalène hiémale est un papillon qui se montre depuis la mi-octobre jusqu'à la fin de novembre et même en décembre. Il voltige le soir au crépuscule et à l'entrée de la nuit dans tous les bois, principalement dans ceux de chêne, de hêtre, de charme et

19

surtout dans les jardins et les pépinières d'arbres à fruit. On le voit même en décembre, lorsqu'il a fortement gelé, voltigeant à la recherche de sa femelle, qui est aptère et qui rampe le long des tiges et des troncs jusqu'à l'extrémité des branches afin d'aller pondre, tout près des bourgeons, ses petits œufs d'un vert clair, difficiles à trouver. Au mois de mai ou à la fin d'avril de l'année suivante il en sort des petites chenilles qui s'introduisent dans les bourgeons non ouverts, qui sont bientôt dévorés et détruits. Plus tard, lorsque les bourgeons ont poussé et que les feuilles se sont développées, cette chenille les ronge ainsi que les fleurs après en avoir attaché plusieurs ensemble avec des fils de soie et s'être cachée dans l'intérieur du paquet. Lorsqu'elle est nombreuse elle détruit le feuillage des arbres et leur cause un grand dommage, surtout si elle se montre plusieurs années de suite. Elle atteint toute sa croissance vers le 20 juin et descend alors des arbres pour se cacher dans la terre à leur pied et se changer en chrysalide. Elle a 12 à 15 millimètres de longueur. Elle est cylindrique, d'un vert-pâle ou blanchâtre et porte sur son dos des raies longitudinales blanches, trois de chaque côté de la ligne dorsale qui est d'un vert un peu plus foncé que le reste. Elle est pourvue de dix pattes seulement, six thoraciques, deux sur le dixième segment et deux anales. Cette chenille est une de celles qu'on appelle Arpenteuses et qui donnent naissance à des Phalénites. Elle entre dans la terre à 5 ou 6 centimètres de profondeur pour se changer en chrysalide sans se renfermer dans un cocon. Le papillon éclôt vers le 15 novembre.

Il est classé dans la famille des Nocturnes, dans la tribu des Phalénites et dans le genre CHEIMATOBIA. Son nom entomologique est CHEIMATOBIA BRUMATA et son nom vulgaire PHALÈNE HIÉMALE. C'est la GEOMETRA BRUMATA, Lin.

118. CHEIMATOBIA BRUMATA, Dup. — *Mâle.* Longueur, 12 millimètres ; envergure, 22 à 25 millimètres. Il est entièrement gris ; les antennes sont un peu moins longues que le corps et ciliées ;

la tête et le corselet sont d'un gris-brun et l'abdomen est d'un gris-jaunâtre ; les ailes sont larges et arrondies ; les supérieures sont d'un gris-foncé à la base, plus clair à l'extrémité et traversées au milieu par une bande d'un gris-noirâtre peu tranchée ; les inférieures sont d'un gris-jaunâtre.

Femelle. Longueur, 12 millimètres. Elle est épaisse, d'une couleur cendrée tachée de noir. Elle est privée d'ailes, mais pourvue de moignons traversés par une bande noire. Les pattes, notablement longues, sont annelées de blanc et de noir.

Le moment le plus propice pour attaquer la chenille de cette Phalène est celui où elle est enterrée au pied des arbres dont elle a rongé les feuilles. Des porcs conduits dans cette localité et fouillant le sol en détruiraient un grand nombre. Des poules produiraient le même effet, mais on ne peut guère les introduire que dans les vergers. On peut, en octobre, ou au commencement de novembre, entourer la tige des arbres que l'on veut garantir d'une bande de papier large de 15 à 20 centimètres que l'on enduit de goudron pour empêcher les femelles aptères de monter et d'atteindre les branches et les rameaux. Cette bande de papier goudronnée peut être remplacée par un anneau goudronné tracé au pinceau.

Les chenilles de la Phalène hiémale sont atteintes par un petit Ichneumonien qui pond un œuf dans leur corps. La larve sortie de l'œuf se nourrit de la substance de la chenille, la fait périr et en sort pour se filer immédiatement un petit cocon blanc où elle se change en chrysalide, puis en insecte parfait, qui sort de son berceau au commencement du mois de juin. Cet Ichneumonien fait partie de la sous-tribu des Braconites et du genre MICROGASTER et se rapporte à l'espèce appelée SESSILIS.

MICROGASTER SESSILIS, N. D. E. — Longueur, 3 millimètres. Il est noir, assez luisant ; les antennes sont filiformes, épaisses, plus longues que le corps et noires ; la tête et le thorax sont noirs,

très légèrement ponctués ; l'abdomen est lisse, noir, de la longueur et de la largeur du thorax ; les pattes sont noires, avec
l'articulation des cuisses et des tibias blanchâtre, ainsi que le côté
extérieur des tibias de la première paire et les épines des tibias
postérieurs ; les ailes sont hyalines avec la côte et le contour du
stigma épais, très noirs.

Les mêmes chenilles sont aussi exposées à nourrir dans leur
corps un ver d'une autre espèce qui se change en pupe dans leurs
chrysalides et qui en sort sous la forme de Mouche dès le mois
d'avril. Ce diptère entre dans la tribu des Tachinaires et dans le
genre MASICERA, à ce que je suppose ; je lui ai donné le nom provisoire de MASICERA FLAVICANS.

MASICERA FLAVICANS, G. — Longueur, 4 millimètres. Elle est
noire ; les antennes sont noires, descendant jusqu'à l'épistome,
ayant le troisième article quadruple du deuxième, surmonté d'un
style nu ; le front est un peu saillant ; les yeux sont écartés et
nus ; la face est d'un gris-jaunâtre ; les joues sont jaunâtres ; la
bande frontale est noire ; le bord interne des yeux et le derrière
de la tête sont gris ; le thorax est noir rayé de gris ; l'écusson est
noir ; l'abdomen est noir, presque cylindrique, de la longueur et
de la largeur du thorax, avec de larges bandes de reflets gris-
jaunissant sur les deuxième, troisième et quatrième segments ;
les pattes sont noires ; les ailes sont hyalines, jaunâtres à la base
et à nervures noires ; la première cellule postérieure est fermée
à l'extrémité de l'aile ; la deuxième nervure transversale est flexueuse, tombant aux deux tiers de la première cellule postérieure
à partir de la base ; on voit des poils noirs assez longs dressés sur
la tête, le thorax et l'abdomen et des soies longues et raides au
bord postérieur des deuxième, troisième et quatrième segments
de ce dernier et au milieu des troisième et quatrième.

Les chenilles de la Phalène hiémale sont exposées à une maladie qui paraît grave, mais je ne sais si elle les fait périr. Elles
nourrissent dans leur corps un ver de la grosseur d'un fil, long

de 4 à 5 centimètres, ressemblant à une chanterelle de violon pour la grosseur, la couleur et la consistance. Ces vers, parvenus à toute leur croissance vers le 10 juillet, sortent du corps des chenilles par l'anus, ce qui indique qu'ils se tiennent dans le tube intestinal et se roulent aussitôt sur eux-mêmes en forme de ressort à boudin ; puis ils se dessèchent et meurent. Ils appartiennent à un genre de vers intestinaux appelé Filaire (FILARIA.)

Les oiseaux à bec fin et tous ceux qui se nourrissent de chenilles et qui en donnent à leurs petits saisissent celles de la Phalène hiémale lorsqu'ils la rencontrent dans les jardins et dans les bois.

Les parasites de la GEOMETRA (CHEIMATOBIA) BRUMATA sont, d'après Ratzburg :

ICHNEUMONIDES...........	Campoplex pugillator.
BRACONITES	Microgaster albipennis.
	— ater.
	Perilitus ictericus.

———

119. — La Phalène de l'Aulne.

(ENOMOS ALNIARIA, Dup.)

La chenille de la Phalène de l'Aulne vit sur l'aulne, le bouleau, l'orme, le tilleul, le chêne, le noisetier, etc. On la trouve parvenue à toute sa croissance au commencement de juillet. Elle a alors 60 millimètres de longueur. Elle est cylindrique, et dans l'état de repos elle ressemble à une petite branche d'aulne. Elle est d'un gris-cendré mélangé de brun et de verdâtre, avec la tête et les pattes jaunâtres et plusieurs tubercules en forme de bourgeons, dont un sur le dos du sixième anneau, un également sur le dos du huitième et deux placés latéralement sur le septième; enfin le onzième anneau est surmonté d'un tubercule bifide dont les pointes s'inclinent vers l'anus. Elle est pourvue de dix pattes, comme

les chenilles arpenteuses, dont six sous les trois premiers segments, deux sous le dixième et deux anales. Elle est très lente
dans ses mouvements et se balance longtemps avant de changer
de place ; cependant elle se remue vivement si elle sent quelque
corps l'approcher et cherche à l'écarter en frappant à droite et à
gauche. Ayant acquis toute sa taille elle se renferme entre des
feuilles dans un léger tissu de soie en forme de réseau et s'y
change en chrysalide effilée, longue de 22 millimètres, d'un gris
jaunâtre, avec les incisions de l'abdomen vertes. L'insecte parfait
éclôt un mois ou six semaines après, c'est à dire dans le mois
d'août.

Il est classé dans la famille des Nocturnes, dans la tribu des
Phalénites et dans le genre Enomos. Son nom entomologique est
Enomos alniaria et son nom vulgaire Phalène de l'Aulne.

119. Enomos alniaria, Dup. — Longueur, 18 millimètres ; envergure, 56 millimètres. Les antennes sont d'un jaune d'ocre, pectinées chez le mâle, filiformes chez la femelle ; la tête et le corselet
sont d'un jaune-fauve, ce dernier est large et très velu ; les palpes
sont un peu inclinés et dépassent le chaperon ; les quatre ailes
sont inégalement dentelées, c'est à dire, ayant chacune une dent
qui dépasse les autres au milieu du bord terminal; elles sont en
dessus d'un jaune-d'ocre, plus vif sur les bords que sur le reste
de la surface et parsemées d'atômes ferrugineux, moins nombreux
et moins marqués au centre que vers les extrémités ; sur quelques individus, et particulièrement sur les femelles, on voit en
outre une lunule brune à peine marquée au centre de chaque aile
et deux lignes transversales et divergentes de points ferrugineux
qui se confondent sur les supérieures; les pointes de la dentelure
des quatre ailes sont d'un brun-noir et la frange d'un blanc-jaunâtre ; l'abdomen est d'un jaune d'ocre.

La Phalène de l'aulne n'est pas un ennemi bien redoutable pour
les arbres sur lesquels se tient sa chenille.

120 — La Phalène du Bouleau.

(AMPHIDASIS BETALARIA, Dup.)

La chenille de la Phalène du bouleau se nourrit de feuilles de bouleau, de chêne, d'orme, de peuplier, de saule, etc. et sa couleur varie selon qu'elle vit sur l'un ou l'autre de ces arbres. Elle est couleur d'ocre sur le bouleau, d'un vert tirant sur le jaune, avec une ligne dorsale couleur de rouille sur le saule et le peuplier, d'un jaune-brun sur l'orme et d'un gris-cendré sur le chêne. Sa forme est cylindrique, très allongée, avec les trois premiers anneaux un peu renflés, et quatre verrues dont deux placées latéralement sur le huitième et deux rapprochées et moins saillantes sur le onzième. Sa tête est échancrée dans le haut en forme de cœur et très plate par-devant, avec un enfoncement linéaire dans le milieu de sa longueur ; elle est marquée d'un V noir. Elle est pourvue de dix pattes dont six sous les trois segments thoraciques, deux sous le dixième et deux anales, et marche en courbant son corps en boucle, comme le font les Arpenteuses. On la trouve sur les arbres, dont elle ronge les feuilles depuis le mois de juillet jusqu'en octobre. Parvenue à toute sa croissance elle s'enfonce dans la terre au pied de l'arbre sur lequel elle a vécu et se change en chrysalide sans filer de cocon. Cette chrysalide est d'un brun marron, luisant, et porte une pointe assez longue et très effilée à l'anus. Le papillon n'éclôt qu'au printemps suivant.

Il est classé dans la famille des Nocturnes, dans la tribu des Phalénites et dans le genre AMPHIDASIS. Son nom entomologique est AMPHIDASIS BETULARIA, et son nom vulgaire PHALÈNE DU BOULEAU.

AMPHIDASIS BETULARIA, Dup. — Longueur, 18 millimètres ; envergure, 45 millimètres. Le mâle est beaucoup moins grand. Les antennes sont annelées de blanc et de noir ; elles sont pectinées

chez le mâle et filiformes chez la femelle; la tête est enfoncée
dans le corselet, entièrement blanche dans sa partie supérieure,
avec le chaperon brun ; le corselet est large et laineux ; il est
ponctué de noir, comme les ailes, avec un collier noir; les quatre
ailes de la femelle, tant en dessus qu'en dessous, sont d'un blanc
de chrôme et parsemées d'une multitude de petits points noirs
plus ou moins serrés, suivant les individus, qui forment par leur
réunion des lignes en zig-zag mal écrites. Les ailes supérieures
sont en outre marquées, le long de la côte, de cinq taches noires
dont celle qui avoisine le sommet est plus large que les autres ;
les ailes inférieures sont aussi marquées de plusieurs taches noires
près de leur bord inférieur et d'un croissant noir au centre ; enfin
la frange des quatre ailes est entrecoupée de noir ; l'abdomen est
blanc, ponctué de noir comme les ailes, marqué de deux taches
noires rapprochées sur le deuxième segment; les pattes sont annelées de blanc et de noir.

La chenille de cette Phalène cause peu de dommage aux arbres
sur lesquels elle vit.

Selon Robineau-Desvoidy les chenilles de l'AMPHIDASIS BETULARIA
sont atteintes par la NEMOREA PELLUCIDA, Meig. (NEMOREA STRENUA),
Macq.

—

121. — La Pyrale des pousses du Pin.

(COCCYX BUOLIANA, Dup.)

La Pyrale ou Tordeuse des pousses du Pin se voit le plus
communément dans les cultures de cet arbre résineux et y fait
quelquefois de grands ravages. Elle ne se montre jamais dans les
bois de haute futaie, et plus rarement dans les perchis que dans
les aménagements. Elle se tient le plus ordinairement sur les
jeunes pins rabougris et nains qui croissent sur un mauvais sol;
de là vient que les repeuplements dans de semblables lieux sont

souvent attaqués. On reconnaît les arbres atteints à leurs branches recourbées et tordues ; après une direction droite elles
prennent une courbure plus ou moins prononcée ; après quoi elles
redeviennent droites, ou bien encore à leur feuillage jaune et
desséché.

Ce n'est pas le papillon lui-même qui produit ces dégâts, mais
c'est sa chenille. Ce papillon est très petit et difficile à découvrir ;
on ne l'aperçoit guère qu'à l'entrée de la nuit vers la fin de juin
ou le commencement de juillet pendant qu'il voltige autour des
rejetons de mai, surtout de ceux qui couronnent les conifères.
Ceux qui sont sur les branches s'envolent aussitôt qu'on secoue
les arbres. C'est à cette époque que les femelles pondent leurs
œufs sur les bourgeons. Les petites chenilles qui en sortent ne
peuvent être remarquées avant l'hiver ; le seul indice de leur présence est que les pousses attaquées sont plus chargées de résine
que les autres. Ce n'est que lorsque les rejetons du mois de mai
se sont élancés que les chenilles deviennent plus visibles. Chacune
d'elles se tient sous une galerie de soie couverte de résine, et
sous cet abri elle creuse en galerie le bourgeon attaqué et se
nourrit de son déblai ; elle passe d'un bourgeon au bourgeon
voisin et en entame plusieurs jusqu'à ce qu'elle ait pris tout son
accroissement. La pousse entamée sur un côté, dans le sens de
sa longueur, est arrêtée ou ralentie dans sa croissance sur ce côté
tandis que l'autre, demeuré intact, continue à s'allonger régulièrement, et de là résulte la courbure des branches attaquées et leur
forme tordue ; les plus malades pendent même tout-à-fait. Cependant comme elles ne sont mangées que d'un côté et que le bois
croit et durcit vite, les pointes se relèvent bientôt. L'arc reste
néanmoins recourbé par en bas et on peut encore le voir après
plusieurs années. La chenille pris toute sa croissance au mois de
juin.

Elle a alors 7 à 8 millimètres de longueur. Elle est cylindrique,
d'un brun-sale ; sa tête est noire, ainsi que le dessus du premier
segment ; cette tache noire est appelée écusson. Les autres an-

neaux portent des points verruqueux de chacun desquels s'élève
un poil. Elle est pourvue de seize pattes. Quand la pousse dans
laquelle elle se tient est tombée à terre elle se change en chrysalide, dans le mois de juin, à la base de sa galerie. Cette chrysalide est ové-conique, d'un brun-jaunâtre, et porte, très-probable-
ment, comme toutes les chrysalides des Tordeuses, des spinules
sur le dos des segments de l'abdomen. Le papillon sort de son
berceau par un petit trou percé à l'avance par la chenille et prend
son essor pour s'accoupler le soir et produire une nouvelle génération.

Il se classe dans la famille des Nocturnes, dans la tribu des Tor
deuses et dans le genre Coccyx. Son nom entomologique est Coccyx buoliana, Coccyx buoliana-gemmana, Dup. et son nom vulgaire Pyrale des pousses du Pin.

121. Coccyx buoliana, Dup.— Longueur, 9 millimètres (ailes
pliées); envergure, 20 millimètres. Les antennes sont filiformes,
un peu moins longues que le corps ; la tête et le corselet sont d'un
fauve-ferrugineux ; le deuxième article des palpes est triangulaire,
velu ; le troisième est très petit, nu ; les ailes supérieures sont
étroites, terminées carrément, à peine arquées à la côte, d'un
fauve-ferrugineux, traversées par plusieurs lignes flexueuses d'un
blanc-argenté dont les deux les plus rapprochés du bord terminal
forment un V en se réunissant à l'angle anal ; entre les deux
branches du V on voit un petit trait argenté contigu à la côte ; les
ailes inférieures sont d'un gris cendré luisant, ainsi que le dessous
des premières et l'abdomen ; la frange des quatre ailes est un peu
jaunâtre.

On recommande, pour éviter l'invasion de cette Tordeuse, de
cultiver les pins dans un bon terrain où ils poussent vigoureu-
sement, et lorsqu'elle attaque quelques branches on doit les casser
et les emporter pour les brûler. On fait cette opération dans le
mois de mai et la première quinzaine de juin.

Les parasites de la COCCYX BUOLIANA sont, selon Ratzburg :

ICHNEUMONIDES........

Campoplex albidus.
— difformis.
— lineolatus.
Cremastus interruptor.
Glypta flavolineata.
Lissonata buolianæ.
— robusta.
Pachymerus vulnerator.
Pezomachus agilis.
Pimpla buolianæ.
— examinator.
— planata.
— sagax.
— turionellæ.
— variegata.

BRACONITES.......... Ischius obscurator.

CHALCIDITES......... Entedon turionum.
Pteromalus brevicornis.

—

122. — La Pyrale du Sapin rouge.

(COCCYX HERCYNIANA, Treis.)

Le petit papillon appelé PYRALE DU SAPIN ROUGE, PYRALE HERCY-
NIENNE, ne se montre que dans les cultures et seulement dans celles
du Sapin rouge, Epicéa ou faux Sapin. (PINUS ABIES, Lin. ; ABIES
PICEA, ABIES EXCELSA.) Le papillon est fort innocent par lui-même,
mais sa chenille fait quelquefois des dégâts dont on a à se plain-
dre. A la vérité elle ne fait mourir aucune tige, mais elle les rend
malades sur beaucoup de points, en perçant une grande quantité
d'aiguilles qui deviennent brunes et donnent souvent aux aménagements, aussi loin que la vue peut s'étendre, une apparence triste
et misérable.

Le papillon se montre et voltige le soir dans le courant de mai autour du sommet des jeunes sapins où la femelle dépose ses œufs. Ce n'est qu'en août qu'on remarque les chenilles. Ces dernières entourent de fils de soie plusieurs aiguilles voisines dont elles se font un petit nid, puis elles mangent l'intérieur des feuilles en perçant un petit trou à leur base, pour s'y introduire et, lorsqu'elles ont mangé l'intérieur d'une feuille, elles sortent par le petit trou et vont en attaquer une autre. Peu de temps après ces nids deviennent blanchâtres, puis bruns et s'aperçoivent de loin au milieu des feuilles aciculaires vertes comme autant de faisceaux entourés de toiles d'araignées. Vers la fin de l'automne elles ont pris toute leur croissance. Elles ont alors 8 millimètres de longueur. Elles sont d'un brun-verdâtre ; leur tête est écailleuse, d'un brun-foncé ; elles portent un écusson de la même couleur sur le premier segment du corps et des points verruqueux pilifères sur les autres ; leurs pattes sont au nombre de seize. Au temps que l'on vient de dire elles sortent de leurs nids et descendent jusqu'à terre au moyen d'un fil de soie qu'elles tirent de leur filière et qui les suspend en l'air pendant ce voyage. Elles se glissent sous la mousse où elles se changent en chrysalides. Le papillon éclôt au mois de mai suivant.

Il se classe dans la famille des Nocturnes, dans la tribu des Tordeuses et dans le genre COCCYX. Son nom entomologique est COCCYX HERCYNIANA et son nom vulgaire PYRALE DU SAPIN ROUGE, PYRALE HERCYNIENNE.

122. COCCYX HERCYNIANA, Tr. — Longueur, 9 millimètres (ailes pliées) ; envergure, 20 millimètres. Les antennes, la tête et les palpes sont gris ; le corselet et l'abdomen sont noirâtres ; le fond des premières ailes, en-dessus, est d'un gris un peu jaunâtre ; chacune d'elles est traversée dans le milieu par une bande noirâtre déchiquetée sur les bords ; entre cette bande et la base on voit un grand nombre d'ondulations noirâtres qui se resserrent en approchant du corselet ; le sommet est envahi par une large tache d'un gris-roussâtre ; la côte est striée de noirâtre dans toute sa

longueur ; on aperçoit, à la loupe, sur chacune un grand nombre de points métalliques bleuâtres ; la frange est d'un blanc-jaunâtre et coupée par deux ou trois points noirâtres ; le dessous est d'un brun-noirâtre uni, avec la côte et la frange d'un blanc-roussâtre ; les deux surfaces des secondes ailes sont d'un brun-noirâtre, avec la frange plus claire.

On ne connait aucun moyen que l'on puisse opposer à cet insecte. On a remarqué qu'il aime les lieux obscurs et n'habite guère que les endroits où les rayons du soleil pénètrent difficilement. On l'éloignera en éclaircissant çà et là les cultures dans lesquelles il tend à se propager.

Les parasites de la COCCYX HERCYNIANA sont, selon Ratzburg :

ICHNEUMONIDES . . . .   Campoplex subcinctus.

BRACONITES . . . . { Microgaster cruciatus.
                                                      { Perilitus flaviceps.

—

123.   La Pyrale des bourgeons du Pin.

(COCCYX TURIONANA, Dup.)

La chenille de la Pyrale des bourgeons du Pin et celle des pousses du Pin (COCCYX BUOLIANA) sont de grands fléaux pour les forêts de cette espèce d'arbre vert, car ce que la première a épargné est attaqué en mai par la seconde, lorsque les nouvelles pousses ont déjà atteint une certaine longueur. C'est ainsi que dans une forêt où ces deux chenilles se sont propagées on ne voit pas un arbre qui soit droit, et qui atteigne sa hauteur naturelle.

Le papillon se voit en juillet et août (1) et se tient sur l'écorce

(1) Selon M. de la Blanchère, la TORTRIX TURIONANA (COCCYX TURIO-NANA) pond ses œufs en mai et les dépose à l'extrémité des jeunes pousses des pins. Les jeunes chenilles se logent dans les bourgeons, surtout dans le bourgeon terminal, se nourrissent de sa moelle et y font venir des espèces de galles résineuses dans lesquelles elles se métamorphosent.

du pin sylvestre, dont la couleur se confond tellement avec la
sienne qu'on ne l'aperçoit pas. Sa chenille habite dans les boutons
les plus forts de cet arbre, surtout dans le bourgeon terminal et
s'y creuse une sorte de grotte ou de cellule dont les déblais servent à la nourrir ; elle y fait venir une espèce de galle résineuse
dans laquelle elle subit ses métamorphoses. Parvenue à toute sa
taille elle a environ 13 millimètres de longueur. Elle est cylindrique, d'un rouge-brun, avec les jointures des anneaux plus foncées,
La tête est d'un brun-luisant. Les segments présentent des points
verruqueux surmontés d'un poil. Elle est pourvue de seize pattes
Elle se change en chrysalide vers la fin d'octobre. Cette dernière
est d'un rouge-brun luisant armée de spinules sur le dos des
segments de l'abdomen. Le papillon éclôt en juillet ou en août,
comme on vient de le dire.

Il se classe dans la famille des Nocturnes, dans la tribu des
Tordeuses et dans le genre Coccyx. Son nom entomologique est
Coccyx turionana et son nom vulgaire Pyrale des bourgeons du
Pin.

123. Coccyx turionana, Dup.— Longueur, 9 millimètres (ailes
pliées) ; envergure, 19 millimètres. Les antennes sont filiformes
et brunes ; la tête et le corselet sont de la couleur des ailes supérieures ; ces dernières sont terminées carrément, peu arquées à la
côte, d'un rouge-violâtre foncé et traversées par une multitude de
stries extrêmement fines, d'un blanc-bleuâtre qui s'entrelacent
l'une dans l'autre ; leur dessous est d'un gris noirâtre luisant ; les
ailes inférieures sont entièrement grises en-dessus et en-dessous,
avec la frange plus pâle ; l'abdomen et les pattes sont de la couleur des ailes inférieures.

Les parasites de la Tortrix turionana sont, selon Ratzburg :

Ichneumonides	Glypta resinanæ.
	Pimpla roborator.
	Triphon impressus.
Chalcidites..........	Entedon turionum.

—

124. — La Pyrale des galles résineuses du Pin.

(COCCYX RESINANA, Dup.)

La Pyrale de la résine est moins importante que celle des pousses du Pin (COCCYX BUOLIANA) en ce qu'elle produit moins de dégâts dans les cultures. Sa chenille se trouve toujours juste au-dessous d'un verticille de bourgeons ou de rejetons. Elle produit par ses morsures un écoulement résineux plus considérable que celui qui est occasionné par la Pyrale des pousses et se trouve envelopper par cette résine qui devient une sorte de galle grossissant de plus en plus ; et dès la deuxième année de son existence elle a déjà atteint la grosseur d'une petite prune.

Le papillon paraît en mai ou juin. La femelle dépose ses œufs sur les jeunes pousses des arbres résineux, alors qu'elles ont environ la longueur du doigt. Au bout de huit jours la jeune chenille éclôt ; elle pénètre dans les jeunes pousses jusqu'à la moelle et trouve sa nourriture dans la sève qui en sort. Pour cet effet elle entretient l'écoulement par l'ouverture qu'elle a pratiquée et la tumeur grossit de plus en plus en durcissant à l'extérieur ; ce qui arrête nécessairement la croissance de la branche ou cette tumeur existe. La chenille habite dans cette espèce de galle. En cas de danger elle sort de sa demeure et descend le long d'un fil de soie qu'elle tire de sa filière et remonte lorsqu'elle ne craint plus rien. Elle atteint en octobre toute sa croissance et s'enveloppe alors d'un tissu blanc, serré, dans lequel elle se change en chrysalide au printemps suivant, ayant passé tout l'hiver engourdie dans son habitation. Cette chenille a 9 millimètres de longueur environ. Elle est cylindrique, de couleur jaune-d'ocre vif ; la tête est d'un rouge-brun et elle porte un écusson de la même couleur sur le premier anneau du corps ; les autres présentent des points verruqueux pilifères ; elle est pourvue de seize pattes. La chrysalide, d'abord jaunâtre, passe successivement du brun au noir, à l'exception de l'abdomen qui reste brunâtre. Elle est armée de spinules sur le dos de l'abdomen.

Le papillon éclôt en mai ou en juin. Il est classé dans la famille des Nocturnes, dans la tribu des Tordeuses et dans le genre Coccyx. Son nom entomologique est Coccyx resinana et son nom vulgaire Pyrale des galles résineuses du Pin.

124. Coccyx resinana, Dup. — Longueur, 9 millimètres (ailes pliées) ; envergure, 18 millimètres. Les antennes sont filiformes, d'un noir-ferrugineux ; la tête, le corselet et l'abdomen sont de la couleur des ailes ; les supérieures sont terminées carrément à l'extrémité, peu arquées à la côte, d'un noir-ferrugineux, et traversées par plusieurs bandes étroites, argentées, sinueuses, lesquelles forment autant de points argentés le long de la côte ; ces bandes sont au nombre de six et rapprochées deux à deux ; les inférieures sont de la couleur des supérieures, mais un peu moins foncées, avec la frange grise ; le dessous des quatre ailes est d'un fuligineux luisant, avec des points jaunâtres le long de la côte qui correspondent à ceux du dessus ; les pattes sont grises.

Les parasites de la Tortrix resinana sont, selon Ratzburg :

ICHNEUMONIDES..........

Campoplex chrysostictus.
Glypta resinanæ.
Lissonota hortorum.
Pimpla diluta.
— flavipes.
— linearis.
— orbitalis.
— punctulata.
— sagax.
— scanica.
— strobilorum.
— variegata.
Triphon calcarator.
— integrator.

BRACONITES ....

Aphidius inclusus.
Rogas interstitialis.

CHALCIDITES.............., {
  Entedon geniculatus.
  Platygaster mucron.
  Pteromalus guttula.
  Torymus resinanæ.

—

125. — La Pyrale des Cônes.

(Coccyx strobilana, Dup.)

Le petit papillon appelé Pyrale des Cônes se montre au mois de mai et pond ses œufs sur les cônes ou pommes des sapins. Les chenilles qui en sortent pénètrent dans ces cônes en creusant une galerie centrale dans l'axe, ce qui leur permet d'atteindre les graines qu'elles mangent successivement pour se nourrir. Duponchel dit qu'on trouve cette chenille en automne dans les pommes de pin. Lorsqu'elle a consommé une graine elle se retire dans sa galerie et s'y repose avant d'en attaquer une autre. Elle passe l'hiver dans son habitation et ce n'est qu'au mois de juin de l'année suivante qu'elle se fabrique, dans l'intérieur du fruit, une coque blanche de forme ovale dans laquelle elle se transforme en chrysalide quatre jours après

Cette chenille a 13 millimètres de longueur. Elle est cylindrique, ordinairement d'un jaune sale, quelquefois brune, ou bien d'un gris d'ardoise ; elle a la tête brune et le ventre couleur de chair ; elle porte sur ses anneaux des points verruqueux surmontés d'un poil ; ses pattes sont au nombre de seize. La chrysalide est longue de 9 millimètres. Elle est d'abord jaunâtre, ensuite brune et enfin noire ; le dos des segments de l'abdomen est garni de spinules ; l'insecte parfait en sort au bout de vingt à vingt-cinq jours.

Il se classe dans la famille des Nocturnes, dans la tribu des Tordeuses et dans le genre Coccyx. Son nom entomologique est Coccyx strobilana et son nom vulgaire Pyrale des Cônes.

20

125. Coccyx strobilana, Dup. — Longueur, 5 millimètres; envergure, 11 millimètres; les antennes sont filiformes, d'un gris-brun; la tête, le corselet et l'abdomen sont du même gris brun; le dessus des ailes supérieures est d'un gris luisant, un peu olivâtre et traversé par deux bandes légèrement argentées, l'une au centre, l'autre un peu plus loin en se rapprochant du bord terminal; ces deux bandes forment chacune un angle arrondi dans le milieu de leur longueur et se subdivisent en plusieurs lignes qui s'anastomosent avant d'aboutir au bord interne; entre la deuxième bande et l'angle apical on voit sur le bord de la côte plusieurs points ou plutôt rudiments de lignes obliques d'un argent plus brillant que les deux bandes; près de l'angle anal et tout contre la frange sont placés deux ou trois petits points noirs qui ne sont bien visibles qu'à la loupe; la frange est de la couleur des ailes et séparée du bord terminal par un liseré d'argent; le dessous des mêmes ailes est d'un gris-foncé uniforme, avec quelques points blancs le long de la côte; les inférieures sont d'un gris-roussâtre sur les deux surfaces, avec la frange plus claire; les pattes et le dessous de l'abdomen sont d'un gris plus clair.

Les parasites de la Tortrix strobilana sont, selon Ratzburg :

Ichneumonides......... {
Campoplex flaviventris.
Cremastus punctulatus.
Ephialtes glabratus.
Pimpla strobilobius.
}

Braconites .... {
Aspigonus abietis.
Bracon caudiger.
—   scutellaris.
—   strobilorum.
}

Chalcidites.......... {
Entedon geniculatus.
Entedon strobilanæ.
Megastigmus strobilobius.
Pteromalus complanatus.
—   Dufourii.
—   hohenheimensis.
—   strobilobius.
}

CHALCIDITES . . . . ⎰ Torymus admirabilis
⎱ — chalibœus.
⎰ Geniocerus erytrophthalmus.

—

126. — La Pyrale dorsale.

(EPHIPPIPHORA DORSANA, Dup.)

La chenille de la Pyrale dorsale rouge, pour se nourrir, la la cime des verticilles des épicéas (ABIES PICEA), et y détermine des écoulements résineux qui affaiblissent beaucoup les arbres. Elle est rose, cylindrique, pourvue de seize pattes, ayant sur les anneaux des points verruqueux surmontés d'un poil. Sa longueur est de 8 à 9 millimètres. C'est tout ce que je sais sur les mœurs de ce petit Lépidoptère qui est signalé comme nuisible aux sapins et qui paraît en mai et juin.

Il est classé dans la famille des Nocturnes, dans la tribu des Tordeuses et dans le genre EPHIPPIPHORA. Son nom entomologique est EPHIPPIPHORA DORSANA et son nom vulgaire PYRALE DORSALE , PYRALE ÉCAILLEUSE.

126 EPHIPPIPHORA DORSANA, Dup. — Longueur, 6 millimètres (ailes pliées); envergure , 12 millimètres ; les antennes sont fili-formes , d'un gris-brun ; la tête et le corselet sont du même gris-brun ; le deuxième article des palpes est large, velu, triangulaire, et le troisième court et cylindrique ; les ailes supérieures sont étroites, terminées carrément, dilatées à la base, arquées à la côte, d'un gris-brun luisant, avec une tache blanche arquée et partagée en deux par une ligne noire au milieu du bord interne ; on voit en outre , entre cette tache et le bord terminal , un écus-son bordé par une ligne argentée et marqué au centre de trois petits traits noirs ; l'intervalle qui sépare cet écusson de la tache est d'un brun-noirâtre ; la côte est marquée de plusieurs stries

argentées, qui se dirigent toutes vers l'écusson ; enfin la frange, de la couleur du fond, est coupée vers le sommet de l'aile par une petite ligne blanche ; le dessous des mêmes ailes est d'un gris-pâle, luisant, avec la répétition affaiblie des lignes et des taches du dessus ; les ailes inférieures sont blanches de part et d'autre, y compris la frange, avec une bordure noirâtre qui précède cette dernière.

Les parasites de la TORTRIX DORSANA sont, selon Ratzburg :

ICHNEUMONIDES........	Campoplex....
	Glypta concolor.
	Ichneumon abieticola.
	Pimpla longiseta.
BRACONITES...........	Chelonus atriceps.
	Dirapius ?...
	Helcon intricator.
	Microgaster impurus.
	Rogas flavipes.
CHALCIDITES..........	Pteromalus....

---

127. — La Pyrale verte.

(TORTRIX VIRIDANA, Dup.)

La Pyrale verte, appelée aussi Tordeuse verte, est un petit papillon dont la chenille fait, dans certaines années, des dégâts très considérables dans les forêts de chêne et ne maltraite pas moins ces arbres que ne le fait le hanneton commun. Elle se montre à la fin du mois de mai et pendant celui de juin. Elle se multiplie rapidement lorsque rien ne vient entraver sa génération, et au bout de trois ou quatre ans devient tellement nombreuse qu'elle forme des nuages en voltigeant le soir le long des chemins qui traversent les bois, et qu'en frappant les buissons et les branches, on en fait partir des multitudes innombrables. La femelle, après

l'accouplement, pond ses œufs à l'extrémité des branches sur ou
dans les bourgeons de l'année. Les petites chenilles éclosent au
printemps suivant, lorsque les feuilles commencent à s'épanouir ;
elles attachent ensemble les plus voisines avec des fils de soie et
les rongent en se tenant dans le paquet ; elles en ajoutent d'autres, qu'elles rongent de la même manière, jusqu'à ce qu'elles
aient pris toute leur croissance. On en trouve quelquefois plusieurs dans le même paquet, mais vivant à part les unes des
autres. Les feuilles sont rongées, trouées, ne conservant que la
nervure principale et quelques parties vertes. Dans certaines
années tous les chênes ou une grande partie d'entre eux sont dé -
pouillés de leurs feuilles. Les chenilles se laissent descendre à
l'extrémité d'un fil de soie et sont suspendues le long des chemins
où elles frappent le visage du passant. Elles exécutent cette ma-
nœuvre probablement pour que le vent les porte sur une autre
branche. Elles arrivent au terme de leur croissance dans le mois
de mai, plus ou moins tôt, selon la température du printemps.
Elles ont alors 18 millimètres de longueur. Elles sont cylindriques,
d'un vert-noirâtre en dessus ; la tête est d'un noir luisant ; le
premier segment porte un écusson noir ; les autres segments
présentent des points verruqueux noirs, surmontés d'un poil,
rangés sur deux lignes transversales, sur chacun d'eux ; les pattes
sont au nombre de seize, dont les six pectorales sont noires et
les autres vertes ; plusieurs de ces chenilles se changent en
chrysalides dans les paquets de feuilles qu'elles ont rongés, d'autres descendent à terre et subissent leur métamorphose dans une
retraite qu'elles rencontrent ; d'autres enfin se cachent dans une
feuille basse qu'elles plient, soit d'une plante, soit d'un arbuste.
La chrysalide est noire, longue de 11 millimètres et porte deux
rangées de spinules sur le dos de chaque segment de l'abdomen,
correspondant aux points verruqueux de la chenille ; le papillon
se montre dès la fin de mai ou dans le mois de juin, selon la chaleur de la saison.

Il est classé dans la famille des Nocturnes, dans la tribu des

Tordeuses et dans le genre Tortrix. Son nom entomologique est
Tortrix viridana et son nom vulgaire Pyrale verte, Tordeuse
verte.

127. Tortrix viridana, Dup. — Longueur, 11 millimètres
(ailes pliées). Les antennes sont filiformes, moins longues que le
corps, d'un brun-jaunâtre, paraissant légèrement crénelées, à
premier article jaune ; les palpes sont testacés, portés en avant,
de la longueur de la tête, ayant le deuxième article épais, triangulaire, et le troisième petit, nu, cylindrique ; les yeux sont verdâtres; la tête est d'un vert-jaunâtre, ainsi que la partie antérieure
du corselet ; le reste de celui-ci et les ailes antérieures sont d'un
vert-tendre un peu rougeâtre, avec le bord antérieur d'un blanc-
jaunâtre et la frange blanchâtre ; les postérieures sont noirâtres,
bordées d'une frange blanche; le dessous des quatre ailes est
noirâtre ; l'abdomen, la poitrine et les pattes sont blanchâtres.

On ne connaît aucun moyen efficace pour la destruction de cette
petite chenille. Tous les petits oiseaux qui se nourrissent de
chenilles et qui en portent à leur couvée, en consomment un
grand nombre, mais pas assez pour préserver les chênes de leurs
ravages.

Les parasites de la Tortrix viridana sont, selon Ratzburg :

ICHNEUMONIDES.........
- Campoplex intermedius.
- Glypta cicatricosa.
- Hemiteles areator.
- Ichneumon stimulator.
- Lissonota pectoralis.
- Pimpla flavicans.
- — flavipes.
- — graminellæ.
- — rufata.
- — scanica.

BRACONITES...........
- Eubadizon pectoralis.
- Perilitus cinctellus.
- Rogas linearis.

CHALCIDITES........... { Elachestus obscuripes.
{ Eulophus bombycicornis.
{ —   phalænarum.

---

128. — La Rouleuse des feuilles du chêne.

(PAEDISCA PROFUNDANA, Dup.)

On voit fort souvent, dans les premiers jours de juin, des feuilles de chêne roulées qui pendent à l'extrémité des rameaux. Le rouleau qu'elles forment est conique et composé de deux feuilles placées l'une dans l'autre ou plutôt de deux rouleaux mis l'un dans l'autre ; le petit bout est en haut contre les pétioles et le gros bout en bas. La surface supérieure de la feuille est en dessus et la nervure médiane, apparente dans toute sa longueur, divise le cornet en deux parties symétriques. Les bords ou dentelures sont arrêtés et fixés avec des fils de soie. Au centre du tuyau intérieur se trouve une petite chenille qui a construit cet édifice pour lui servir d'habitation et en même temps de nourriture, car elle y demeure le jour et la nuit et vit en rongeant le surface intérieure du rouleau. Elle parvient à toute sa taille vers le 15 ou 20 juin. Alors elle a 12 à 15 millimètres de longueur ; sa tête est verte ; son corps, cylindrique et vert, porte sur ses segments, des points noirs verruqueux rangés sur deux lignes transversales, l'antérieure de quatre points et la postérieure de deux points ; tous ces points sont surmontés d'un petit poil ; elle est pourvue de seize pattes. Lorsqu'elle n'a plus à croître et qu'elle veut se changer en chrysalide, elle tapisse l'intérieur de son tuyau d'une fine toile de soie blanche et se métamorphose sur ce lit mollet. Cette chrysalide a 7 millimètres de longueur. Elle est ové-conique, un peu ventrue, d'un fauve-testacé qui brunit ensuite et devient brun-ferrugineux ; le dos des segments de l'abdomen est muni de deux rangs transversaux de spinules correspondant aux points

verruqueux de la chenille ; le dernier segment est terminé par
deux petites épines engagées dans la toile de soie. Les papillons
commencent à éclore vers le 7 juillet ; pour faciliter leur sortie
et pour qu'ils ne se froissent pas, la chrysalide a soin de détacher
ses épines anales de la toile de soie et de se pousser en avant du
côté du gros bout du tuyau, de manière à en faire sortir la moitié
antérieure de son corps, ce qui permet au papillon de se dégager
de l'enveloppe de la chrysalide.

Ce papillon fait partie de la famille des Nocturnes, de la tribu
des Tordeuses et du genre Pædisca. Son nom entomologique est
Pædisca profundana, et son nom vulgaire Pyrale des feuilles
du chêne, Rouleuse des feuilles du chêne.

128. Paedisca profundana, Dup. — Longueur, 9-10 millimètres
(ailes pliées). Les antennes sont simples, filiformes, un peu plus
longues que la tête et le corselet, noirâtres ; la tête est d'un gris-
noirâtre en dessus et d'un gris-blanchâtre en devant ; les palpes
sont gris, à base blanchâtre ; ils dépassent la tête ; le deuxième
article est élargi à l'extrémité, recouvert d'écailles et plus long
que le premier ; le troisième est nu, court, paraissant comme un
bouton à l'extrémité du deuxième ; la trompe est bien visible ; le
corselet est d'un gris-noirâtre, crêté sur le dos, lorsque l'insecte
relève les longues écailles qui forment la crête ; les ailes supérieures sont élargies à la base, arquées à la côte, coupées carrément à l'extrémité, d'un gris-noirâtre, ayant une tache d'un
gris-blanchâtre commune sur le dos au milieu du bord interne et
deux taches d'un gris-cendré à la côte, correspondant l'une à la
base, l'autre à l'extrémité de la tache dorsale ; ces taches ou
demi-bandes sont d'une nuance plus foncée que la tache dorsale
et nuancées d'un peu de fauve ; la frange est noirâtre ; les ailes
inférieures sont noires, à frange grise ; l'abdomen est d'un gris-
noirâtre en dessus, blanchâtre en dessous, ainsi que la poitrine et
les pattes ; les tibias et les tarses sont annelés de blanc et de
noir.

On peut remarquer des nuances différentes dans les couleurs sur quelques individus : l'un a le corselet fauve et les ailes supé- rieures d'un fauve nuancé d'un gris-cendré et de noir ; la tache dorsale est plus blanche que sur les autres individus ; un autre présente une tache dorsale sur les ailes supérieures d'un gris- noirâtre mêlé de fauve.

Ce petit papillon ne vit pas seulement sur le chêne dans un paquet de feuilles artistement roulées, je l'ai vu sortir d'un paquet de feuilles d'aubépine tordues et liées par sa chenille, ce qui prouve que cette dernière s'accommode de feuilles très différentes.

Je ne connais pas les parasites de la PÆDISCA PROFUNDANA. Elle a des ennemis fort dangereux dans les petits oiseaux à bec fin qui savent très bien s'emparer de la chenille cachée dans son tuyau, l'en retirer adroitement et la manger eux-mêmes ou la porter à leurs petits. On peut s'assurer, en ouvrant ces rouleaux, qu'il y en a un grand nombre de vides, ne contenant ni chenille, ni chrysalide, ni tapis de soie tissé par la chenille arrivée à toute sa taille, parce que cette dernière en a été enlevée avant le temps où elle fait son lit pour se métamorphoser en chrysa- lide.

───

129. — La Pyrale des Glands.

(CARPOCAPSA AMPLANA, Dup.)

Les glands, qui sont rongés par la larve du BALANINUS NUCUM, comme on l'a dit précédemment, sont encore dévorés par une petite chenille qui attaque l'amande pour s'en nourrir et qui laisse derrière elle ses excréments sous la forme de petits grains noirs. Ces grains noirs remplissent et encombrent son habitation à mesure qu'elle l'agrandit en rongeant. Elle se comporte dans le gland comme la CARPOCAPSA POMONANA se comporte dans les

pommes et les poires. Parvenue à toute sa taille vers le milieu
d'octobre elle sort du gland et va chercher un lieu convenable
pour filer son cocon qu'elle place, dans une crevasse d'écorce, à
l'abri de la pluie ; il est tissé d'une soie blanchâtre et d'une consistance assez ferme. Si le gland est tombé à terre, la chenille en
sort et remonte le long du tronc ou cherche ailleurs pour placer
son cocon. A cette époque elle a 9 millimètres de longueur. Elle
est cylindrique, d'un blanc-rosé ; la tête est brune, avec les parties
de la bouche noires ; le premier segment porte un écusson brun
en dessus et le dernier une tache brune ; les autres segments
présentent chacun deux lignes transversales de points verruqueux
bruns, surmontés d'un poil ; elle est pourvue de seize pattes dont
les six thoraciques sont noirâtres. Elle passe l'hiver et le printemps
dans son cocon et se change en chrysalide dans le mois de juin
et en insecte parfait du 10 au 15 juillet. Lorsque le moment de sa
dernière métamorphose est arrivé, la chrysalide, qui est munie de
spinules dorsales sur son abdomen, se pousse en avant, enfonce
un point faible de sa prison et sort à moitié pour donner au papillon la facilité de se dégager de l'enveloppe de la chrysalide.

Ce papillon est classé dans la famille des Nocturnes, la tribu
des Tordeuses et dans le genre CARPOCAPSA. Son nom entomologique est CARPOCAPSA AMPLANA et son nom vulgaire PYRALE DES
GLANDS.

129. CARPOCAPSA AMPLANA , Dup. — Longueur, 10 millimètres
(ailes pliées). Elle est grise ; les antennes sont filiformes, noirâtres, moins longues que le corps ; la tête est gris-cendré ; les
palpes sont gris, à troisième article petit, nu et noir ; les yeux
sont verts (vivants), noirâtres (morts) ; la moitié antérieure des
ailes supérieures est d'un gris-cendré un peu foncé, avec des
nuances noirâtres formant des taches mal définies ; une bande
large d'un gris plus clair se voit entre cette nuance et la tache
postérieure en écusson, marquée d'un trait transversal commun
aux deux ailes et de plusieurs petites taches costales noires ; un

grand écusson noir occupe la partie postérieure et présente des traits noirs ; les ailes inférieures sont noirâtres , avec le bord antérieur gris ; le dessus du corps est d'un gris-cendré foncé ; le dessous et les pattes sont d'un gris-blanchâtre.

La chenille des glands est la proie d'une larve d'Ichneumonien qui vit dans son corps et la dévore tout entière , après quoi elle s'enveloppe dans un cocon de soie blanche , fine , luisante , d'un tissu serré , d'où l'insecte parfait sort vers le 29 mai , c'est-à-dire avant le temps de l'apparition du papillon. Cet Ichneumonien ayant l'abdomen allongé, cylindrique , attaché au corselet par le premier segment court et large, de plus étant lisse et non fendu à l'extrémité en dessous pour le jeu de la tarière, appartient au genre LISSONOTA , et , à ce qu'il me paraît, à l'espèce appelée IMPRESSOR, Grav., ce qui cependant n'est pas très certain. Comme il doit reparaître dans l'article suivant, en qualité de parasite de la Pyrale des Faînes, j'en ferai la description à cet article.

130. — La Pyrale des Faînes.

(CARPOCAPSA FAGIGLANDANA, Heyd.)

La Faîne, fruit du hêtre (FAGUS), n'est pas d'une récolte aussi assurée que celle du gland, au moins dans la partie de la Bourgogne que j'habite ; il y a des années où on n'en voit que quelques-unes sur les arbres ; dans quelques autres , rares à la vérité , ils en sont chargés. On récolte alors ce fruit dont on retire une huile excellente pour la table , dont la qualité augmente avec l'âge. La Faîne est rongée par une petite chenille qui se nourrit de son amande et qui laisse ses excréments dans l'excavation qu'elle y produit, laquelle lui sert de logement. On l'y trouve vers le milieu du mois de septembre et à la fin de ce mois elle est parvenue à toute sa grandeur. Elle en sort alors ayant mangé toute l'amande et laissant l'enveloppe remplie de ses crottes ressemblant à des petits grains noirâtres. Cette chenille a 10 ou 12 millimètres de longueur selon son extension. Elle est cylindrique, rougeâtre en dessus, d'un rouge pâle en dessous; la tête est de couleur cannelle, avec les mandibules et le labre noirâtres; les segments du corps sont bien séparés et présentent chacun, excepté le premier, deux lignes transversales de points verruqueux bruns sur le dos, l'une de quatre, l'autre de deux seulement; tous ces points sont surmontés d'un poil; le premier et le dernier portent en dessus une tache ou écusson brun; elle est pourvue de seize pattes de couleur blanchâtre. Lorsqu'elle est sortie de son habitation, elle se réfugie dans un endroit caché, sous une écorce ou dans une gerçure et se renferme dans un cocon blanchâtre, d'un tissu épais et solide, dans lequel elle passe l'automne, l'hiver et le printemps suivant. Elle se change en chrysalide dans le mois de juin, et le papillon s'envole au commencement de juillet pour aller pondre sur les Faînes. C'est la chrysalide qui perce le cocon et en sort à moitié pour faciliter l'éclosion du Lépidoptère, qui est classé dans le même genre que le précédent auquel il ressemble par les mœurs. Son nom entomologique est CARPOCAPSA FAGIGLANDANA et son nom vulgaire PYRALE DES FAINES.

130. CARPOCAPSA FAGIGLANDANA, Heyd. — Longueur, 7-8 millimètres. Elle est d'un gris-noirâtre; les antennes sont filiformes, moins longues que le corps et noires; les palpes sont de la même couleur, ayant le deuxième article garni d'écailles, un peu plus épais à son extrémité qu'à sa base et le troisième petit, nu; le corselet est d'un gris-noirâtre; les ailes supérieures sont grises, mélangées de gris blanchâtre et de gris-noirâtre, avec des petites taches blanchâtres, étroites et courtes le long de la côte et une tache blanchâtre à l'angle interne du bord postérieur; la frange est grise; les ailes inférieures sont d'un gris-noirâtre, bordées d'une frange gris-jaunâtre; l'abdomen est gris et les pattes sont annelées de gris et de blanchâtre.

Il n'y a pas d'écusson bien marqué à l'extrémité des ailes supé-

rieures comme on en voit un sur les autres Lépidoptères du genre
CARPOCAPSA et aucun trait ou tache métallique sur cette région.

La chenille de ce petit Lépidoptère est atteinte dans la Faîne
qu'elle ronge par le même parasite qui dévore celle de la CARPO-
CAPSA AMPLANA qui vit dans les glands. L'Ichneumonien parasite
pond un œuf dans le corps de cette chenille, après avoir percé la
Faîne avec sa tarière, et la larve sortie de l'œuf ronge intérieurement la chenille. Quelquefois cette dernière vit assez longtemps
pour filer son cocon; alors la larve parasite, ayant entièrement
mangé sa proie, se file un cocon qui se trouve dans celui de la
chenille. D'autres fois la chenille est mangée avant d'avoir pu construire son cocon; alors la larve parasite file le sien dans la Faîne
même.

Cette larve parasite, ayant acquis son entière croissance, a 5
millimètres de longueur. Elle est ovoïde-allongée, blanche, molle,
glabre, apode, formée de treize segments, sans compter la tête, qui
est ronde, blanche, luisante, pourvue d'une bouche dont les parties
sont très serrées l'une contre l'autre et ne paraissent, sur la face
antérieure, que comme un trait brun très fin, imitant un trèfle; le
premier segment, après la tête, est marqué de deux points oculaires noirâtres; ce qui indique que la tête comprend les deux
premiers segments et qu'il en reste douze pour le corps; cette
larve se métamorphose en insecte parfait du 15 mars au 15 mai.
Celui-ci est un Ichneumonien du genre LISSONOTA, que je rapporte
avec doute au LISSONOTA IMPRESSOR, Grav.

LISSONOTA IMPRESSOR, Grav. *Mâle.* — Longueur, 6 millimètres.
Il est noir; les antennes sont filiformes, noires, moins longues
que le corps; la tête et le thorax sont noirs, luisants; les palpes,
pâles; l'abdomen est déprimé, linéaire, attaché au thorax par un
segment court, peu rétréci à la base, noir, ponctué, avec une dépression transversale à la base des segments et deux fois aussi
long que la tête et le thorax pris ensemble; les pattes sont fauves,
les hanches postérieures sont noires, avec leurs trochanters pâles;

l'extrémité des tibias postérieurs est noirâtre ; les tarses postérieurs sont noirs , avec la base du premier article pâle ; les intermédiaires ont l'extrémité des deuxième, troisième, quatrième et
cinquième articles noirâtre ; les ailes sont hyalines, à nervures
noirâtres ainsi que le stigma ; leur base et l'écaille alaire sont
pâles ; l'aréole est petite, subtriangulaire ou en quadrilatère irrégulier.

Femelle. Longueur , 6 millimètres ; avec la tarière, 10 millimètres. Elle est noire ; les antennes sont filiformes , noires , un
peu moins longues que le corps et un peu courbées ; la tête est
noire , transverse , arrondie ; le labre est fauve ; la base des mandibules et les palpes sont pâles ; le thorax est noir, finement
ponctué ; l'abdomen est noir , une fois et demie aussi long que la
tête et le thorax , finement ponctué , formé de six segments apparents, dont le deuxième a une légère impression transverse à la
base ; les hanches et les pattes sont fauves, et les tarses postérieurs
noirs ; les ailes sont hyalines à nervures et stigma noirs ; la base
des nervures et l'écaille alaire sont pâles ; l'aréole est subtriangulaire ou en quadrilatère irrégulier.

Ces deux individus sont sortis de deux faines véreuses récoltées sur le même arbre et sont nés en même temps ; c'est ce qui
m'a engagé à les regarder comme le mâle et la femelle de la
même espèce. Ils pourraient bien cependant appartenir à deux
espèces distinctes et même le mâle pourrait se placer dans le
genre PIMPLA.

---

131. — La Phycide associée.

(ACROBASIS CONSOCIELLA, St.)

Il paraît convenable de dire un mot du petit papillon appelé la
Phycide associée et de le signaler comme une espèce dont la chenille vit sur le chêne et en ronge les feuilles. On la trouve depuis

le commencement de mai jusqu'à la fin de ce mois. Elle applique les feuilles de chêne l'une contre l'autre sans les déformer et les fixe avec des fils de soie afin qu'elles ne puissent pas se séparer. Placée entr'elles elle en ronge le parenchyme sans percer la membrane opposée pour éviter l'air et la lumière qui paraissent ne lui pas convenir. Son nid forme un paquet de plusieurs feuilles appliquées les unes contre les autres , fixées solidement ensemble et renfermant entr'elles les petites chenilles. On la trouve aussi associée à d'autres espèces qui tordent les feuilles , telles que la Pyrale verte (TORTRIX VIRIDANA), et la Pyrale profonde (PÆDISCA PROFUNDANA). On rencontre des paquets de feuilles tordues , liées ensemble, rongées en grande partie, contenant les chenilles de ces deux Pyrales et en outre plusieurs chenilles de la Phycide , jusqu'à quatre ou cinq dans le même paquet. Elles vivent en bonne intelligence avec leurs alliées pour la destruction des feuilles et parviennent à tout leur accroissement dans la première quinzaine de juin ; alors chacune d'elles s'enveloppe dans un léger cocon de soie blanchâtre , d'un tissu très fin, dans lequel elle se change en chrysalide.

La chenille arrivée à toute sa taille a 14 à 15 millimètres de longueur. Elle est cylindrique, grisâtre ; la tête est d'un fauve très pâle, avec deux points noirs à la région postérieure ; le corps porte cinq raies longitudinales brunâtres , deux lignes de très petits points noirâtres et quelques poils isolés de couleur grise ; elle est pourvue de seize pattes grises de la même nuance que le corps.

La chrysalide est longue de 9 millimètres. Elle est lisse et ponctuée, d'une couleur marron-noirâtre ; les segments de l'abdomen sont séparés par un rebord saillant d'une nuance plus rouge que le reste, et le dernier porte trois soies écailleuses , droites , parallèles et peu longues ; le papillon éclôt du 20 juin au 4 juillet ; la chrysalide reste dans son cocon et n'en sort pas, comme celle des Tordeuses, pour faciliter la métamorphose.

Il est classé dans la famille des Nocturnes , dans la tribu des

Crambides et dans le genre PHYCIS , Dup. , et ACROBASIS , St. Son nom entomologique est PHYCIDE ou ACROBASIS CONSOCIELLA, et son nom vulgaire PHYCIDE ASSOCIÉE.

131. ACROBASIS CONSOCIELLA , St. — Longueur, 9 millimètres (ailes pliées). Les antennes sont filiformes, moins longues que le corps, annelées de blanc et de testacé, avec le premier article blanc, épais ; la tête est blanche ; les yeux sont bruns et ronds ; les palpes sont testacés, relevés contre la face, dépassant très peu le front, à troisième article conique, peu chargé d'écailles ; la trompe est d'un brun-jaunâtre ; le corselet est d'un gris-jaunâtre, vineux ; les ailes supérieures sont d'un gris-vineux foncé à la base , s'éclaircissant bientôt en gris-blanchâtre formant une bande transversale avant le milieu ; après la bande blanchâtre la couleur devient brun-noirâtre et se dégrade en brun-vineux et en gris-vineux en avançant vers l'extrémité de l'aile ; dans la partie claire au-delà du milieu, se trouvent deux points noirs voisins sur chaque aile, quelquefois peu apparents ; l'extrémité de l'aile présente deux raies brunes flexueuses, formant une bande, et une ligne de points bruns près de la frange qui est grise ; les ailes inférieures sont d'un gris-noirâtre ; l'abdomen est annelé de gris et de noirâtre en dessus ; il est blanchâtre en dessous , ainsi que les pattes.

Ce petit papillon , étant au repos , présente la figure d'un triangle allongé, dont la base est fortement échancrée.

La chenille de la Phycide associée est atteinte dans son habitation par un Ichneumonien qui la pique et introduit un de ses œufs dans son corps. La larve parasite, sortie de cet œuf, vit dans le corps de la chenille et la dévore intérieurement, et quand elle l'a consommée, elle s'enferme dans un cocon de soie blanche couvert des excréments de cette chenille. L'insecte parfait en sort vers le 14 juillet. Il se range dans le genre ANOMALON et se rapporte à l'espèce appelée FLAVEOLATUM.

ANOMALON FLAVEOLATUM, Grav. — Longueur , 9 millimètres. Les

antennes sont filiformes, noires, de la longueur du corps, ayant le premier article jaune en dessous ; la face, les mandibules et les palpes sont jaunes ; l'extrémité des mandibules est noire , ainsi que les yeux et le dessus de la tête ; le corselet est noir ; l'abdomen est très grêle, comprimé, courbé en faucille, quatre fois aussi long que la tête et le corselet ; le premier segment est long, filiforme, noir à la base, fauve à l'extrémité ; le deuxième est long, noir en dessus et sur une partie des côtés, fauve sur le reste ; les troisième, quatrième et cinquième sont fauves, avec une ligne noirâtre en dessus , les autres segments sont noirs ; les pattes antérieures et moyennes sont fauves, à hanches et trochanters jaunes ; les hanches postérieures sont noires à la base, fauves à l'extrémité ; leurs trochanters sont noirs ; les cuisses et les tibias sont fauves ; les tarses sont d'un brun-fauve ; les postérieurs sont épaissis ; les ailes sont hyalines , courtes , à nervures noirâtres ; l'aréole manque et la tarière n'est pas apparente.

132. — La Mineuse complanelle.

(TISCHERIA COMPLANELLA, St.)

Vers le milieu du mois de juillet on peut remarquer dans les bois des feuilles de chêne qui présentent sur leur surface supérieure de grandes taches blanches qui tranchent sur le vert qui les environne et qui s'aperçoivent de loin. Il y a quelquefois sur la même feuille trois ou quatre taches plus ou moins étendues et d'une forme ovale irrégulière, mais qui ne communiquent pas entre elles. Chacune de ces taches est produite par une petite chenille mineuse qui s'est introduite sous la membrane supérieure pour manger le parenchyme interposé entre elle et la membrane inférieure. Elle ronge tout autour d'elle et agrandit sa maison à mesure qu'elle mange et croît. Cette chenille se distingue par sa propreté ; elle ne laisse pas ses excréments derrière elle ; elle les

jette hors de sa maison. Elle a soin de ménager un petit trou sur
un point du contour de sa mine et c'est-là qu'elle vient présenter
son derrière lorsqu'elle veut se vider. C'est à cause de cette précaution que son habitation est si propre et d'une blancheur par-
faite.

Cette chenille, parvenue à toute sa croissance à la fin de juillet,
à 4 millimètres de longueur. Elle est plate, un peu atténuée vers
l'extrémité postérieure, de couleur blanche ; la tête est petite,
noire, enfoncée à moitié dans le premier segment thoracique,
beaucoup plus large qu'elle ; le derrière de la tête se montre
à travers la membrane du premier segment comme une petite
tache brune. Les segments du corps sont bien séparés les uns des
autres, surtout sur les côtés où ils forment un feston continu,
depuis le premier jusqu'au douzième et dernier et portent des poils
isolés ; elle est pourvue de six très petites pattes thoraciques et
manque de pattes abdominales.

N'ayant plus à croître, elle se renferme dans un cocon circulaire,
plat, d'un diamètre égal à sa longueur, formé par les membranes
de la mine réunies par un tissu de soie très fine. Ce cocon paraît
comme un petit disque obscur au milieu de la mine. C'est là
qu'elle se change en chrysalide fluette, longue de quatre millimètres, dont les fourreaux des ailes descendent très bas et dont
la couleur, d'abord jaunâtre, brunit ensuite et finit par devenir
noire. L'insecte parfait commence à sortir vers le premier août.
Pour faciliter son éclosion, la chrysalide perce elle-même le
cocon et sort à moitié par l'ouverture, ce qui lui permet de s'é-
chapper sans se froisser.

Il fait partie de la famille des Nocturnes, de la tribu des
Tinéites et du genre TISCHERIA. Son nom entomologique est
TISCHERIA COMPLANELLE, St., et son nom vulgaire TEIGNE COMPLA-
NELLE, MINEUSE COMPLANELLE.

132. TISCHERIA COMPLANELLA, St. — Longueur, 4 millimètres
(ailes pliées). Elle est d'un jaune-d'ocre brillant ; les antennes

sont d'un blanc-jaunâtre, filiformes, moins longues que le corps ,
ciliées chez le mâle, simples chez la femelle ; la tête et les palpes
sont d'un jaune-pâle ; ceux-ci sont petits, grêles, relevés, atteignant à peine le sommet de la tête ; le corselet et les ailes
supérieures sont d'un jaune d'ocre uni ; ces dernières sont bordées d'une longue frange blonde aux bords interne et postérieur ;
elles sont étroites, ovales, allongées ; les inférieures sont noires,
linéaires, bordées d'une longue frange tout autour ; le dessus de
l'abdomen est noirâtre ; le dessous et les pattes sont jaunâtres ;
les tibias postérieurs sont garnis de poils.

Cette petite Tinéite est la proie de deux parasites qui savent
pondre un œuf dans le corps de sa chenille et dont les larves dévorent intérieurement cette chenille. Ils se changent en chrysalides nues dans la galerie qu'elle a creusée dans la feuille. Le
premier est un petit Chalcidite du genre ENTEDON, auquel j'ai
donné le nom de PUNCTATUS (1).

ENTEDON PUNCTATUS, G. — Longueur, 2 millimètres. Il est d'un
beau vert-doré ; les antennes sont noires, peu longues, composées
de sept articles dont le premier est long, inséré au bas de la face,
et les deux derniers soudés ensemble et terminés en pointe ; la
tête est épaisse, un peu transverse, d'un vert-doré et ponctuée ; le
corselet est ovalaire, de la largeur de la tête, vert-doré, fortement
ponctué à points serrés; l'abdomen est subpédiculé, ovalaire, de la
largeur du thorax, un peu moins long que ce dernier, arrondi au
bout, lisse, luisant, vert, avec une nuance vert-doré transversale au milieu ; les pattes sont blanches ; les ailes sont hyalines,
ne dépassant guère l'abdomen et la nervure sous-costale se
réunit à la côte, près de la base.

Le deuxième parasite est plus petit que le précédent. Il est très
agile et saute avec prestesse plutôt qu'il ne vole. C'est encore un

(1) Insectes nuisibles aux arbres fruitiers etc. Article Mineuse des
feuilles de pommier. (CEMIOSTOMA SCITELLA.)

ENTEDON qui a beaucoup de ressemblance avec l'EULOPHUS BIFAS-
CIATUS, N. d. E., et que j'assimilerai avec lui, mais avec doute.

ENTEDON BIFASCIATUS ? N. d. E. — Longueur, 1 millimètre ; les
antennes sont courtes, noires, composées de six articles dont le
premier, plus long que les autres, est inséré au bas de la face ;
elles sont un peu renflées au milieu ; la tête est assez forte,
arrondie en devant, de la largeur du thorax, d'un cuivreux-doré ;
le thorax est ovalaire, d'un cuivreux-violacé ; l'abdomen est
subsessile, ovale, de la longueur et de la largeur du thorax,
d'un violacé-noirâtre ; les pattes sont d'un cuivreux obscur, avec
les tibias antérieurs d'un blanc-jaunâtre ainsi que la presque
totalité des tarses ; les ailes atteignent l'extrémité de l'abdomen ;
elles sont transparentes et traversées par trois bandes noirâtres ;
la première près de la base peu marquée, la deuxième au milieu
et la troisième bordant le bout de l'aile.

Les parasites de la TINEA (TISCHERIA) COMPLANELLA sont encore,
d'après Ratzburg :

ICHNEUMONIDES........ { Campoplex succinctus.
                      { Pimpla linearis.

BRACONITES........... { Microgaster bicolor.
                      { Sigalphus complanatus.

CHALCIDITES.......... { Encyrtus testaceipes.
                      { Entedon orchestes.
                      { Eulophus pilicornis.
                      {   —   subcutaneus.

—

133. — La Mineuse des feuilles de Chêne.

(CORISCIUM QUERCETELLUM, Zell.)

Dès le commencement du mois de juin on trouve des feuilles de
chêne minées dont tout l'épiderme supérieur est détaché et soulevé.

Entre cette membrane blanche et la feuille qui ne paraît pas
entamée dans toute son épaisseur, on voit plusieurs petites chenilles
au nombre de quatre, cinq ou six, qui habitent en commun sans se
nuire. Elles semblent se contenter des parcelles qu'elles détachent
en décolant l'épiderme de dessus le parenchyme. Elles rendent des
excréments en forme de très petits grains noirs qu'elles laissent
dans leur habitation, et ces excréments la salissent et la rendent
noirâtre. Ces petites chenilles sont isolées à leur naissance et se
tiennent chacune dans une galerie filiforme, flexueuse, qui part à
peu près du point où le pétiole s'attache à la feuille. Elles marchent toutes ensemble vers le centre de celle-ci et rongent autour
d'elles en avançant jusqu'à ce que leurs galeries se rencontrent et
se confondent et ne forment plus qu'une vaste place qui occupe
quelquefois toute l'étendue de la feuille. Lorsque cette chenille est
parvenue à toute sa croissance, au commencement de juin, elle a
6 millimètres de longueur. Elle est presque cylindrique, un peu
atténuée à l'extrémité postérieure, d'une couleur rouge ou carnée,
avec les incisions des segments blanches ; la tête est brune ;
on distingue sur son corps quelques poils, courts, fins, isolés ;
elle est pourvue de quatorze pattes blanchâtres ; si on élève ces
chenilles en captivité dans une boîte, elles quittent leur habitation et vont dans un coin où elles s'enveloppent dans une toile
très fine et transparente ; dans l'état naturel elles filent leur cocon
dans leur galerie ; vers le 20 juin elles se changent en petites
chrysalides fluettes d'un vert très pâle, ayant le bord supérieur
des segments de l'abdomen rougeâtre, les fourreaux des ailes
longs et les pattes dépassant l'extrémité de l'abdomen. Le papillon se montre à la fin de juin ou dans le courant de juillet.

Il se classe dans la famille des Nocturnes, la tribu des Tinéites
et dans le genre CORISCIUM. Son nom entomologique est CORISCIUM
QUERCETELLUM, et son nom vulgaire TEIGNE MINEUSE DES FEUILLES
DE CHÊNE ou MINEUSE DES FEUILLES DE CHÊNE.

133. CORISCIUM QUERCETELLUM, Zell. — Longueur, 4-5 milli-

mètres. Il est étroit, allongé, cylindrique ; les antennes sont filiformes, de la longueur de l'insecte ayant les ailes pliées ; elles
sont noirâtres, annelées de blanc ; les palpes sont longs, terminés
par un article nu, grêle, recourbé, s'élevant au-dessus de la tête ;
le deuxième article est velu, blanchâtre, terminé par des soies
noires ; la tête et le corselet sont noirâtres ; les ailes supérieures
sont de la même couleur, étroites, allongées, couvrant le dos et
les côtés de l'abdomen qu'elles dépassent ; elles sont traversées
par trois raies blanches, étroites et obliques ; la première allant
d'un bord à l'autre ; les deux autres n'atteignant pas le bord
interne ; elles sont bordées d'une ligne noire du côté de la tête ;
les inférieures sont noirâtres, bordées d'une longue frange de
la même couleur ; le dessus de l'abdomen est noirâtre et le
dessous blanchâtre, avec quatre taches noires sur les côtés ;
l'extrémité est blanche et noire ; les pattes sont noirâtres ; les
tarses annelés de blanc et les tibias postérieurs armés de deux
épines.

———

134. — La Cécydomyie du Hêtre.

(CECYDOMYIA FAGI, Win.)

On peut voir fréquemment, depuis le mois de mai jusqu'à la
chute des feuilles, des hêtres dont les feuilles portent des excroissances ou galles d'une forme ovoïde terminée en pointe, longues
de 5 à 6 millimètres sur 3 à 4 millimètres de diamètre à leur
plus grand renflement. Elles sont vertes ou rougeâtres, plantées
sur le gros bout et lisses ; elles croissent sur la surface supérieure, sur ou contre une nervure ; leur consistance est ligneuse
et très dure. Si on les ouvre on trouve dans leur intérieur une
cellule ovale, notablement grande, à parois épaisses, dans laquelle
se tient une petite larve blanche collée contre cette paroi et on
voit que la cellule n'est pas fermée par le bas si ce n'est par

la feuille même. Ces excroissances sont quelquefois si nombreuses
que les feuilles en sont tout hérissées. Ce sont les branches
basses qui en présentent le plus. A la chûte des feuilles les galles
se détachent et tombent à terre. Si on les examine alors on voit
que le trou de la galle est fermé par un diaphragme d'un tissu fin
et serré, de couleur blanche, tendu comme la peau d'un tambour.
A cette époque les larves ont acquis leur croissance et quelques-
unes se sont déjà changées en chrysalides.

La larve à 3 millimètres de longueur. Elle est d'un blanc
de lait, oblongue, ovale, molle, glabre, apode, déprimée, formée
de dix segments sans compter la tête qui en comprend deux ;
le premier, petit, conique, est terminé par deux courts filets
inarticulés qui sont les palpes ; le deuxième cylindrique, un peu
plus grand et qui acquiert des points oculaires lorsqu'elle approche du moment de la métamorphose ; ce deuxième segment de la
tête présente en dessous une petite lame écailleuse bifide à l'extrémité, qui paraît faire l'office d'un fer de rabot pour racler
la nourriture et la pousser sous la bouche, dans laquelle elle est
introduite par les palpes ; le dernier segment est arrondi.

La chrysalide à 4 millimètres de longueur. Elle est subcylindrique, rougeâtre ; la tête est pointue ; le corselet bombé et pourvu
à sa partie dorsale antérieure, de deux petites cornes stigmatiques ;
les fourreaux des ailes sont appliqués sur les côtés et les pattes sont
pliées et placées sous le ventre ; lorsqu'elle veut se changer en
insecte parfait elle enfonce avec sa tête le diaphragme qui ferme
sa cellule, et celui-ci prend son essor à la fin de février ou au
commencement de mars.

Il est de l'ordre des Diptères, de la famille des Némocères, de la
tribu des Tipulaires-Gallicoles et du genre CECYDOMYIA. Son nom
entomologique est CECYDOMYIA FAGI, et son nom vulgaire CÉCY-
DOMYIE DU HÊTRE. Il me paraît être le même que la CECYDOMYIA
GRANDIS, Macq., vulgairement GRANDE CÉCYDOMYIE.

134. CECYDOMYIA FAGI, Win. — *Mâle*. Longueur, 6 millimètres.

Il est brunâtre ; les antennes sont grises, de la longueur du corps, formées de vingt articles globuleux , pédicellés et verticellés ; la tête est ronde et noire ; le corselet est bombé , plus large que la tête, d'un brun-jaunâtre en dessus ; le métathorax derrière l'écusson est jaunâtre ; l'abdomen est cylindrique, plus étroit que le thorax, trois fois aussi long que ce dernier et la tête réunis, d'un brun-noirâtre, avec le bord des segments pâle ; les pattes sont longues et grêles, d'un brun-testacé, avec la base des cuisses pâle ; les ailes dépassent un peu l'abdomen ; elles sont grisâtres , velues , transparentes , pourvues de trois nervures longitudinales.

Femelle. Elle est semblable au mâle, mais les antennes sont beaucoup plus courtes , formées de vingt articles non pédicillés ; l'abdomen est ové-conique, allongé, terminé en pointe.

Cette Tipulaire est exposée aux atteintes de plusieurs parasites qui parviennent à introduire un œuf dans la galle occupée par une larve malgré la dureté de ses parois. Le premier est un Chalcidite d'un assez belle taille dont la larve dévore celle de la Cécydomyie en se tenant attachée sur elle pour la sucer et ensuite pour la manger complétement sans en rien laisser. Cette larve carnassière a 3 millimètres et demi de longueur. Elle est ové-conique, blanche, molle, apode, parsemées de quelques poils dressés sur les segments, courbée en arc, formée de douze anneaux dont le dernier est terminé par un tubercule ; la tête est ronde, armée de deux mâchoires écailleuses.

La chrysalide dans laquelle elle se change a 4 millimètres et demi de longueur. Elle est d'un blanc-jaunâtre ; la tête est baissée ; les antennes sont étendues parallèlement sur les côtés ; le corselet est bossu et l'abdomen est ové-conique terminé en pointe ; les fourreaux des ailes sont appliqués contre la poitrine.

L'insecte parfait se montre depuis le milieu d'avril jusqu'à la fin de mai. Il est classé dans la famille des Pupivores, la tribu des Chalcidites et la sous-tribu des Eulophites, formée du genre

Eulophus de Nées d'Esembeck. Il entre dans le nouveau genre des Oxymorpha. Son nom entomologique est Oxymorpha elongata. Le mâle et la femelle sont très différents l'un de l'autre.

Oxymorpha elongata, Forst. — *Mâle.* Longueur, 2 et demi à 3 millimètres. Il est noir luisant ; les antennes sont filiformes , noires , composées de neuf articles difficiles à compter à cause des longs poils couchés en dessus qui les ornent, un peu plus longues que la tête et le corselet ; la tête est noire , transverse ; les yeux sont rougeâtres ; le thorax est de la largeur de la tête, à sutures dorsales bien prononcées ; l'abdomen est subpédiculé, ovalaire, terminé en pointe, de la longueur de la tête et du thorax, noir , lisse , luisant ; les pattes sont jaunes , avec la base des hanches noire ; les ailes sont hyalines, dépassant un peu l'extrémité de l'abdomen, à nervures brunes et rameau stigmatique court.

Femelle. Longueur, 4 millimètres et demi. Elle est noire tachée de jaune ; les antennes sont noires , de neuf articles , garnies de poils courts ; la tête est noire et la face jaune ; les yeux sont rougeâtres ; le prothorax est jaune ; le mésothorax noir avec deux lignes obliques, latérales, jaunes, se réunissant en une tache carrée plus ou moins grande ; les côtés de la poitrine sont jaunes, tachés de noir ; l'abdomen est subpédiculé, ové-conique, prolongé en pointe, deux fois aussi long que la tête et le thorax, noir, lisse , luisant, quelquefois taché de jaune à son extrémité ; les pattes sont jaunes et les ailes hyalines, de la longueur de l'abdomen.

Les taches jaunes du corselet varient par la forme et l'étendue sur différents individus femelles. Le dernier segment de l'abdomen de celles-ci est conique, très allongé , fendu en dessous pour recevoir la tarière qui s'y trouve cachée et qui est en outre protégée par deux valves noires, velues, se prolongeant un peu au-delà du dernier segment.

Un deuxième parasite de la Cécydomyie du hêtre est un petit

Chalcidite qui se montre vers le 15 avril. Sa larve habite et vit
dans le corps de celle de la Tipulaire et se change en chrysalide
sous la peau de cette dernière. Cette larve a 1 millimètre et demi
de longueur. Elle est cylindrique, un peu atténuée aux deux
extrémités, blanche, molle, glabre, apode, segmentée; sa tête est
ronde. Je n'ai pu distinguer les mandibules ni les autres parties
de la bouche. L'insecte parfait est un Eulophite du genre ENTE-
DON, auquel j'ai donné le nom de IGNIFRONS.

ENTEDON IGNIFRONS, Gour. — Longueur, 2 millimètres. Il est
d'un vert-sombre ; les antennes sont filiformes , insérées au bas
de la face, noires, formées de sept articles garnis de poils courts;
la tête est transverse, d'un vert-sombre ; la face jette des reflets
enflammés rouges et verts ; le thorax est d'un vert-sombre, de la
largeur de la tête ; l'abdomen est subpédiculé, ové-conique, terminé en pointe, déprimé, de la longueur de la tête et du thorax.
lisse , d'un vert-noirâtre ; les pattes sont noirâtres , avec les articulations et les tarses pâles; les ailes sont hyalines ; la nervure
est brune et le rameau stigmatique est placé aux deux-tiers de la
côte.

Enfin un troisième parasite sort des galles ovoïdes des feuilles
du hêtre vers les 3 ou 4 juin. Ses antennes sont formées de treize
articles , dont le premier est un peu long ; les troisième et quatrième sont très petits, et les trois derniers sont soudés ensemble ; la tige est filiforme , velue chez le mâle; elle grossit un
peu en forme de massue chez la femelle; la tête est transverse, de
la largeur du thorax ; l'abdomen est subpédiculé, de la longueur
de la tête et du thorax chez le mâle; en ovale allongé, terminé par
une tarière droite chez la femelle ; les tibias moyens de cette
dernière sont épaissis et garnis d'une brosse de poils en dessous.
Ces caractères placent ce Chalcidite dans le genre EUPELMUS et
l'espèce se rapporte à l'EUPELMUS UROZONUS.

EUPELMUS UROZONUS, Dal. — *Mâle.* Longueur, 3 millimètres.
Il est d'un vert-noir ; les antennes sont filiformes, noires ; la tête

est d'un noir-bronzé-obscur ; le thorax est ovalaire, ponctué, de la couleur de la tête, les sutures dorsales sont bien marquées ; le métathorax est d'un vert cuivreux contre l'écusson et d'un bleu sombre contre l'abdomen ; celui-ci est noirâtre, bronzé ; les pattes sont d'un noir bronzé, avec les tibias moyens bruns et les tarses postérieurs testacés à la base ; les ailes sont hyalines à nervures et stigma noirs.

Femelle. Longueur, 3 millimètres et demi. Elle est d'un bronzé obscur ; les antennes sont noires, à premier article vert, deux fois aussi longues que la tête ; celle-ci est bronzée, avec des reflets cuivreux, et violacés sur la face et le front ; le thorax est cuivreux, à reflets dorés sur le dos entre les parapsides ; l'abdomen est subpédiculé, d'un noir bronzé, ovalaire, lisse, terminé en pointe obtuse ; les cuisses sont noirâtres, avec l'extrémité testacée ; les tibias et les tarses sont testacés ; les premiers sont lavés de brun vers la base ; les ailes sont hyalines, de la longueur de l'abdomen ; la tarière est de la longueur de ce dernier, noire à la base et à l'extrémité, jaunâtre au milieu.

Quoique la Cécydomyie du hêtre ne soit pas un insecte fort nuisible aux forêts, j'ai cru devoir en parler à cause des galles nombreuses qu'elle produit sur les feuilles, lesquelles frappent les yeux les moins attentifs.

TABLE

DES INSECTES DESTRUCTEURS ET PROTECTEURS

DES ARBRES.

—·

AULNE

DESTRUCTEURS.	PROTECTEURS.
	Ichn. Campoplex conicus, difformis; Hemiteles fulvipes; Mesochorus pec·toralis; Pimpla flavicans, instigator.
Bombyx disparate, Bombyx dispar.	Brac. Microgaster liparidis, melanoscelus, pubescens, solitarius.
	Chalc. Eurytoma abrotani.
	Tach. Tachina Moreti.
	Ichn. Cryptus cyanator; Mesochorus ater, ligator; Pimpla alternans, flavicans, flavipes, instigator, scanica, stercorator; Tryphon neustriæ.
Bombyx neustrien, Lasiocampa neustria.	Brac. Microgaster gastropachæ; Perilitus brevicornis, rugator; Rogas linearis.
	Chalc. Encyrtus tardus; Myina ovulorum; Pteromalus processionneæ, Zellerii; Teleas terebrans.
	Ichn. Anomalon excavatum; Hemiteles areator; Ichneumon balticus, fabricator, 6-lineatus; Pimpla instigator, pudibundæ; Trogus albo-guttatus.
Bombyx patte-étendue, Dasychira pudibunda.	Chalc. Ceraphron albipes; Teleas Zetterstedtii.
	Tach. Carcelia lucorum, susurrans, orgyæ, amphion; Doria concinnata.

CHARANÇON ARGENTÉ, Phyllobius argen-
  tatus.
COSSUS DU MARRONNIER, Zeuzera æsculi.
GALÉRUQUE DE L'AULNE, Galeruca alni.
HANNETON COMMUN, Melolontha vulgaris.
  —   A CORSELET-VERT , Anisoplia
         horticola.
  —   DU MARRONNIER , Melolontha
         hippocastani.
PHALÈNE DE L'AULNE (Enomos alniaria).

BOULEAU.

ATTÉLABE BÉTULAIRE, Rhynchites Betuleti.

ICHN. Pimpla flavipes.

BRAC. Bracon discoideus; Microgaster
  lævigatus.

CHALC. Elachestus carinatus; Ophioneurus simplex.

ATTÉLABE DU BOULEAU, Rynchites betulæ.

CHALC. Ophioneurus simplex.

BUPRESTE VERT, Agrilus viridis.

ICHN. Ephialtes manifestator; Exochus
  compressiventris; Lissonota catenator; Pimpla linearis.

BRAC. Exothecus lignarius ; Spathius
  radzayanus.

CHALC. Entedon agrilorum; Eusandalon
  abbreviatum ; Pteromalus æmulus,
  guttatus.

BOMBYX CHRYSORRHÉE, Liparis chrysorrhœa.

ICHN. Pimpla examinator, flavicans, instigator, Mesochorus dilutus.

BRAC. Microga er lactipennis.

CHALC. Pteromalus boucheanus, rotundatus; Torymus anephelus.

BOMBYX DISPARATE; Liparis dispar.

ICHN. Campoplex conicus, difformis ; Hemiteles fulvipes ; Mesochorus pectoralis ; Pimpla flavicans, instigator.

BRAC. Microgaster liparidis, melanoscelus ; Microgaster pubescens, solitarius.

CHALC. Eurytoma abrotani.

BOMBYX NEUSTRIEN, Clisiocampa neustria.

ICHN. Cryptus cyanator ; Mesochorus ater ; Pimpla alternans, flavicans, flavipes, instigator, scanica, stercorator ; Tryphon neustriæ.

BRAC. Microgaster gastropachæ ; Perilitus gastropachæ, rogator ; Rogas linearis.

CHALC. Encyrtus tardus ; Myina ovulorum ; Pteromalus processionneæ, Zelleri ; Teleas terebrans.

BOMBYX NONE, Liparis monacha.

ICHN. Campoplex rapax ; Ichneumon melanocerus, raptorius, sagillatorius ; Pimpla examinator, instigator, rufata, varicornis ; Trogus flavatorius ; Xylonomus irrigator.

BRAC. Aphidius flavidus ; Microgaster flavidus, glomeratus, melanoscelus, solitarius ; Orthostigma flavipes ; Perilitus unicolor.

CHALC. Teleas læviusculus.

TACH. Tachina larvarum.

ICHN. Anomalon excavatum; Hemilcles arcator; Ichneumon balticus, fabricator, 6-lineatus; Pimpla instigator, pudibundæ; Trogus albo-guttatus.

BOMBYX PATTE-ÉTENDUE, Dasychira pudibunda.

CHALC. Ceraphron albipes; Teleas Zetterstedtii.

TACH. Carcelia orgyæ, Amphion, susurrans, lucorum; Zenilia aurea; Doria concinnata.

GALÉRUQUE DU SAULE-MARSAULT, Galeruca capreæ.

HANNETON COMMUN, Melolontha vulgaris.
— DE FRISCH, Melolontha Frischii.
— A CORSELET-VERT, Anisoplia horticola.
— DU MARRONNIER, Melolontha hippocastani.
— SOLSTICIAL, Amphimallon solstitiale.

ICHN. Campoplex argentatus, chrysostictus; Pimpla angen; Polysphincta areolaris; Tryphon gibbus, septentrionalis, 6-litturatus.

MOUCHE-A-SCIE SEPTENTRIONALE, Nematus septentrionalis.

BRAC. Ichneutes reunitor; Microgaster alvearius.

PHALÈNE DU BOULEAU, Amphidasis betularia.

PHALÈNE DÉFEUILLANTE, Hibernia defoliaria.

PUCERON DU BOULEAU, Vacuna betulæ.

RONGEUR DU BOULEAU, Scolytus Ratzburgii, Pteromalus lunula.

CHARME.

Bombyx chrysorrhée, Liparis chrysor-rhœa.

> Ichn. Pimpla examinator, flavicans, instigator ; Mesocherus dilutus.
>
> Brac. Microgaster lætipennis.
>
> Chalc. Pteromalus boucheanus, rotundatus ; Torymus anephelus.

Bombyx disparate, Liparis dispar.

> Ichn. Campoplex conicus, difformis ; Hemiteles fulvipes ; Mesochorus pectoralis ; Pimpla flavicans, instigator.
>
> Brac. Microgaster liparis, melanoscelus, pubescens, solitarius.
>
> Chalc. Eurytoma abrotani.

Bombyx neustria, Clisocam, a-neustria.

> Ichn. Cryptus cyanator ; Mesochorus ater ; Mesostenus ligator ; Pimpla alternans, scanica, stercorator ; Tryphon neustria.
>
> Brac. Microgaster gastropachæ ; Perilitus brevicornis, rugator ; Rogas linearis.
>
> Chalc. Encyrtus tardus ; Myina ovulorum ; Pteromalus processionneæ ; Teleas terebrans.

Bombyx none, Liparis monacha.

> Ichn. Campoplex rapax ; Ichneumon melanoscelus, raptorius, sagillatorius ; Pimpla examinator, instigator, rufata, varicornis ; Trogus flavatorius ; Xylonomus irrigator.
>
> Brac. Aphidius flavicus ; Microgaster melanoscelus, solitarius, Orthostigma flavipes ; Perilitus unicolor.
>
> Chalc. Teleas læviusculus.

BOMBYX PATTE-ÉTENDUE, Dasychira pudibunda.

ICHN. Anomalon excavatum; Hemiteles areator; Ichneumon balticus, fabricator, 6-lineatus ; Pimpla instigator, pudibundæ; Trogus alboguttatus.

CHALC. Ceraphron albipes; Teleas Zetterstedtii.

TACH. Carcelia lucorum, susurrans, orgyæ, amphion; Zenilia aurea; Doria concinnata.

HANNETON COMMUN, Melolontha vulgaris.
HANNETON FOULON, Melolontha fullo.
HANNETON A CORSELET VERT, Anisoplia horticola.
HANNETON DU MARRONNIER, Melolontha hippocastani.
PHALÈNE DÉFEUILLANTE, Hybernia defoliaria.

PHALÈNE HIÉMALE, Cheimatobia brumata.

ICHN. Campoplex pugillator.

BRAC. Microgaster albipennis, ater, sessilis; Perilitus ictericus.

TACH. Masicera flavicans.

CHÊNE.

BICHE (PETITE), Dorcus parallelipipedus.
BOMBYX DU CHÊNE, Lasiocampa quercûs.

BOMBYX CHRYSORRHÉE, Liparis chrysorrheæ.

ICHN. Pimpla examinator, flavicans, instigator; Mesochorus dilutus.
BRAC. Microgaster lactipennis.
CHALC. Pteromalus boucheanus, rotundatus; Torymus anephelus.

ICHN. Campoplex conicus, difformis ; Hemiteles fulvipes ; Mesochorus pectoralis ; Pimpla flavicans, instigator.

BOMBYX DISPARATE, Liparis dispar.

BRAC. Microgaster liparidis, melanoscelus, pubescens, solitarius.

CHALC. Eurytoma abrotani.

TACH. Tachina Moreti.

ICHN. Cryptus cyanator ; Mesochorus ater ; Mesostenus ligator ; Pimpla alternans, flavicans, flavipes, instigator, scanica, stercorator ; Tryphon neustriæ.

BOMBYX NEUSTRIEN, Clisiocampa neustriæ.

BRAC. Microgaster gastropachæ ; Perilitus brevicornis, rugator ; Rogas lincaris.

CHALC. Encyrtus tardus ; Myina ovulorum ; Pteromalus processionneæ ; Zellerii ; Telcas terebrans.

ICHN. Campoplex rapax ; Ichneumon melanocerus, raptorius, sugillatorius ; Pimpla examinator, instigator, rufata, varicornis ; Trogus flavatorius ; Xylonomus irrigator.

BOMBYX NONE, Liparis monacha.

BRAC. Aphidius flavidus ; Microgaster melanoscelus, solitarius ; Orthostigma flavipes ; Perilitus unicolor.

CHALC. Telcas læviusculus.

BOMBYX PATTE-ÉTENDUE, Dasychira pudibunda.

ICHN. Anomalon excavatum; Hemiteles areator; Ichneumon balticus, fabricator, 6-lineatus; Pimpla instigator, pudibundæ; Trogus albo-guttatus.

CHALC. Ceraphron albipes; Teleas Zetterstedtii.

TACH. Carcelia lucorum, susurrans, orgyæ, amphion; Doria concinnata.

BOMBYX PROCESSIONNAIRE DU CHÊNE, Cnethocampa processionnea.

COL. Calosoma sycophanta.

ICHN. Anomalon amictum; Cubocephalus Germari; Pimpla examinator, instigator, processionneæ.

CHALC. Pteromalus processionneæ.

TACH. Pales bellicrella; Zenilia aurea; Doria concinnata.

BUPRESTE BI-PONCTUÉ, Agrilus bi-guttatus.
BUPRESTE VERT, Agrilus viridis.

ICHN. Ephialtes manifestator; Exochus compressiventris; Lissonata catenator; Pimpla linearis.

BRAC. Exothecus lignarius; Spathius radzayanus.

CHALC. Entedon agrilorum; Eusandalum abbreviatum; Pteromalus emulus, guttatus.

BUPRESTE VOISIN, Chrysobothris affinis.

CAPRICORNE NOIR (GRAND), Cerambyx heros.

ICHN. Ephialtes carbonarius.

CERF-VOLANT, Lucanus servus.

CHARANÇON ARGENTÉ, Phyllobius argen-
    tatus.
CHARANÇON BRILLANT, Polydrosus mi-
    cans.
CHARANÇON ÉPERONNÉ, Phyllobius cal-
    caratus.
CHARANÇON DES GLANDS , Balaninus
    glandium.
CHARANÇON DU POIRIER, Phyllobius pyri.
CHEVRETTE, Platycerus caraboïdes.

COSSUS RONGE-BOIS, Cossus ligniperda. { ICHN. Ichneumon pusillator; Lisson ata
                                            setosa.

CYNIPS DES CHATONS DU CHÊNE, Spathe- { CHALC. Callimome auratus; Platymeso-
    gaster baccarum.   pus tibialis.

CYNIPS DES FEUILLES CHIFFONNÉES DU { CHALC. Callimome auratus ; Eurytoma
    CHÊNE, Andricus curvator.   serratulæ; Entedon sciancurus; Eu-
                                            lophus lævissimus ;. Pteromalus Cor-
                                            dairii, citripes; Siphonura viridiæ-
                                            nea; Torymus propinquus .

CYNIPS DES GALLES EN ARTICHAUT, Cy- { CHALC. Entedon leptoneurus; Megastig-
    nips fecondatrix.   mus Bohemanni; Mesopolobus fas-
                                            ciiventris.

CYNIPS DES GALLES EN GROSEILLES, Cy- { CHALC. Eurytoma serratulæ; Callimome
    nips divisa.   auratus; Megastigmus stigmatizans ;
                                            Pteromalus citripes.

CYNIPS DES GROSSES BAIES DU CHÊNE, { CHALC. Decatoma quercicola; Eurytoma
    Cynips scutellaris.   rosæ; Pteromalus fasciculatus, ju-
                                            cundus ; Torymus incertus.

CYNIPS DES POMMES DU CHÊNE, Andri- { BRAC. Bracon caudatus; Microgaster
    cus terminalis.   breviventris; Microdus rufipes; Mi-
                                            crotypus Wesmaeli.

CYNIPS DES POMMES DU CHÈNE, Andricus terminalis.

ICHN. Cryptus hortulanus; Hemiteles coactus, punctatus; Pimpla calobata, caudata.

CHALC. Entedon amethystinus, deplanatus, sciancurus, maculipennis; Dendrocerus lichensteinii ; Eupelmus azureus; Eurytoma signata; Decatoma quercicola; Geniocerus cyniphidum; Mesopolobus fasciiventris ; Platymesopus Erichsonii ; Pteromalus Cordairii, Dufourii, leucopezus, meconotus ; Torymus admirabilis, appropinquans, auratus, caudatus, cyniphidum, incertus, longicaudis, navis? propinquus.

HANNETON COMMUN, Melolontha vulgaris.
— A CORSELET-VERT, Anisoplia horticola.
— FOULON, Melolontha fullo.
— DU MARRONNIER, Melolontha hippocastani.
— LYMIXYLON NAVAL, Lymixylon navale.

MINEUSE COMPLANELLE, Tischeria complanella.

ICHN. Campoplex succinctus ; Pimpla linearis.

BRAC. Microgaster bicolor; Sigalphus complanatus.

CHALC. Encyrtus testaceipes; Entedon orchestis; Eulophus pilicornis, subcutaneus.

MINEUSE DES FEUILLES DU CHÈNE, Coriscium quercetellum.

PHALÈNE DÉFEUILLANTE, Hibernia defoliaria.

PHALÈNE HIÉMALE, Cheimatobia brumata.

> ICHN. Campoplex pugillator.
>
> BRAC. Microgaster albipennis, ater ;
> Perilitus ictericus.

PHYCIDE ASSOCIÉE, Acrobasis consociella.

> ICHN. Anomalon flaveolatum

PYRALE DES GLANDS, Carpocapsa amplana.

> ICHN. Lissonota impressor.

PYRALE VERTE, Tortrix viridana.

> ICHN. Campoplex intermedius ; Glypta
> cicatricosa ; Hemiteles arcator ; Ich-
> neumon stimulator ; Lissonota pec-
> toralis ; Pimpla flavicans, flavipes,
> graminellæ, rufata, scanica.
>
> BRAC. Eubadizon pectoralis ; Perilitus
> cinctellus ; Rogas linearis.
>
> CHALC. Elachestus obscuripes ; Eulo-
> phus bombycicormis, phalænarum.

RONGEUR DU CHÊNE, Scolytus pygmæus.
ROULEUSE DES FEUILLES DU CHÊNE, Pœ-
disca profundana.
TAUPE-GRILLON, Gryllo talpa vulgaris.

ÉRABLE.

BOMBYX DISPARATE, Liparis dispar.

> ICHN. Campoplex conicus, difformis ;
> Hemiteles fulvipes ; Mesochorus pec-
> toralis ; Pimpla flavicans, instigator.
>
> BRAC. Microgaster liparidis, melanosce-
> lus, pubescens, solitarius.
>
> CHALC. Eurytoma abrotani.

BOMBYX NEUSTRIEN, Clisiocampa neustria.

ICHN. Cryptus cyanator; Mesochorus ater; Mesostenus ligator; Pimpla alternans, flavicans, flavipes, instigator, scanica, stercorator; Tryphon neustriæ.

BRAC. Microgaster gastropochæ; Perilitus brevicornis, rugator; Rogas linearis.

BOMBYX PATTE-ÉTENDUE, Dasychira pudibunda.

ICHN. Anomalon excavatum; Hemiteles arcator; Ichneumon balticus, fabricator, 6-lineatus; Pimpla instigator, pudibundæ; Trogus albo-guttatus.

CHALC. Ceraphron albipes; Teleas Zetterstedtii.

TACH. Ceraphron albipes; Teleas Zetterstedtii.

CHALC. Carcelia lucorum, susurrans, orgyæ, amphion; Zenilia aurea; Doria concinnata.

COSSUS RONGE-BOIS, Cossus ligniperda.

ICHN. Ichneumon pugillator; Lissonata setosa.

HANNETON COMMUN, Melolontha vulgaris.
— A CORSELET-VERT, Anisoplia horticola.
— DU MARRONNIER, Melolontha hippocastani.
TAUPE-GRILLON, Gryllo-talpa vulgaris.

ÉPICÉA.

BOMBYX DISPARATE, Liparis dispar.

ICHN. Campoplex conicus, difformis; Hemiteles fulvipes; Mesochorus pectoralis; Pimpla flavicans, instigator.

BRAC. Microgaster liparidis; Melanoscelus pubescens, solitarius.

CHALC. Eurytoma abrotani.

Bombyx none, Liparis monacha.

Ichn. Campoplex rapax ; Ichneumon melanocerus, raptorius, sugillatorius ; Pimpla examinator, instigator, rufata, varicornis ; Trogus flavatorius ; Xylonomus irrigator.

Brac. Aphidius flavidus ; Microgaster melanoscelus, solitarius ; Orthostigma flavipes ; Perilitus unicolor.

Chalc. Teleas læviusculus.

Bombyx du pin, Lasiocampa pini.

Ichn. Anomalon bi-guttatum, circumflexum, unicolor ; Ephialtes mediator ; Hemiteles areator, brunipes, fulvipes ; Ichneumon Ratzburgii ; Ichnocerus marchicus ; Mesochorus ater ; Ophion luteus, obscurus ; Pezomachus agilis cursitans, latrator, pedestris ; Pimpla Bernuthii, didyma, flavicans, instigator, mussii, turionellæ ; Trogus luctorius.

Brac. Microgaster bicolor, ordinarius ; Perilitus unicolor ; Rogas Esembekii.

Chalc. Chrysolampus solitarius ; Encyrtus embryophagus ; Entedon evanescens, xanthopus ; Eurytoma abrotani ; Pteromalus muscarum, pini ; Teleas læviusculus ; Torymus anephelus, minor.

Chermès écarlate, Chermes coccineus.
— vert, Chermes viridis.
Hanneton commun, Melolontha vulgaris.
— du marronnier, Melolontha hippocastani.

Noctuelle piniperde, Trachea piniperda.

ICHN. Anamalon gliscens, unicolor, xanthopus; Banchus compressus; Cryptus filicornis, intermedius, leucostomus, longipes, seticornis; Ichneumon aciculator, æthiops, comitator, dumeticola, fabricator, metaxanthus, nigritarius, pachymerus, pinetorum, piniperdæ, rubro - ater, scutellator, 6-lineatus, Steinii; Mesochorus brevipetiolatus; Ophion luteus, merdarius, ramidulus; Phygadenon commutatus; Pimpla instigator.

BRAC. Brachistes noctuæ; Perilitus unicolor.

CHALC. Pteromalus albo-annulatus.

Phalène du pin, Fidonia piniaria.

ICHN. Anamolon canaliculatum, megarthrum, xanthopus; Glypta longicauda; Ichneumon æthiops, albilineatus, comitator, extinctus, fabricator, nigritarius, 6-lineatus; Mesochorus politus; Phygadeuon curvus; Pœciloticus 8 - punctatus; Polysphincta veluta.

Pyrale des cônes, Coccyx strobilana.

ICHN. Campoplex flaviventris; Cremastus punctulatus; Ephialtes glabratus; Pimpla strobilobius.

BRAC. Aspigonus abietis; Bracon caudiger, scutellaris, strobilorum.

CHALC. Entedon geniculatus, strobilanæ; Megastigmus strobilobius; Pteromalus complanatus, Dufourii, Hohenheimensis, strobilobius; Torymus admirabilis; Geniocerus cryptophthalmus.

PYRALE DORSALE, **Ephippiphora dorsana.**

> ICHN. Campoplex....; Glypta concolor ; Ichneumon abieticola; Pimpla longiseta.
>
> BRAC. Chelonus atriceps; Dirapius....; Helcon intricator; Rogas flavipes.
>
> CHALC. Pteromalus....

PYRALE DU SAPIN ROUGE, **Coccyx hercyniana.**

> ICHN. Campoplex succinctus.
>
> BRAC. Microgaster cruciatus ; Perilitus flavipes.

RONGEUR DU SAPIN, **Bostrichus chalcographus.**

> CHALC. Pteromalus abietis; Roptrocerus (Pteromalus N. D. E.), xylophagorum.

RONGEUR DU SAPIN BLANC, **Bostrichus eurvidens.**

> CHALC. Ceraphron pusillus ; Roptrocerus xylophogarum.

RONGEUR DU BOIS DE SERVICE, **Bostrichus lineatus.**

RONGEUR DU MÉLÈZE, **Bostrichus laricis.**

> BRAC. Bracon hylesini , palpebrator ; Pteromalus æmulus, suspensus, virescens.
>
> CHALC. Roptrocerus xylophagorum.

RONGEUR DU PIN (GRAND), **Bostrichus stenographus.**

RONGEUR DU SAPIN (GRAND), **Bostrichus typographus.**

> BRAC. Bracon obliteratus.
>
> CHALC. Pteromalus multicolor; Roptrocerus xylophagorum.

SIREX BOUVILLON, **Sirex juvencus.**

> ICHN. Ephialtes mediator ; Rhyssa amæna, approximator, clavata, cur-

SIREX GÉANT, Sirex gigas.
— SPECTRE, Sirex spectrum.

vipes ; Leucographa nigricornis, obliterata, persuasoria, superda.

CHALC. Pteromalus Meyerinskii.

FRÊNE.

ICHN. Campoplex conicus, difformis ;
Hemiteles fulvipes; Mesochorus pectoralis ; Pimpla flavicans, instigator.

BOMBYX DISPARATE; Liparis dispar.

BRAC. Microgaster liparidis, melanoscelus, pubescens, solitarius.

CHALC. Eurytoma Abrotani.

TACH. Tachina Moreti.

ICHN. Cryptus cyanator; Mesochorus
ater ; Mesostenus ligator; Pimpla
alternans, flavicans, flavipes, instigator, scanica, stercorator ; Tryphon
neustriæ.

BOMBYX NEUSTRIEN, Clisiocampa neustria.

BRAC. Microgaster gastropachæ ; Periti-
tus brevicornis, rugator ; Rogas linearis.

CHALC. Encyrtus tardus ; Myina ovulorum; Pteromalus processionnæ, Zellerii ; Teleas terebrans.

CANTHARIDE, Cantharis vesicatoria.
COSSUS DU MARRONNIER, Zeuzera æsculi.
HANNETON COMMUN, Melolontha vulgaris.
— A CORSELET VERT, Anisoplia
horticola.
— DU MARRONNIER, Melolontha
hippocastani.

MOUCHE-A-SCIE DU FRÊNE, Selandria
fraxini.

ICHN. Cryptus bicolor.

Noctuelle du frêne, Catocala fraxini.
Puceron du frêne, Pemphigus fraxini.
Rongeur crénélé, Hylesinus crenatus.

Rongeur du frêne, Hylesinus fraxini.

> Brac. Spathius exannulatus.
>
> Chalc. Eupelmus Geerii; Eurytoma ru-
> fipes, ischioxantha, flovoscapularis,
> flavovaria, nodulosa; Pteromalus
> bimaculatus, bivestigatus, fraxini,
> sciatheras trichotus; Stortigocerus
> Landenbergii; Tridymus xylophago-
> rum.

Rongeur de l'olivier, Hylesinus oleiperda.

HÊTRE.

Attélabe bétulaire, Rhynchites betuleti.

> Ichn. Pimpla flavipes.
>
> Brac. Bracon discoideus; Microgaster
> lævigatus.
>
> Chalc. Elachestus carinatus; Ophio-
> neurus simplex.

Attélabe du bouleau, Rhynchites betulæ

> Chalc. Ophioneurus signatus.

Bombyx chrysorrhée, Liparis chrysor-
rhea.

> Ichn. Pimpla manifestator, flavicans,
> instigator; Mesochorus dilutus.
>
> Brac. Microgaster lactipennis.
>
> Chalc. Pteromalus boucheanus, rotun-
> datus; Torymus anephelus.

BOMBYX DISPARATE, Bombyx dispar.

ICHN. Campoplex conicus, difformis ; Hemiteles fulvipes ; Mesochorus pectoralis ; Pimpla flavicans, instigator.

BRAC. Microgaster lipardis, melanoscelus, pubescens, solitarius.

CHALC. Eurytoma abrotani.

TACH. Tachina Moreti.

BOMBYX NEUSTRIEN, Clisiocampa neustria.

ICHN. Cryptus cyanator ; Mesochorus ater; Mesostenus ligator; Pimpla alternans, flavicans, flavipes, instigator, scanica, stercorator; Tryphon neustriæ.

BRAC. Microgaster gastropachæ; Peritus brevicornis, rugator; Rogas linearis.

CHALC. Encyrtus tardus ; Myina ovulorum ; Pteromalus processionneæ, Zelleri; Teleas terebrans.

BOMBYX NONE, Liparis monacha.

ICHN. Campoplex rapax ; Ichneumon melanoscerus, raptorius, sugillatorius ; Pimpla examinator, instigator, rufata, varicornis ; Trogus flavatorius ; Xylonomus irrigator.

BRAC. Aphidius flavidus; Microgaster melanoscelus, solitarius ; Orthostigma flavipes; Perilitus unicolor.

BOMBYX PATTE-ÉTENDUE, Dasychira pudibunda.

ICHN. Anomalon excavatum; Hemiteles areator; Ichneumon balticus, fabricator, 6-lineatus; Pimpla instigator, pudibundæ; Trogus albo-guttatus.

ORCHESTE DU HÊTRE, Orchestes fagi.

> BRAC. Brachistes fagi, minutus ; Exo-
> thecus debilis ; sigalphus caudatus.
> CHALC. Entedon flavomaculatus, lutei-
> pes,orchestis, xanthostoma, xantho-
> pus; Eulophus diachymatis, pili-
> cornis.

PHALÈNE DÉFEUILLANTE, Hibernia defoliaria.

PHALÈNE HYSINALE, Cheimatobia brumata.

> ICHN. Campoplex pugillator.
>
> BRAC. Microgaster albipennis, ater;
> Perilitus ictericus.

SIREX GÉANT, Sirex gigas.

> ICHN.Ephialtes mediator; Rhyssa amæna,
> approximator, clavata, curvipes,
> leucographa, nigricornis, obliterata,
> persuasoria, superba.
>
> CHALC. Pteromalus Meyerinskii.
>
> EVA. Aulacus exaratus.

TAUPE-GRILLON, Gryllo-talpa vulgaris.

MELEZE.

BOEBYX DISPARATE, Liparis dispar.

> ICHN. Campoplex conicus, difformis ;
> Hemiteles fulvipes; Mesochorus pec-
> toralis ; Pimpla flavicans, instigator.
>
> BRAC. Microgaster liparidis; Melanos-
> celus pubescens, solitarius.
>
> CHALC. Eurytoma abrotani.
>
> TACH. Tachina Moreti.

BOMBYX PATTE-ÉTENDUE, Dasychira pudibunda.

> ICHN. Anamalon excavatum; Hemiteles
> arcator; Ichneumon balticus, fabri-
> cator, 6-lineatus; Pimpla instigator,
> pudibundæ; Trogus albo-guttatus.

BOMBYX PATTE-ÉTENDUE, Dasychira pudibunda.

CHALC. Ceraphon albipes; Teleas Zetterstedtii.

TACH. Carcelia lucorum, susurrans,
orgyæ, amphion; Zenilia aurea; Doria concinnata.

BOMBYX DU PIN, Lasiocampa pini.

ICHN. Anomalon bi-guttatum, circumflexum, unicolor; Ephialtes mediator; Hemiteles arcator, brunipes fulvipes ; Ichneumon Ratzburgii ;
Ichneumon marchicus; Mesochorus
ater; Ophion luteus, obscurus; Pezomachus agilis, cursitans, latrator,
pedestris; Pimpla Bermuthii, didyma,
flavicans, instigator, mussii, turionellæ; Trogus lutorius.

BRAC. Microctonus bicolor ; Microgaster
nemorum, ordinarius; Perilitus unicolor; Rogas Esembeckii.

CHALC. Chrysolampus solitarius; En-
crytus embrypophagus ; Entedon
evanescens, xanthopus ; Eurytoma
abrotani ; Pteromalus muscarum,
pini; Teleas læviusculus ; Torymus
anephelus, minor.

HANNETON COMMUN, Melotontha vulgaris.
— DU MARRONNIER, Melolontha
hippocastani.
— SOLSTICIAL , Amphimallon
solsticiale.

MOUCHE-A-SCIE SEPTENTRIONALE, Nematus septentrionalis.

ICHN. Campoplex argentatus, chrysostictus; Pimpla angens ; Polysphinta

Mouche-a-scie septentrionale, Nema-
 • tus septentrionalis.

areolaris; Trypon gibbus, septentrionalis, 6-litturatus.

Brac. Ichneutes reunitor ; Microgaster
alvearius.

Rongeur du bois de service, Bostrichus
lineatus.

Rongeur du méléze, Bostrichus laricis.

Brac. Bracon hylesini, palpebrator.

Chalc. Pteromalus æmulus, suspensus,
virescens ; Roptrocerus xylophagorum.

Taupe-grillon, Gryllo-talpa vulgaris.

ORME.

Bombyx chrysorrhée, Liparis chrysor-
rhoæa.

Ichn. Pimpla examinator, flavicans, instigator ; Mesochorus dilutus.

Brac. Microgaster lactipennis.

Chalc. Pteromalus boucheanus, rotundatus ; Torymus anephelus.

Bombyx disparate, Liparis dispar.

Ichn. Campoplex conicus, difformis:
Hemiteles fulvipes ; Mesochorus pectoralis ; Pimpla flavicans, instigator.

Brac. Microgaster liparidis, melanoscelus, pubescens, solitarius.

Chalc. Eurytoma abrotani.

Bombyx neustrien, Clisiocampa neustria.

Ichn. Cryptus cyanator; Mesochorus
ater; Pimpla alternans, flavicans,
flavipes, instigator, scanica, stercorator; Tryphon neustriæ.

23

BOMBYX NEUSTRIEN, Clisiocampa neustria.

> BRAC. Microgaster gastropachæ; Perilitus gastropachæ, rogator ; Rogas linearis.
>
> CHALC. Encyrtus tardus ; Myina ovulorum ; Pteromalus processionneæ, Zelleri ; Teleas terebrans.

BOMBYX PATTE-ÉTENDUE, Dasychira pudibunda.

> ICHN. Anomalon excavatum ; Hemiteles areator ; Ichneumon balticus, fabricator, 6-lineatus ; Pimpla instigator, pudibundæ ; Trogus albo-guttatus.
>
> CHALC. Ceraphron albipes ; Teleas Zetterstedtii.
>
> TACH. Carcelia orgyæ, amphion, susurrans ; Zenilia aurea ; Doria concinnata.

BUPRESTE DE L'ORME, Anthaxia manca.

COSSUS DU MARRONNIER, Zeuzera æsculi.

— RONGE-BOIS, Cossus ligniperda.

> ICHN. Ichneumon pusillator; Lissonota setosa.

GALÉRUQUE DE L'ORME, Galeruca calmariensis.

HANNETON COMMUN, Melolontha vulgaris.

— A CORSELET-VERT, Anisoplia horticola.

— DU MARRRONNIER, Melolontha hippocastani.

ORCHESTE DE L'AULNE, Orcheste alni.

> CHALC. Eulophus teutomatus, nigropictus: Entedon divitiacus.

PUCERON BLANC, Tetraneura alba.

— DES FEUILLES ROULÉES DE L'ORME. Schizoneura propinqua.

PUCERON LANUGINEUX, Schizoneura lanuginosa.

— DE L'ORME, Schizoneura ulmi.

RONGEUR EMBROUILLÉ, Scolytus intricatus.

> BRAC. Bracon protuberans; Helcon carinator; Spathius rugosus.
>
> CHALC. Cleonymus pulchellus; Elachestus leucogramma; Eurytoma striolata; Pteromalus bimaculatus; Roptrocerus eccoptogasteri.

RONGEUR DE L'ORME (PETIT). Scolytus ulmi.

RONGEUR DE L'ORME (GRAND). Scolytus destructor.

> ICHN. Hemiteles melanarius, modestus; Ichneumon nanus.
>
> BRAC. Braconi nitiatellus; Middendorffii. minutissimus, probuterans.
>
> CHALC. Elachestus leucogramma; Pteromalus bimaculatus, brunnicans, capitatus, lanceolatus, vallecula.

RONGEUR A STRIES NOMBREUSES, Scolytus multistriatus.

> CHALC. Elachestus leucogramma; Pteromalus bi-maculatus, brunnicans.

TAUPE-GRILLON, Gryllo-talpa vulgaris.

PEUPLIER.

BOMBYX BUCÉPHALE, Pygæra bucephala.

BOMBYX DISPARATE; Liparis dispar.

> ICHN. Campoplex conicus, difformis; Hemiteles fulvipes; Mesochorus pectoralis; Pimpla flavicans, instigator.
>
> BRAC. Microgaster liparidis, melanoscelus, pubescens, solitarius.
>
> CHALC. Eurytoma abrotani.
>
> TACH. Tachina Moreti.

Bombyx du saule, Liparis salicis.

Ichn. Campoplex assimilis; Cryptus analis; Mesochorus ater, splendidulus; Pezomachus terebrator; Pimpla instigator, stercorator.

Chalc. Entedon vinulæ; Pteromalus boucheanus, eucerus, halidayanus, Teleas punctatulus.

Capricorne musqué, Callichroma moschata.

Chrysomèle du peuplier, Chrysomela populi.

Chalc. Pteromalus Sieboldi.

Tach. Exorista dubia.

Chrysomèle du tremble, Chrysomela tremulæ.
Cossus du marronnier, Zeuzera æsculi.

Cossus ronge-bois, Cossus ligniperda.

Ichn. Ichneumon pusillator; Lissonota setosa.

Puceron du peuplier, Aphis populi.
— allié, Pemphigus affinis.
— des bourses du peuplier, Pemphigus bursarius.

Saperde chagrinée, Saperda carcharias.

Ichn. Xorides cornutus

Saperde du peuplier, Saperda populnea,

Ichn. Cryptus brachycentrus; Ephialtes continuus, manifestator, populneus; Ichneumon suspicax.

Brac. Alysia gedanensis; Bracon multistriatulus, chelonus....

Chalc. Entedon chalibæus; Pteromalus æneicornis; Torymus macrocentrus.

Tach. Tachina tremulæ.

Sésie apiforme, Sesia apiformis.

PIN.

Bombyx disparate, Liparis dispar.

> Ichn. Campoplex conicus, difformis; Hemiteles fulvipes; Mesochorus pectoralis; Pimpla flavicans, instigator.
>
> Brac. Microgaster liparidis, melanoscelus, pubescens, solitarius.
>
> Chalc. Eurytoma abrotani.
>
> Tach. Tachina Moreti.

Bombyx none, Liparis monacha.

> Ichn. Campoplex rapax; Ichneumon melanocerus, raptorius, sugillatorius; Pimpla examinator, instigator, rufata, varicornis; Trogus flavatorius; Xylonomus irrigator.
>
> Brac. Aphidius flavidus; Microgaster melanoscelus, solitarius ; Orthostigma flavipes; Perilitus unicolor.
>
> Chalc. Teleas læviusculus.

Bombyx du pin, Lasiocampa pini.

> Ichn. Anomalon bi-guttatum, circumflexum, unicolor; Ephialtes mediator ; Hemiteles arcator, brunipes, fulvipes ; Ichneumon Ratzburgii ; Mesochorus ater; Ophion luteus, obscurus; Pezomachus agilis, cursitans, latrator, pedestris; Pimpla bernuthii, didyma, flavicans, instigator, mussii, turionellæ; Trogus luturius.
>
> Brac. Microctonus bicolor; Microgaster

BOMBYX DU PIN, Lasiocampa pini.

nemorum, ordinarius; Perilitus unicolor; Rogas Esembeckii.

CHALC. Chrysolampus solitarius; Encyrtus embryophagus ; Entedon
evanescens, xanthopus; Eurytoma
abrotani ; Pteromalus muscarum,
pini; Teleas læviusculus; Torymus
anephelus, minor.

BOMBYX PROCESSIONNAIRE DU PIN, Cnethocampa pythiocampa.
BUPRESTE MORIO, Anthaxia morio.
— 4 POINTS, Anthaxia 4-punctata.
— DE SOLIER, Chrysobothris solieri.
CAPRICORNE CHARPENTIER, Astinomus
ædilis.
CHARANÇON BBUN (GRAND). Pissodes pini.

CHARANÇON BRUN (PETIT), Pissodes notatus.

BRAC. Brachistes atricornis, firmus, robustus ; Bracon disparator, incompletus, labrator, palpebrator, sordidator; Microdus abscissus: Sigalphus striatulus.

HANNETON AGRICOLE, Anisoplia agricola.
— COMMUN, Melotontha vulgaris.
— FOULON, Melolontha fullo.
— DU MARRONNIER, Melolontha
hippocastani.
— SOLSTICIAL , Amphimallon
solsticiale.

Lophyrus frutetorum.

ICHN. Cryptus leucosticticus ; Pimpla
angens; Tryphon frutetorum, marginatorius, oriolus, rugosus.

Lophyrus pallidus.

> ICHN. Campoplex argentatus, semidi-
> visus; Cryptus abscissus; Tryphon
> hæmorrhoïcus, impressus, leucos-
> tictus, lophyrorum, variabilis.

Lophyrus rufus.

> ICHN. Campoplex argentatus; Meso-
> leptus evanescens; Paniscus ob-
> longo-punctatus; Phygadeuon pte-
> ronorum; Pimpla angens; Tryphon
> adspersus, eques.
>
> CHALC. Pteromalus puparum.

Lophyrus virens.

> ICHN. Tryphon leucostictus, scutulatus,
> succinctus, transiens.

MOUCHE-A-SCIE CHAMPÊTRE, Lyda cam-
— pestris.
— DES PRAIRIES, Lyda pra-
tensis.
— A TÊTE ROUGE, Lyda
erythrocephala.

> ICHN. Exetastes fulvipes; Mesochorus
> lydæ; Tryphon involutor.
>
> BRAC. Sigalphus tenthredinarum; Spa-
> thius clavatus.
>
> CHALC. Entedon ovulorum.

MOUCHE-A-SCIE DU PIN (PETITE), Lophyrus pini.

> ICHN. Campoplex argentatus; Carbona-
> rius, retusus; Cryptus flavilabris,
> incertus, leucommerus, leucostictus,
> nubeculatus, punctatus; Hemiteles
> areator, crassipes; Mesochorus areo-
> laris, aricis, scutellatus; Metopius
> scrobiculatus; Ophion merdarius;
> Pezomachus cursitans; Phygadeuon
> pteronorum, pugnax; Pimpla rufata;
> Tryphon adspersus, calcarator, hæ-
> morrhoïcus, impressus, leucosticus,
> lophyrorum, lucidulus, marginato-
> rius, oriolus, Rennenkampffii, scutel-
> latus, triangulatorius.

MOUCHE-A-SCIE DU PIN (PETITE) Lophyrus pini. { CHALC. Eulophus lophyrorum ; Pteromalus lugens, subfumatus; Torymus obsoletus.

NOCTUELLE PINIPERDE, Trachea piniperda. { ICHN. Anomalon gliscens, unicolor, xanthopus!; Banchus compressus; Cryptus filicornis, intermedius, leucostomus, longipes, seticornis; Ichneumon aciculator, æthiops, comitator, dumeticola, fabricator, methaxanthus, nigritarius, pachymerus, pinetorum, piniperdæ, rubroater, scutellator, 6-lineatus, steini; Mesochorus brevipetiolatus ; Ophion luteus, merdarius, ramidulus; Phygadeuon commutatus; Pimpla instigator.

BRAC. Brachistes noctuæ; Perilitus unicolor.

CHALC. Pteromalus alboannulatus.

PHALÈNE DU PIN, Fidonia piniaria. { ICHN. Anomalon canaliculatum, megarthrum, xanthopus ; Glypt longicauda; Ichneumon æthiops, albicinctus, comitator, extinctus, fabricator, nigritarius, 6-lineatus; Mesochorus politus; Phygadeuon curvus; Pæcilostichus 8-punctatus; Polysphincta veluta.

PYRALE DES BOURGEONS DU PIN, Coccyx turionana. { ICHN. Glypta resinanæ; Pimpla roborator; Tryphon impressus.

CHALC. Entedon turionum.

PYRALE DES GALLES RÉSINEUSES DU PIN, Coccyx resinana.

Ichn. Campoplex chrysostictus ; Glypta resinanæ; Lissonata hortorum ; Pimpla diluta, flavipes, linearis, orbitalis, punctulata, sagax, scanica, strobilorum, variegata ; Tryphon calcarator, integrator.

Brac. Aphidius inclusus ; Rogas interstitialis.

Chalc. Entedon geniculatus ; Platygaster mucron ; Pteromalus guttula ; Torymus resinanæ.

PYRALE DES POUSSES DU PIN, Coccyx buoliana.

Ichn. Campoplex albidus, difformis, lineolatus ; Cremastus interruptor ; Glypta flavolineata ; Lissonota buolianæ, robusta ; Pachymerus vulnerator ; Pezomachus agilis ; Pimpla buolianæ, examinator, planata, sagax, turionellæ, variegata.

Brac. Ischius obscurator.

Chalc. Entedon turionum ; Pteromalus brevicornis.

RONGEUR BIDENTÉ, Bostrichus bidens.

Brac. Bracon Hartigii, hylesini, labrator, Middendorffii, palpebrator ; Spathius brevicaudis.

Chalc. Entedon geniculatus ; Eusandalon abbreviatum, tridens ; Pteromalus azurescens, bidentis, guttatus, siccatorum, suspensus, virescens ; Roptrocerus xylophagorum.

RONGEUR DU BOIS DE SERVICE, Bostrichus
    lineatus.

RONGEUR EURYGRAPHE, Bostrichus eury-
    graphus.

RONGEUR DU MÉLÈZE, Bostrichus laricis.

> BRAC. Bracon hylesini, palpebrator.
>
> CHALC. Pteromalus æmulus, suspensus,
> virescens ; Roptrocerus xylopha-
> gorum.

RONGEUR NOIR, Hylastes ater.

RONGEUR DU PIN (GRAND), Bostrichus
    stenographus.

RONGEUR PINIPERDE, Hylesinus pini-
    perda.

> ICHN. Hemiteles melanarius, modestus.
>
> BRAC. Bracon Middendorffii, palpebra-
> tor.
>
> CHALC. Pteromalus guttatus, Latreillei,
> lunula, pellucens, suspensus.

SIREX BOUVILLON, Sirex juvencus.

> ICHN. Ephialtes mediator ; Rhyssa
> amœna, approximator, clavata, cur-
> vipes, leucographa, nigricornis, obli-
> terata, persuasoria, superba.
>
> EVAN. Aulachus exaratus.
>
> CHALC. Pteromalus Meyerinskii.

SPHINX DU PIN, Sphinx pinastri.

> ICHN. Anomalon amictum, excavatum,
> Klugii, pinastri, sphingum ; Cryptus
> bruniventris ; Ichneumon pisorius,
> protæus : Trogus lutorius.

TAUPE-GRILLON, Gryllo-talpa vulgaris.

SAPIN.

BOMBYX DISPARATE, Liparis dispar.

ICHN. Campoplex conicus, difformis; Hemiteles fulvipes; Mesochorus pectoralis; Pimpla flavicans, instigator.

BRAC. Microgaster liparidis; Melanoscelus, pubescens, solitarius.

CHALC. Eurytoma abrotani.

BOMBYX NONE, Liparis monacha.

ICHN. Campoplex rapax; Ichneumon melanoscelus, raptorius, sugillatorius; Pimpla examinator, instigator, rufata, varicornis; Trogus flavatorius; Xylonomus irrigator.

BRAC. Aphidius flavidus; Microgaster melanoscelus, solitarius; Orthostigma flavipes; Perilitus unicolor.

CHALC. Teleas læviusculus.

GALLINSECTE DU SAPIN, Lecanium racemosum.

CHALC. Encyrtus cephalotes, coccorum, duplicatus, parasema, tenuis, testaceipes, testaceus; Entedon turionum; Eulophus coccorum; Pteromalus muscarum, racemosi.

HANNETON COMMUN, Melolontha vulgaris.
— DU MARRONNIER, Melolontha hippocastani.

PHALÈNE DU PIN, Fidonia piniaria.

ICHN. Anamolon canaliculatum, megarthrum, xanthopus; Glypta longicauda; Ichneumon æthiops, albicinctus, comitator, extinctus, fabricator, nigritarius, 6· lineatus; Meso-

SAULE.

BOMBYX BUCÉPHALE, Pygœra bucephala.

BOMBYX DU SAULE, Liparis salicis.

ICHN. Campoplex assimilis; Cryptus analis; Mesochorus ater, splendidulus; Pezomachus terebrator; Pimpla instigator, stercorator.

BRAC. Bracon circumscriptus; Perilitus fasciatus (rubens); Rogas prærogator.

CHALC. Entedon vinulæ; Pteromalus Boucheanus, cucerus, Halidayanus; Teleas punctulatus.

CAPRICORNE MUSQUÉ, Callichroma moschata.

COSSUS RONGE-BOIS, Cossus ligniperda.

ICHN. Ichneumon pusillator; Lissonota setosa.

MOUCHE-A-SCIE CRAINTIVE, Nematus pavidus.

ICHN. Pimpla instigator, scanica; Tryphon 6-litturatus, extirpatorius.

CHALC. Entedon arcuatus.

TACH. Masicera media.

MOUCHE-A-SCIE DU SAULE, Nematus salicis.

MOUCHE-A-SCIE DU SAULE-MARSAULT, Nematus capreæ.

ICHN. Tryphon extirpatorius.
BRAC. Bracon caudatus.

SÉSIE APIFORME, Sesia apiformis.

SAULE-MARSAULT.

ATTÉLABE BÉTULAIRE, Rhynchites Betuleti.

- ICHN. Pimpla flavipes.
- BRAC. Bracon discoideus.
- CHALC. Elachestus carinatus ; Ophio-
neurus simplex.

CHRYSOMÈLE DU PEUPLIER, Chrysomela
populi.

- CHALC. Pteromalus Sieboldi.
- TACH. Exorista dubia.

CHRYSOMÈLE DU TREMBLE, Chrysomela
tremulæ.

GALÉRUQUE DU SAULE-MARSAULT, Galeruca capreæ.

MOUCHE-A-SCIE DU SAULE-MARSAULT,
Nematus capreæ.

- ICHN. Tryphon extirpatorius.
- BRAC. Bracon caudatus.

TILLEUL.

BOMBYX CHRYSORRHÉE, Liparis chrysorrhæa.

- ICHN. Pimpla examinator, flavicans instigator; Mesochorus dilutus.
- BRAC. Microgaster lactipennis.
- CHALC. Pteromalus Boucheanus, rotundatus ; Torymus anephelus.

BOMBYX BUCÉPHALE, Pigæra bucephala.

BOMBYX DISPARATE, Liparis dispar.

- ICHN. Campoplex conicus, difformis;
Hemiteles fulvipes ; Mesochorus
pectoralis; Pimpla flavicans, instigator.

BOMBYX DISPARATE, Liparis dispar.

BRAC. Microgaster liparidis, melanoscelus, pubescens, solitarius.

CHALC. Eurytoma abrotani.

BOMBYX NEUSTRIEN, Clisiocampa neustria.

ICHN. Cryptus cyanator; Mesochorus ater; Pimpla alternans, flavicans, flavipes, instigator, scanica, stercorator; Tryphon neustriæ.

BRAC. Microgaster gastropacheæ; Perilitus gastropachæ, rogator; Rogas linearis.

CHALC. Encyrtus tardus; Myina ovulorum; Pteromalus processionneæ. Zelleri; Teleas terebrans.

BOMBYX PATTE-ÉTENDUE, Dasychira pudibunda.

ICHN. Anomalon excavatum; Hemiteles areator; Ichneumon balticus, fabricator, 6-lineatus; Pimpla instigator, pudibundæ; Trogus albo-guttatus.

CHALC. Ceraphron albipes; Teleas Zetterstedtii.

TACH. Carcelia lucorum, susurrans, orgyæ, amphion; Doria concinnata.

HANNETON COMMUN, Melolontha vulgaris.
— DU MARRONNIER, Melolontha hippocastani.

COSSUS RONGE-BOIS, Cossus ligniperda.

ICHN. Ichneumon pusillator; Lissonota setosa.

ICHN. Campoplex argentatus, chrysostictus; Pimpla angens; Polysphincta

Mouche-à-scie septentrionale, Nematus septentrionalis.

> arcolaris; Tryphon gibbus, septentrionalis, 6-litturatus.
>
> Brac. Ichneutes reunitor; Microgaster alvearius.

TREMBLE.

Bombyx bucéphale, Pygæra bucephala.

Bombyx chrysorrhée, Liparis chrysorrhæa.

> Ichn. Pimpla examinator, flavicans, instigator; Mesochorus dilutus.
>
> Brac. Microgaster lactipennis.
>
> Chalc. Pteromalus Boucheanus, rotundatus; Torymus aneplelus.

Bombyx disparate, Liparis dispar.

> Ichn. Campoplex conicus, difformis; Hemiteles fulvipes; Mesochorus pectoralis; Pimpla flavicans, instigator.
>
> Brac. Microgaster liparidis, melanoscelus, pubescens, solitarius.
>
> Chalc. Eurytoma abrotani.

Bombyx neustrien, Clisiocampa neustria.

> Ichn. Cryptus cyanator; Mesochorus ater; Pimpla alternans, flavicans, flavipes, instigator, scanica, stercorator; Tryphon neustriæ.
>
> Brac. Microgaster gastropachæ; Perilitus gastropachæ, rogator; Rogas linearis.
>
> Chalc. Encyrtus tardus; Myina ovulorum; Pteromalus processionneæ, Zellerii; Teleas terebrans.

Bombyx patte-étendue, Dasychira pudibunda.

Ichn. Anomalon excavatum; Hemitele-arcator, 6-lineatus; Pimpla instigator, pudibundæ; Trogus albo-guttatus.

Chalc. Ceraphon albipes; Teleas Zetterstedtii.

Tach. Carcelia lucorum, susurrans, orsgyæ, amphion; Doria concinnata.

Bombyx du saule, Liparis salicis.

Ichn. Campoplex assimilis; Cryptus analis; Mesochorus ater, splendidulus; Pezomachus terebrator; Pimpla instigator, stercorator.

Brac. Bracon circumscriptus; Perilitus fasciatus (rubens); Rogas prærogator.

Chalc. Entedon vinulæ; Pteromalus boucheanus, eucerus, Halidayanus: Teleas punctulatus.

Chrysomèle du peuplier, Chrysomela populi.

Chalc. Pteromalus Sieboldi.

Tach. Exorista dubia.

Chrysomèle du tremble, Chrysomela tremulæ.

Cossus ronge-bois, Cossus ligniperda.

Ichn. Ichneumon pusillator: Lissonota setosa.

Galéruque du saule-marsault, Galeruca capreæ.
Hanneton agricole, Anisoplia agricola.
— **commun, Melolontha vulgaris.**
— **foulon, Melolontha fullo.**

HANNETON DE FRISCH, Euchlora Frischii.

— A CORSELET-VERT, Anisoplia horticola.

— DU MARRONNIER, Melolontha hippocastani

— SOLSTICIAL, Amphimallon solstitiale.

MOUCHE-A-SCIE SEPTENTRIONALE, Nematus septentrionalis.

ICHN. Campoplex argentatus, chrysostictus ; Pimpla angens ; Polysphincta areolaris ; Tryphon gibbus, septentrionalis, 6-litturatus.

SAPERDE CHAGRINÉE, Saperda carcharias.

ICHN. Xorides cornutus.

SAPERDE DU PEUPLIER, Saperda populnea.

ICHN. Cryptus brachycentrus; Ephialtes continuus, manifestator, populneus ; Ichneumon suspicax.

BRAC. Alysia gedanensis; Bracon multiarticulatus; Chelonus lævigator.

CHALC. Entedon chalibæus; Pteromalus ancicornis ; Torymus macrocentrus.

SÉSIE APIFORME. Sesia apiformis.

TABLE DES MATIERES.

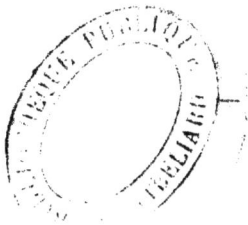